职业院校课程改革/融合媒体教材

计算机应用基础

（一级 MS Office 教程）

主　编　陈晓静　解厚云　王嫄嫄
副主编　陈永芳　王　兵　梁翠婷

电子工业出版社
Publishing House of Electronics Industry
北京·BEIJING

内 容 简 介

本书以计算机的操作和应用为主线，全面介绍 Windows 7+Office 2016 环境下计算机的基础知识及其基本操作。全书共有六章，包括计算机基础知识、计算机系统、Word 2016 文字处理软件、Excel 2016 电子表格软件、PowerPoint 2016 演示文稿软件和计算机网络基础。本书参考了"全国计算机等级考试一级计算机基础及 MS Office 应用"考试大纲（2021 年版）。书中所有操作都有详尽的操作步骤，以便学生进行实操练习。

本书适合作为中等职业学校的教材，也可以作为计算机等级考试一级 MS Office 的自学参考书。

未经许可，不得以任何方式复制或抄袭本书之部分或全部内容。
版权所有，侵权必究。

图书在版编目（CIP）数据

计算机应用基础：一级 MS Office 教程 / 陈晓静，解厚云，王嫄嫄主编. —北京：电子工业出版社，2021.8
ISBN 978-7-121-41682-8

Ⅰ．①计… Ⅱ．①陈… ②解… ③王… Ⅲ．①办公自动化–应用软件–中等专业学校–教材 Ⅳ．①TP317.1

中国版本图书馆 CIP 数据核字(2021)第 151682 号

责任编辑：韩　蕾
印　　刷：中国电影出版社印刷厂
装　　订：中国电影出版社印刷厂
出版发行：电子工业出版社
　　　　　北京市海淀区万寿路 173 信箱　邮编：100036
开　　本：787×1092　1/16　印张：16.75　字数：407 千字
版　　次：2021 年 8 月第 1 版
印　　次：2023 年 8 月第 2 次印刷
定　　价：42.00 元

凡所购买电子工业出版社图书有缺损问题，请向购买书店调换。若书店售缺，请与本社发行部联系，联系及邮购电话：（010）88254888，88258888。
质量投诉请发邮件至 zlts@phei.com.cn，盗版侵权举报请发邮件至 dbqq@phei.com.cn。
本书咨询联系方式：qiyuqin@phei.com.cn。

前言

信息技术的快速发展，促使计算机迅速普及和广泛应用，计算机的基本知识和操作成为每个学生的基本技能。职业院校担负着培养社会应用型人才的重任，计算机基础作为职业院校学生的文化基础课，要求学生掌握计算机的基本知识、应用计算机进行日常办公的文字处理、了解网络的基本知识。学生掌握好计算机知识将为其学习后续课程以及更好地适应未来工作打下基础。

总体来讲，本书的特点如下：

1. 内容全面。本书包括计算机基础知识、计算机系统（包括 Windows 7 操作系统）、Word 2016 文字处理软件、Excel 2016 电子表格软件、PowerPoint 2016 演示文稿软件及计算机网络基础六章内容，能满足中职学生学习的需要。

2. 图例丰富。为适应现在中职教与学的需要，本书补充了许多实例，以帮助学生理解基础知识；同时，考虑到学生学习操作步骤的方便性，书中增加了大量的操作过程图片，便于学生较快掌握技能。

3. 书证融通。本书内容的设置结合了计算机等级考试（一级）的大纲，并在其基础上进行了知识扩充；章末的练习题中，有结合一级考试题型的模拟练习题，也有强化知识的补充练习题，既能满足学生准备一级计算机基础及 MS Office 应用考试的需要，又能在此基础上进一步巩固所学技能。相应章的参考答案可扫描其后的二维码，方便学生学习与查看。

本书由陈晓静、解厚云、王嫄嫄担任主编，由陈永芳、王兵、梁翠婷担任副主编。由于编者水平有限，书中难免有不足之处，敬请广大读者不吝指教。

编　者

2021 年 5 月

目 录

第1章 计算机基础知识 ... 1
1.1 计算机概述 ... 1
1.1.1 计算机的发展 ... 1
1.1.2 计算机的特点、应用和分类 ... 5
1.1.3 计算机的发展趋势 ... 7
1.2 计算机中数据的表示与存储 ... 7
1.2.1 数据与信息 ... 8
1.2.2 计算机中的数制 ... 8
1.2.3 计算机中数据的单位 ... 11
1.2.4 计算机中常用的编码 ... 12
1.3 多媒体技术 ... 16
1.3.1 媒体的概念与分类 ... 16
1.3.2 多媒体技术的含义和特点 ... 16
1.3.3 多媒体涉及的主要技术 ... 17
1.3.4 多媒体技术的应用 ... 19
1.3.5 视觉媒体的数字化 ... 19
1.4 计算机安全 ... 21
1.4.1 信息安全的概念及主要技术 ... 21
1.4.2 计算机病毒及安全防范 ... 21
1.5 新一代信息技术 ... 23
1.5.1 大数据 ... 24
1.5.2 云计算 ... 25
1.5.3 人工智能 ... 26
1.5.4 物联网 ... 28
1.5.5 移动互联网 ... 29
第1章章末练习题 ... 30

第2章 计算机系统 ... 32
2.1 计算机系统组成 ... 32
2.1.1 概述 ... 32
2.1.2 计算机硬件系统的组成 ... 32
2.1.3 计算机的结构 ... 37

2.1.4　计算机软件系统的组成 39
　2.2　微型计算机的配置 42
　　　2.2.1　微型计算机的硬件资源 42
　　　2.2.2　微型计算机的主要技术指标 47
　2.3　操作系统概述 47
　　　2.3.1　操作系统的概念 47
　　　2.3.2　操作系统的功能 48
　　　2.3.3　操作系统的分类 50
　2.4　Windows 7 基本概念和基本操作 51
　　　2.4.1　认识 Windows 7 操作系统 52
　　　2.4.2　Windows 7 的启动与退出 54
　　　2.4.3　Windows 7 的桌面 55
　　　2.4.4　Windows 7 的"开始"菜单 58
　　　2.4.5　Windows 7 的任务栏 59
　　　2.4.6　窗口与窗口操作 61
　　　2.4.7　菜单与对话框 63
　2.5　Windows 7 的文件和文件夹管理 65
　　　2.5.1　文件和文件夹概念 65
　　　2.5.2　文件和文件夹的浏览 68
　　　2.5.3　文件和文件夹的管理操作 68
　　　2.5.4　文件和文件夹的搜索 71
　　　2.5.5　隐藏文件 72
　　　2.5.6　新增的文件管理工具——库 72
　2.6　Windows 7 的个性化设置 72
　　　2.6.1　控制面板的使用 72
　　　2.6.2　设置外观和主题 76
　　　2.6.3　设置键盘和鼠标 77
　　　2.6.4　账号管理 78
　第 2 章章末练习题 81

第 3 章　Word 2016 文字处理软件 83

　3.1　Word 2016 概述 83
　　　3.1.1　Word 2016 的启动与退出 83
　　　3.1.2　Word 2016 窗口的组成 85
　3.2　Word 2016 的基本操作 86
　　　3.2.1　新建文档 86
　　　3.2.2　打开文档 88
　　　3.2.3　输入文本 91
　　　3.2.4　保存文档 92
　3.3　Word 2016 的文本编辑 94
　　　3.3.1　文本的选定 94
　　　3.3.2　文本的移动和复制 95
　　　3.3.3　文本的剪切和删除 96
　　　3.3.4　文本的查找和替换 96

       3.3.5 撤消与恢复 99
       3.3.6 多窗口和多文档编辑 100
   3.4 Word 2016 文档排版 102
       3.4.1 字符格式化 102
       3.4.2 段落格式化 103
       3.4.3 添加边框和底纹 104
       3.4.4 添加项目符号和编号 106
       3.4.5 分栏排版 106
       3.4.6 首字下沉 107
       3.4.7 样式 108
   3.5 Word 2016 表格制作 110
       3.5.1 创建表格 110
       3.5.2 编辑表格 112
       3.5.3 表格格式设置 115
       3.5.4 表格的排序与计算 117
   3.6 Word 2016 的图形功能 118
       3.6.1 插入图片 118
       3.6.2 绘制图形 120
       3.6.3 文本框 120
       3.6.4 艺术字 123
       3.6.5 SmartArt 图形 124
   3.7 页面设置与打印 125
       3.7.1 页面设置 125
       3.7.2 设置页眉和页脚 126
       3.7.3 插入页码 126
       3.7.4 插入分页符 127
       3.7.5 打印输出 128
   3.8 文档的高级编排 130
       3.8.1 公式编辑 130
       3.8.2 水印 131
       3.8.3 创建目录 132
       3.8.4 脚注和尾注 133
       3.8.5 邮件合并的使用 134
       3.8.6 长文档编排案例 136
   第 3 章章末练习题 139
第 4 章 Excel 2016 电子表格软件 143
   4.1 Excel 2016 的基本知识 143
       4.1.1 Excel 2016 的启动、退出和主窗口组成 143
       4.1.2 Excel 2016 的基本概念 145
   4.2 Excel 2016 的基本操作 145
       4.2.1 工作簿的基本操作 146
       4.2.2 工作表的数据输入 148
       4.2.3 工作表的管理 150

		4.2.4 工作表的编辑	155
		4.2.5 工作表的格式设置	158
4.3	Excel 2016 公式与函数的使用		163
		4.3.1 创建公式	163
		4.3.2 复制公式	164
		4.3.3 单元格的引用	165
		4.3.4 自动求和按钮的使用	166
		4.3.5 函数的使用	167
4.4	Excel 2016 图表的使用		171
		4.4.1 图表基本概念	172
		4.4.2 创建图表	172
		4.4.3 图表的编辑	174
		4.4.4 图表的修饰	177
4.5	Excel 2016 工作表的数据分析		177
		4.5.1 数据排序	178
		4.5.2 数据筛选	179
		4.5.3 数据的分类汇总	182
		4.5.4 数据透视表	183
4.6	Excel 2016 工作表的打印		184
		4.6.1 设置打印区域与分页预览	184
		4.6.2 页面设置	185
		4.6.3 打印预览与打印	187
	第 4 章章末练习题		188

第 5 章　PowerPoint 2016 演示文稿软件 191

5.1	PowerPoint 2016 概述		191
		5.1.1 PowerPoint 2016 的启动和退出	191
		5.1.2 PowerPoint 2016 的窗口组成	192
		5.1.3 PowerPoint 2016 的视图	195
5.2	PowerPoint 2016 的基本操作		199
		5.2.1 演示文稿的基本操作	199
		5.2.2 幻灯片的选择	203
		5.2.3 幻灯片的基本操作	204
5.3	幻灯片内容管理		205
		5.3.1 向幻灯片中添加文本	206
		5.3.2 向幻灯片中插入图片、形状、艺术字	207
		5.3.3 向幻灯片中插入表格和图表	210
		5.3.4 向幻灯片中插入视频和音频	213
5.4	幻灯片外观设计		216
		5.4.1 外观设计	216
		5.4.2 使用设计主题	218
		5.4.3 使用母版	221
5.5	设置幻灯片的动态效果		224
		5.5.1 设置动画效果	224

· VII ·

　　　　5.5.2 设置超链接功能 228
　5.6 幻灯片放映 231
　　　　5.6.1 设置幻灯片的放映方式 231
　　　　5.6.2 演示文稿的放映 233
　　　　5.6.3 演示文稿的打包 234
　第 5 章章末练习题 236

第 6 章　计算机网络基础 239

　6.1 计算机网络概述 239
　　　　6.1.1 计算机网络的概念 239
　　　　6.1.2 计算机网络的功能 239
　　　　6.1.3 计算机网络的组成 239
　　　　6.1.4 计算机网络的分类 239
　　　　6.1.5 计算机网络的拓扑结构 240
　6.2 数据通信概述 241
　　　　6.2.1 通信的基本概念 242
　　　　6.2.2 数据通信设备 242
　　　　6.2.3 网络传输介质 242
　6.3 网络协议 243
　　　　6.3.1 TCP/IP 协议 243
　　　　6.3.2 IP 地址 243
　　　　6.3.3 域名 244
　6.4 Internet 概述 245
　　　　6.4.1 Internet 的形成和发展 245
　　　　6.4.2 Internet 的常见服务 245
　　　　6.4.3 Internet 的常见接入方式 246
　6.5 浏览器的使用 246
　　　　6.5.1 常见的浏览器介绍 246
　　　　6.5.2 Internet Explorer 浏览器的基本操作 247
　　　　6.5.3 保存网页和网页信息 248
　　　　6.5.4 IE 浏览器选项设置 249
　6.6 电子邮件的使用 250
　　　　6.6.1 电子邮件概述 250
　　　　6.6.2 在线收发电子邮件 250
　　　　6.6.3 使用 Outlook 收发电子邮件 252
　第 6 章章末练习题 255

附　录 257

　附录一　全国计算机等级考试一级计算机基础
　　　　　及 MS office 应用考试大纲（2021 年版） 257
　附录二　一级计算机基础及 MS Office 应用考试模拟套题 259

参考文献 260

第 1 章　计算机基础知识

计算机是人类历史上伟大的发明之一，虽然迄今为止仅有 70 余年的发展历程，但在人类科学发展的历史上，没有哪门科学像计算机科学这样发展得如此迅速，对人类的生活、学习、生产和工作产生如此巨大的影响。如今，计算机已成为了人类工作、学习和生活中不可或缺的工具。

1.1　计算机概述

计算机是一门科学，也是一种自动、高速、精确地对信息进行存储、传送与加工处理的电子工具。掌握以计算机为核心的信息技术的基础知识和应用能力，是信息社会中必备的基本素质。

1.1.1　计算机的发展

在人类文明发展的历史长河中，计算工具经历了从简单到复杂、从低级到高级的发展过程。比如，从古至今人们依次使用绳结、算筹、算盘、计算尺、手摇机械计算机、电动机械计算机、电子计算机等作为生活中的计算工具。它们在不同的历史时期都发挥了各自的作用，而且孕育了电子计算机的设计思想和雏形。

1. 第一台计算机的诞生

1946 年 2 月 14 日，世界上第一台电子计算机 ENIAC(Electronic Numerical Integrator And Calculator，电子数字积分器与计算器) 在美国宾夕法尼亚大学诞生，它是真空管取代继电器的"电子化"的计算机。该机的设计源于第二次世界大战期间美国军方的请求，宾夕法尼亚大学的莫克利（Mauchly）博士和他的学生艾克特（Eckert）完成了实际设计，它被用来计算炮弹弹道轨迹，如图 1-1 所示。

图 1-1　世界上第一台电子计算机 ENIAC

ENIAC 使用了约 18 000 只真空管，占地面积约 170 平方米，重约 30 吨，造价 48 万美元。它有 30 个操作台，每秒可执行 5 000 次加法或 400 次乘法，是继电器计算机的 1 000 倍、手工计算机的 20 万倍。

ENIAC 虽然每秒只能进行 5 000 次加法运算，却把科学家从繁重的计算工作中解救了出来。ENIAC 的诞生，标志着计算机时代的到来，具有跨时代的意义。

2. 计算机科学奠基人

幸运地，当时正在进行炮弹弹道轨迹研究和美国第一颗原子弹研制的数学家冯·诺依曼（如图 1-2 所示），带着原子弹研制（1944 年）过程中遇到的大量计算问题，加入了 ENIAC 研究小组。1945 年，冯·诺依曼和 ENIAC 研究小组在共同讨论的基础上，提出了一个全新的"存储程序通用电子计算机"方案（Electronic Discrete Variable Automatic Computer，EDVAC），该方案可解释为："在计算机内存储程序和数据，并使用单一处理部件来完成计算、存储及通信工作。"在此过程中，他对计算机的许多关键性问题的解决做出了重要贡献，促成了 ENIAC 的顺利问世。

图 1-2　冯·诺依曼

这位美籍匈牙利数学家归纳了 EDVAC 的主要特点如下：

（1）计算机的程序和程序运行所需要的数据以二进制数的形式存放在计算机的存储器中，即所谓的"程序存储"概念。

（2）计算机执行程序时，无需人工干预，就能自动、连续地执行程序，并得到预期的结果。

根据冯·诺依曼方案，计算机有输入、存储、运算、控制和输出五个部分，它们协同完成计算功能，这种构成方式和控制方法被称为"冯·诺依曼体系结构"，相应的计算机也被称为"冯·诺依曼机"（或"冯氏机"）。如今世界上绝大多数计算机仍采用这种体系结构，冯·诺依曼也被人们誉为"现代电子计算机之父"。

阿兰·图灵（Alan Turing，1912—1954 年，如图 1-3 所示）。英国著名的数学家和逻辑学家，他提出了机器的"抽象的计算模型"，建立了计算机的计算理论模型。因为他的论文深入讨论

图 1-3　阿兰·图灵

了"机器与思考"的机器智能问题，并提出了"人工智能"（Artificial Intelligence）的说法，所以被后人誉为"人工智能之父"。图灵是计算机逻辑的奠基者，提出了"图灵机"和"图灵测试"等重要概念。人们为纪念其在计算机领域的卓越贡献而设立了"图灵奖"。

3. 计算机发展的四个阶段

从第一台计算机的诞生到现在,计算机经历了大型机、微型机及互联网等阶段。对于传统的大型机,根据计算机所采用电子元器件的不同而划分为电子管、晶体管、集成电路和大规模、超大规模集成电路计算机等四代。

1)第一代计算机(1946—1957年)——电子管计算机

第一代计算机以世界上第一台计算机ENIAC为代表,作为电子计算机大家族的鼻祖,开辟了人类科学技术领域的先河,使信息处理技术进入了一个崭新的时代。其主要特征如下:

(1)采用电子管等分离器件构成,体积庞大、耗电量高、可靠性差、维护困难。
(2)运算速度较慢,一般为每秒钟1千次到1万次。
(3)使用机器语言,没有系统软件。
(4)采用磁鼓、小磁芯作为存储器,存储空间有限。
(5)输入/输出设备简单,采用穿孔纸带或卡片作为输入。
(6)主要用于科学计算。

2)第二代计算机(1958—1964年)——晶体管计算机

第二代计算机采用的主要器件是晶体管,称为晶体管计算机。第二代计算机在软件方面有了较大发展,引入了监控程序,这是操作系统的雏形。第二代计算机有如下特征:

(1)采用晶体管器件作为计算机的主要器件,体积大大缩小,可靠性增强,寿命延长。
(2)运算速度加快,达到每秒几万次至几十万次。
(3)提出了操作系统(Operation System,OS)的概念,用汇编语言代替了机器语言,产生了如FORTRAN和COBOL等高级程序设计语言,由操作系统控制并可以进行批处理操作。
(4)普遍采用磁芯作为内存储器,磁盘、磁带作为外存储器,存储容量大大提高。
(5)计算机应用领域扩大,从军事研究、科学计算扩大到数据处理和实时过程控制等领域,并开始进入商业应用市场。

与第一代计算机相比,晶体管计算机体积小、成本低、功能强、可靠性大大提高,编程处理能力大大增强。除了科学计算外,还用于数据处理和事务处理。

3)第三代计算机(1965—1970年)——中小规模集成电路计算机

20世纪60年代中期,随着半导体工艺的发展,已制造出了大量通用型集成电路元件。集成电路可在面积为几平方毫米的单晶硅片上集成十几个,甚至上百个电子元器件。这个时代的计算机的具体特征如下:

(1)采用中小规模集成电路元件,体积进一步缩小,寿命更长。
(2)内存储器使用半导体存储器芯片,存储容量明显增加,性能更优越,运算速度更快,每秒可达几百万次。
(3)外围设备开始出现多样化趋势。
(4)计算机高级编程语言进一步发展。操作系统走向成熟,计算机整体功能更强。在程序设计方面，提出了结构化程序设计的思想。

（5）计算机应用范围扩大到企业管理和计算机辅助设计等领域。

4）第四代计算机（1971年至今）——大规模和超大规模集成电路计算机

随着20世纪70年代初集成电路制造技术的飞速发展，计算机进入了大规模和超大规模集成电路计算机时代。这一时期的计算机的体积、重量、功耗进一步减小，运算速度、存储容量、可靠性有了大幅度的提高。其主要特征如下：

（1）采用大规模和超大规模集成电路逻辑元件，体积与第三代相比大幅缩小，可靠性更高，寿命更长。

（2）运算速度加快，每秒可达几千万次到几十亿次。

（3）系统软件和应用软件获得了巨大的发展，软件配置丰富，程序设计部分自动化。

（4）计算机网络技术、多媒体技术、分布式处理技术、并行处理技术等都有了巨大的发展，微型计算机大量进入家庭，产品更新速度加快。

（5）计算机在办公自动化、数据库管理、图像处理、语言识别和人工智能等领域得到广泛应用，电子商务已全面进入家庭，计算机的发展进入到一个新的历史时期。

1956年，在周恩来总理提议、主持下，我国制定了《十二年科学技术发展规划》，选定了"计算机、电子学、半导体、自动化"作为"发展规划"的四项内容，并制定了计算机科研、生产、教育发展规划。我国由此开始了计算机研制的历程。

1958年，筹备中的中科院计算所（后来的中国科学院计算技术研究所）研制成功我国第一台小型电子管通用计算机103机（八一型），标志着我国第一台电子计算机的诞生。

1965年，中科院计算所研制成功第一台大型晶体管计算机109乙机，之后推出109丙机，该机在"两弹一星"的设计和研制过程中发挥了重要作用。

1974年，清华大学等多家单位联合设计、研制成功采用集成电路的DJS-130小型计算机，运算速度达每秒50余万次。

1983年，国防科技大学研制成功运算速度每秒上亿次的"银河-I"巨型计算机，这是我国在高速计算机研制方面的一个重要成果。

1985年，原电子工业部组织多家单位研制成与IBM PC计算机兼容的长城0520CH微型计算机并大规模投入市场。

2003年，百万亿次数据处理超级服务器曙光4000L通过国家验收，再一次刷新了国产超级服务器的历史纪录，使得国产高性能计算机再上新台阶。

2010年，国防科大研制出"天河一号"，其峰值运算速度达到千万亿次/秒级。

2013年5月，国防科大研制成功"天河二号"，其峰值运算速度达到亿亿次/秒级。

在随后的若干年中，我国在微型计算机、大型计算机、超级计算机、网格计算机、协同式高性能计算机等研发、生产方面更是全面取得进展，部分领域赶上或领先国际水平。

综上所述，对四代计算机的发展历程划分如表1-1所示。

表 1-1 四代计算机的发展历程

类 别	时 间 段	基本元件	特 点	应 用	代表产品
第一代计算机	1946—1957 年	电子管	体积庞大、造价昂贵、速度低、存储量小、可靠性差	军事应用和科学研究	UNIVAC-I
第二代计算机	1958—1964 年	晶体管	相对体积小、重量轻、开关速度快、工作温度低	数据处理和事务管理	IBM-700
第三代计算机	1965—1970 年	中小规模集成电路	体积、重量、功耗进一步减小	应用更加广泛	IBM-360
第四代计算机	1971 年至今	大规模和超大规模集成电路	性能飞跃性上升	应用于各个领域	IBM-4300

1.1.2 计算机的特点、应用和分类

计算机的出现开启了计算科学一个新的纪元，不但替代了复杂的人工运算，还具备很多辅助功能，可以应用于各种不同的领域。

1. 计算机的特点

现代计算机一般具有以下 4 个重要特点。

（1）运算速度快。运算速度是计算机的一个重要性能指标。计算机的运算速度通常用每秒执行定点加法的次数或平均每秒执行指令的条数来衡量。计算机的运算速度已由早期的每秒几千次发展到现在的最高可达每秒数千亿次乃至数万亿次。

（2）计算精度高。在科学研究和工程设计中，对计算的结果精度有很高的要求。一般的计算工具只能达到十几位有效数字，而计算机对数据的结果精度可达到几十位、上百位有效数字，根据需要甚至可达到更高的精度。

（3）具有"记忆"和逻辑判断功能。计算机的存储器可以存储大量数据，这使计算机具有了"记忆"功能。计算机具有"记忆"功能，是与传统计算工具的一个重要区别。计算机的运算器除了能够完成基本的算术运算外，还具有进行比较、判断等逻辑运算的功能。这些能力是计算机处理逻辑推理问题的前提。

（4）工作全自动、通用性强。由于计算机的工作方式是将程序和数据先存放在存储器内，工作时按程序规定的操作步骤，一步一步地自动完成，一般无需人工干预，因而自动化程度高。

2. 计算机的应用

计算机处理速度快，运算精度高，具有强大的记忆存储能力、逻辑推理能力和逻辑运算能力，由程序控制自动执行，因此被广泛应用于各学科领域，并渗透到人类社会的各个方面。目前计算机的应用领域可概括为以下 5 个方面。

（1）科学计算：又称为数值计算，通常是指用于完成科学研究和工程技术中提出的数学问题的计算。在天文学、气象学等众多领域中，都需要依靠计算机进行复杂的运算。

（2）数据处理：又称为信息处理，它是指信息的收集、分类、整理、加工、存储等一系列活动的总称。所谓信息是指可被人类感受的声音、图像、文字、符号、语言等。数据处理还可以在计算机上加工那些非科技工程方面的计算，管理和操纵任何形式的数据资料。其特点是，处理的原始数据量大，而运算比较简单，有大量的逻辑与判断运算。

（3）过程控制：又称为实时控制，是用计算机及时采集数据，按最佳值迅速对控制对象进行自动控制或自动调节。利用计算机进行过程控制，不仅极大地提高了控制的自动化水平，而且提高了控制的及时性和准确性。在电力、机械制造、化工、冶金、交通等领域采用过程控制，可以提高劳动生产效率、产品质量、自动化水平和控制精确度，降低生产成本，减轻劳动强度。

（4）计算机辅助系统：包括计算机辅助设计（CAD）、计算机辅助教学（CAI）、计算机辅助制造（CAM）等系统。计算机辅助设计（CAD）是指利用计算机帮助设计人员进行设计。采用计算机辅助设计后，不但减少了设计人员的工作量，提高了设计的速度，更重要的是提高了设计的质量。计算机辅助教学（CAI）是指将教学内容、教学方法以及学生的学习情况等信息存储在计算机中，帮助学生轻松地学习所需要的知识。它在现代教育技术中起着相当重要的作用。计算机辅助制造（CAM）是指利用计算机通过各种数值控制生产设备，完成产品的设计、模拟、加工、装配、检测、包装等生产过程的技术。将CAD进一步集成形成了计算机集成制造系统（CIMS），从而实现设计生产自动化。

（5）虚拟现实：是利用计算机生成的一种模拟环境，通过各种传感设备实现任何环境直接互动的目的。

3. 计算机的分类

一般情况下，电子计算机采用以下三种分类标准。

1）按处理的对象分类，可分为电子模拟计算机、电子数字计算机和混合计算机。

（1）电子模拟计算机：电子模拟计算机所处理的电信号在时间上是连续的（称为模拟量），采用的是模拟技术。

（2）电子数字计算机：电子数字计算机所处理的电信号在时间上是离散的（称为数字量），采用的是数字技术。

（3）混合计算机：混合计算机是将数字技术和模拟技术相结合的计算机。

2）按性能规模分类，可分为巨型机、大型机、小型机、微型机、工作站。

（1）巨型机：特点是运算速度快、存储容量大。研究巨型机是现代科学技术，尤其是国防尖端技术发展的需要。

（2）大型机：通常被称为企业计算机，其特点为通用性强、综合处理能力强、性能覆盖面广等，主要应用在大型公司、银行、政府部门、社会管理机构和制造厂家等。

（3）小型机：规模小，结构简单，设计周期短，便于及时采用先进工艺；可靠性高，对运行环境要求低，易于操作且便于维护，符合部门性的要求，为中小型企事业单位所常用。

（4）微型机：又称个人计算机（Personal Computer，PC），具有价格低廉、性能强、体积小、功耗低等特点。微型机已进入千家万户，日常生活中使用普遍。

（5）工作站：工作站是一种高档微型计算机系统。它具有较高的运算速度，具有小型机的多任务、多用户功能，且兼具微型机的操作简易性和良好的人机界面。它可以连接多种输入/输出设备，具有易于联网、处理功能强等特点。其应用领域也已从最初的计算机辅助设计扩展到商业、金融、办公等领域，并充当网络服务器的角色。

3）按功能和用途分类，可分为通用计算机和专用计算机。

（1）通用计算机具有功能强、兼容性强、应用面广、操作方便等优点，平常使用的计算机都是通用计算机。

（2）专用计算机一般功能单一、操作复杂，用于完成特定的工作任务。

1.1.3 计算机的发展趋势

从第一台计算机产生至今的半个多世纪里，计算机的应用不断得到拓展，计算机类型不断分化，这就决定了计算机的发展也在朝着不同的方向延伸。当今计算机技术正朝着巨型化、微型化、网络化、智能化和多媒体化等方向发展。从目前计算机的研究情况可以看到，未来的计算机将有可能在光子计算机、量子计算机、神经元计算机等方面的研究领域上取得重大的突破。

（1）光子计算机：光子计算机是一种由光信号进行数字运算、逻辑操作、信息存储和处理的新型计算机。光子计算机的基本组成部件是集成光路，要有激光器、透镜和核镜。由于光子比电子速度快，光子计算机的运行速度可高达每秒一万亿次。它的存储量是现代计算机的几万倍，还可以对语言、图形和手势进行识别与合成。

（2）量子计算机：量子计算机是利用原子所具有的量子特性进行信息处理的一种全新概念的计算机。量子计算机在处理数据时不是分步进行的，而是同时完成的。只要 40 个原子一起计算，就相当于今天一台超级计算机的性能。量子计算机以处于量子状态的原子作为中央处理器和内存，其运算速度可能比 Pentium 4（奔腾 4）芯片快 10 亿倍，就像一枚信息火箭，在一瞬间搜索整个互联网。

（3）神经元计算机：神经元计算机的特点是可以实现分布式联想记忆，并能在一定程度上模拟人和动物的学习能力。它是一种有知识、会学习、能推理的计算机，具有能理解自然语言、声音、文字和图像的能力，并且具有说话的能力，使人机能够用自然语言直接对话。它还可以利用已有的和不断学习到的知识进行思考、联想、推理，并得出结论，能解决复杂的问题，具有汇集、记忆、检索有关知识的能力。

1.2 计算机中数据的表示与存储

计算机的科学研究主要包括信息采集、存储、处理和传输，而这些都与信息的量化和表示密切相关。

1.2.1 数据与信息

数据是对客观事物的符号表示，数值、文字、语言、图形、图像等都是不同形式的数据。计算机科学中的信息通常被认为是能够用计算机处理的有意义的内容或消息，它们以数据的形式出现。

1.2.2 计算机中的数制

计算机可以代替人工对信息加工处理，它既能够处理数字信息和文字信息，又可以处理图形、图像、声音等信息。一切信息在计算机内部都能用 0 和 1 两个数字组成的数字序列表示。我们日常使用的是十进制数，十进制数在计算机内需要进行转换处理。

二进制数只有 0 和 1 两个数，相对十进制数而言，使用二进制数表示不但运算简单、易于物理实现、通用性强，更重要的优点是，所占用的空间和所消耗的能量小得多，而且其可靠性大大提高。计算机内部均使用二进制数表示各种信息，但计算机与外部交往仍采用人们熟悉和便于阅读的形式，如十进制数据、文字显示和图形描述等。其间的转换，则由计算机系统的硬件和软件来实现。各类数据在计算机中的转换过程如图 1-4 所示。

数值	十进制转二进制		二进制转十进制	数值
西文	ASCII 码		西文字形码	西文
汉字	输入码/机内码转换		汉字字形码	汉字
声音、图像	模/数转换		数/模转换	声音、图像

图 1-4　各类数据在计算机中的转换过程

数制，即进位计数制，是人们利用数字符号按进位原则进行数据大小计算的方法，通常是以十进制来进行计算的。另外，还有二进制、八进制和十六进制等。

1. 数制

在日常生活中除了经常用到的逢十进一的十进制计数外，还有许多非十进制的计数方法，如时间为逢六十进一（60 秒为 1 分钟，60 分钟为 1 小时）的六十进制计数、1 年有 12 个月为逢十二进一计数等。

计算机系统中采用由 0 和 1 来表示二进制计数，是因为这两种状态恰好可以由电脉冲的"关"状态表示（低位）0，"开"状态表示（高位）1，可以使计算机数字电路设计简单、运算简单、工作可靠和逻辑性强。

2. 数制的按权展开式

无论哪种数制都有共同的"逢 N 进一"计数运算规律和"位权表示法"特点。N 是指数制中所需要的数字字符的总个数，称为基数。例如，十进制数的基数是 10（数字字符的个数是十个），二进制数的基数是 2（数字字符的个数是 0、1 两个）等。数字的值与它所处的位置是确定的，这个固定的位置上的值称为位权。例如，十进制数 53.4，数字 5 位于十位上，它代表 $5 \times 10^1 = 50$，即 5 所处的位置具有 10^1 权（位权）；3 位于个位上代表 $3 \times 10^0 = 3$，即 3

所处的位置具有 10^0 权（位权）；4 代表 $4×10^{-1}=0.4$。"位权表示法"的特点是用来进行数制间的转换。

各进位制中位权的值是基数的若干次幂。因此，使用任何一种数制表示的数都可以写成按位权展开的多项式之和。设一个基数为 D 的数值 K，$K=$（K_n、K_{n-1}、…、K_1、K_0、K_{-1}、…、K_{-m}），则 K 的展开为：

$K= K_n×D^{n-1}+K_{n-1}×D^{n-2}+…+K_1×D^0+K_0×D^{-1}+…+K_{-m}×D^{-m-1}$

对于二进制、十进制和十六进制，其基数 D 分别为 2、10、16。

例如，在十进制数中，937.58 可以用以下展开式表示：

$937.58=9×10^2+3×10^1+7×10^0+5×10^{-1}+8×10^{-2}$

3．不同进制数间的对应关系

不同的进制数之间可以相互转换，其中的各种转换所采用的转换方法也不同。

二进制数和十进制数的对应关系如表 1-2 所示。

表 1-2 二进制数和十进制数的对应关系

十进制	0	1	2	3	4	5	6	7	8	9	10	11	12	13	14	15
二进制	0	1	10	11	100	101	110	111	1000	1001	1010	1011	1100	1101	1110	1111

八进制数、十六进制数和二进制数的对应关系如表 1-3 所示。

表 1-3 八进制数与二进制数和十六进制数与二进制数之间的对应关系

八进制数	对应二进制数	十六进制数	对应二进制数	十六进制数	对应二进制数
0	000	0	0000	8	1000
1	001	1	0001	9	1001
2	010	2	0010	A	1010
3	011	3	0011	B	1011
4	100	4	0100	C	1100
5	101	5	0101	D	1101
6	110	6	0110	E	1110
7	111	7	0111	F	1111

为了区别不同进制数，常在不同进制数后加一字母表示：十进制数，在数字后加字母 D 或不加字母，如 928D 或 928；二进制数，在数字后加字母 B，如 101101B；八进制数，在数字后加字母 O，如 66O；十六进制数，在数字后加字母 H，如 A601H。

4．不同进制数的转换举例

（1）二进制数与十进制数之间的转换

二进制数转换为十进制数的基本原理：将二进制数从小数点分界点，往左从 0 开始对各位进行正序编号，往右序号则分别为-1，-2，-3，…直到最末位，然后分别将各位上的数乘以 2 的 k 次方所得的值进行求和，其中 k 的值为各个位所对应的上述编号。例如，将二进制数 1101.101 转换为十进制数，方法如下。

$1001.101=1×2^3+0×2^2+0×2^1+1×2^0+1×2^{-1}+0×2^{-2}+1×2^{-3}$

=8+1+0.5+0.125=9.625

结果为 $(1001.101)_2 = (9.625)_{10}$ 二进制数转换为十进制数，只需将每位数按位权展开多项式相加。如将二进制数 1101 转换成十进制数。

$(1101)_2 = 1×2^3 + 1×2^2 + 0×2^1 + 1×2^0 = 8+4+0+1 = (13)_{10}$

十进制数转换成二进制数，一般将十进制数分为整数和小数两部分分别进行转换，整数部分和小数部分的转换方法略有不同。

整数部分的转换可采用"除 2 倒取余法"，用列除式的算法将十进制整数不断地除以 2，直到商为 0 为止，最后将所取余数按逆序排列即得到了转换后的二进制数。例如，要将十进制数 25 转换为二进制数，方法如下。

```
2 ⌊25        余数
  2 ⌊12 …… 1
    2 ⌊6  …… 0
      2 ⌊3  …… 0
        2 ⌊1  …… 1
          0  …… 1
```

得到的余数按逆序排列为 11001，因此 $(25)_{10} = (11001)_2$

小数部分的转换可采用"乘 2 取整法"，即将十进制数的小数部分不断地乘以 2，每做一次乘法都取出所得到乘积的整数部分，再以积的小数部分乘以 2，再取出整数部分，以此类推。如果小数部分正好是 5 的倍数，则一般计算到小数部分为 0 时为止，否则以计算到约定的精确度为准，最后将所取整数按顺序排列。例如，要将十进制数 0.75 转换为二进制数，方法如下。

```
      0.75
    ×    2
    ─────
      1.50  …… 1
    ×    2
    ─────
      1.00  …… 1
```

结果为 $(0.75)_{10} = (0.11)_2$

（2）二进制数与八进制数之间的转换

二进制数转换为八进制数的基本原理：由于八进制数的基数 8 是 2 的三次方（即 $8=2^3$），因此，一个二进制数转换为八进制数，如果是整数，只要从它的低位向高位每 3 位二进制数组成一组，然后将每组二进制数分别用一位相应的八进制数表示；如果有小数部分，则从小数点开始，分别向小数左右两边按照上述方法进行分组计算，若小数部分最末组不足三位则后面补 0。例如，将二进制数 10111.11 转换为八进制数，方法如下。

二进制数　10 111 .110
八进制数　 2　7　.6

即 $(10111.11)_2 = (27.6)_8$

八进制数转换为二进制数的基本原理：八进制数转换为二进制数，只要从它的低位开始将每1位八进制数用3位二进制表示出来。如果有小数部分，则从小数点开始，分别向左右两边按照上述方法进行转换。例如，将八进制数64.3转换为二进制数，方法如下。

八进制数　　6　　4　．　3
二进制数　　110　100　．011

即 $(64.3)_8 = (110100.011)_2$

（3）二进制数与十六进制数之间的转换

二进制数转换为十六进制数的基本原理：由于十六进制数基数16为2的四次方（即$16=2^4$），因此，一个二进制数转换为十六进制数，如果是整数，只要从它的低位到高位每4位组成一组，然后将每组二进制数所对应的数用十六进制数表示出来。如果有小数部分，则从小数点开始，分别向左右两边按照上述方法进行分组计算，若小数部分最末组不足四位则后面补0。例如，将二进制数1101011.101转换为十六进制数，方法如下。

二进制数　　　110　1011　．1010
十六进制数　　　6　　B　　．A

结果为 $(1101011.101)_2 = (6B.A)_{16}$

十六进制数转换为二进制数的基本原理：十六进制数转换为二进制数，只要从它的低位开始将每位上的数用二进制数表示出来。如果有小数部分，则从小数点开始，分别向左右两边按照上述方法进行转换。例如，将十六进制数6F.B4转换为二进制数，方法如下。

十六进制数　　　6　　F　．B　　4
二进制数　　　0110　1111　．1011　0100

结果为 $(6FB4)_{16} = (1101111.101101)_2$

（4）十进制数与十六进制数之间的转换

仿照十进制数转换为二进制数的方法，十进制数转换为十六进制数可采用"除16倒取余法"和"乘16取整法"，而在实际转换时，一般先将十进制数转换成二进制数，然后再将二进制数转换成十六进制数。

仿照二进制数转换为十进制数的方法将其按权展开求和即可，例如：

$(2C.B)_{16} = 2 \times 16^1 + 12 \times 16^0 + 11 \times 16^{-1} = (44.6875)_{10}$

1.2.3　计算机中数据的单位

计算机数据的表示经常用到以下几个概念。

1. 位

二进制数中的一个位（bit）简写为b，音译为比特，是计算机存储数据的最小单位。一个二进制位只能表示0或1两种状态中的一种，要表示更多的信息，就要把多个位组合成一个整体，一般以8个二进制位组成一个基本单位。

2. 字节

字节是计算机数据处理的最基本单位。字节（Byte）简写为 B，规定一个字节为 8 位，即 1B=8bit。一般情况下，一个 ASCII 码占用一个字节，一个汉字国际码占用两个字节。为了便于衡量存储器的大小，统一以字节（Byte，B）为单位。1KB（千字节）=1024B，1MB（兆字节）=1024KB，1GB（吉字节）=1024MB，1TB（太字节）=1024GB。

3. 字（字长）

一个字通常由一个或若干个字节组成。字（word）是计算机进行数据处理时，一次存取、加工和传送的数据长度。由于字长是计算机一次所能处理信息的实际位数，所以它决定了数据处理的速度，是衡量计算机性能的一个重要指标，字长越长计算精度越高。

计算机型号不同，其字长也不同，常用的字长有 8 位、16 位、32 位和 64 位。一般情况下，IBM PC/XT 的字长为 8 位，80286 微型计算机的字长为 16 位，80386DX/80486 微型计算机的字长为 32 位，Pentium 系列微型计算机的字长为 64 位。

数据是计算机处理的对象，在计算机内部，各种信息都必须通过数字化编码后才能进行存储和处理。由于技术原因，计算机内部一律采用二进制数，而人们在编程中经常使用十进制数，有时为了方便还采用八进制数和十六进制数。理解不同的计数制及其相互转换是非常重要的。

1.2.4 计算机中常用的编码

在计算机中，各种信息都是以二进制编码的形式存在的。计算机之所以能区别这些信息的差异，是因为它们采用的编码规则不同。例如：同样是文字，英文字母与汉字的编码规则就不同，英文字母用的是单字节的 ASCII 码，汉字采用的是双字节的汉字内码；但随着需求的变化，这两种编码有被统一的 UNICODE 码（由 Unicode 协会开发的能表示几乎世界上所有书写语言的字符编码标准）所取代的趋势，而图形、声音等的编码更复杂多样。因此，信息在计算机中的二进制编码是一个不断发展的、高深的、跨学科的知识领域。

1. 字符编码

字符编码采用国际通用的 ASCII 码，每个 ASCII 码以 1 个字节（Byte）存储，从数字 0 到数字 127 代表不同的常用符号，例如大写字母 A 的 ASCII 码值是 65，小写字母 a 的 ASCII 码值是 97。由于 ASCII 码只用了字节的低七位，最高位并不使用。后来，又将最高位编入这套编码中，成为 8 位的扩展 ASCII（Extended ASCII）码，这套内码加上了许多外文和表格等特殊符号，成为目前常用的编码。基本的 ASCII 字符集共有 128 个字符，其中有 96 个可打印字符，包括常用的字母、数字、标点符号等，另外还有 32 个控制字符，基本 ASCII 字符与其十进制 ASCII 值的对应关系如表 1-4 所示。标准 ASCII 码使用 7 个二进位对字符进行编码，对应的 ISO 标准为 ISO 646 标准。

表 1-4 基本 ASCII 字符与其十进制 ASCII 值的对应关系

ASCII 值	字符	ASCII 值	字符	ASCII 值	字符	ASCII 值	字符
0	nul	32	space	64	@	96	`
1	soh	33	!	65	A	97	a
2	stx	34	"	66	B	98	b
3	etx	35	#	67	C	99	c
4	eot	36	$	68	D	100	d
5	enq	37	%	69	E	101	e
6	ack	38	&	70	F	102	f
7	bel	39	'	71	G	103	g
8	bs	40	(	72	H	104	h
9	ht	41	)	73	I	105	i
10	nl	42	*	74	J	106	j
11	vt	43	+	75	K	107	k
12	ff	44	,	76	L	108	l
13	er	45	-	77	M	109	m
14	so	46	.	78	N	110	n
15	si	47	/	79	O	111	o
16	dle	48	0	80	P	112	p
17	dc1	49	1	81	Q	113	q
18	dc2	50	2	82	R	114	r
19	dc3	51	3	83	S	115	s
20	dc4	52	4	84	T	116	t
21	nak	53	5	85	U	117	u
22	syn	54	6	86	V	118	v
23	etb	55	7	87	W	119	w
24	can	56	8	88	X	120	x
25	em	57	9	89	Y	121	y
26	sub	58	:	90	Z	122	z
27	esc	59	;	91	[	123	{
28	fs	60	<	92	\	124		
29	gs	61	=	93	]	125	}
30	re	62	>	94	^	126	~
31	us	63	?	95	_	127	del

字母和数字的 ASCII 码的记忆是非常简单的。只要记住一个字母或数字的 ASCII 码值，知道相应的大小写字母之间差 32，就可以推算出其余字母或数字的 ASCII 码值。

虽然标准 ASCII 码是 7 位编码，但由于计算机基本处理单位为字节（1Byte=8bit），所以一般仍以一个字节来存放一个 ASCII 字符。每一个字节中多余出来的一位（最高位）在计算机内部通常保持为 0（在数据传输时可用作奇偶校验位）。由于标准 ASCII 字符集字符数目有限，在实际应用中往往无法满足要求。为此国际标准化组织制定了 ISO2022 标准，它规定了在保持与 ISO 646 兼容的前提下将 ASCII 字符集扩充为 8 位代码的统一方法。ISO 陆续制定了一批适用于不同地区的扩充 ASCII 字符集，每种扩充 ASCII 字符集分别可以扩充 128 个字符，这些扩充字符的编码均为高位为 1 的 8 位代码，称为扩展 ASCII 码。

2. 汉字的编码

（1）汉字内码

汉字信息在计算机内部也是以二进制编码方式存放的。由于汉字数量多，用一个字节的 128 种状态不能全部表示出来，因此在 1980 年我国颁布了《信息交换用汉字编码字符集——基本集》，即国家标准 GB2312-80 方案中规定用两个字节的十六位二进制表示一个汉字，每个字节都只使用低 7 位（与 ASCII 码相同），即有 128×128=16384 种状态。由于 ASCII 码的 34 个控制代码在汉字系统中也要使用，为防止发生冲突，不能作为汉字编码，128 减去 34 只剩 94 种，所以汉字编码表的大小是 94×94=8 836，用以表示国标码规定的 7 445 个汉字和图形符号。

每个汉字或图形符号分别用两位的十进制区码（行码）和两位的十进制位码（列码）表示，不足的地方补 0，组合起来就是区位码。把区位码按一定的规则转换成的二进制代码叫作信息交换码（简称国标码）。国标码共有汉字 6 763 个（一级汉字，是最常用的汉字，按汉语拼音字母顺序排列，共 3 755 个；二级汉字，属于次常用汉字，按偏旁部首的笔画顺序排列，共 3 008 个），数字、字母、符号等 682 个，共 7 445 个。

由于国标码不能直接存储在计算机内，为方便计算机内部处理和存储汉字，又区别于 ASCII 码，将国标码中的每个字节在最高位改设为 1，这样就形成了在计算机内部用来进行汉字的存储、运算的编码叫作机内码（或汉字内码，或内码）。内码既与国标码有简单的对应关系，易于转换，又与 ASCII 码有明显的区别，且有统一的标准（内码是唯一的）。

（2）汉字外码

无论是区位码还是国标码都不利于输入汉字，为方便汉字的输入而制定的汉字编码，称为汉字输入码。汉字输入码属于外码，不同的输入方法，形成了不同的汉字外码。常见的输入法有以下几类：

按汉字的排列顺序形成的编码（流水码）：如区位码；按汉字的读音形成的编码（音码）：如全拼、简拼、双拼等；按汉字的字形形成的编码（形码）：如五笔字形、郑码等；按汉字的音、形结合形成的编码（音形码）：如自然码、智能 ABC。

输入码在计算机中必须转换成机内码，才能进行存储和处理。

（3）汉字字形码

为了将汉字在显示器或打印机上输出，把汉字按图形符号设计成点阵图，就得到了相应的点阵代码（字形码），如图 1-5 所示。

全部汉字字型码的集合叫做汉字字库。汉字字库可分为软字库和硬字库。软字库以文件的形式存放在硬盘上，现多用这种方式；硬字库则将字库固化在一个单独的存储芯片中，再和其他必要的器件组成接口卡，插接在计算机上，通常称为汉卡。

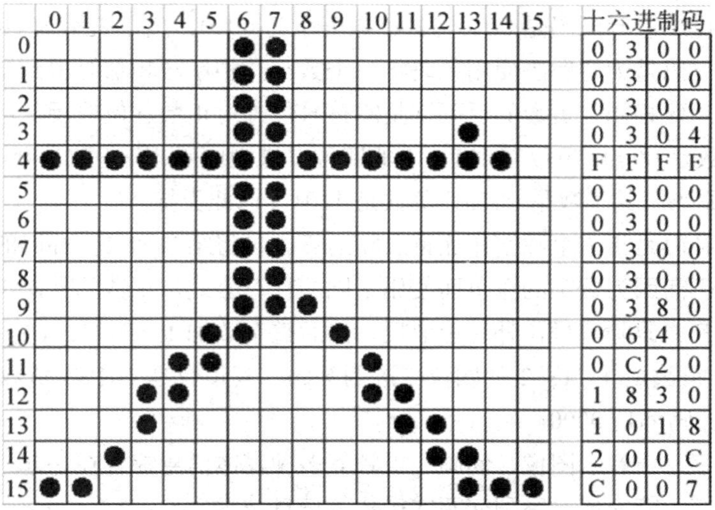

图 1-5　汉字的点阵图及编码

用于显示的字库叫显示字库。显示一个汉字一般采用 16×16 点阵或 24×24 点阵或 48×48 点阵。已知汉字点阵的大小，可以计算出存储一个汉字所需占用的字节空间。例如：用 16×16 点阵表示一个汉字，就是将每个汉字用 16 行，每行 16 个点表示，一个点需要 1 位二进制代码，16 个点需用 16 位二进制代码（即 2 个字节），共 16 行，所以需要 16×2=32 字节，即 16×16 点阵表示一个汉字，字形码需用 32 字节。汉字点阵所占的空间计算公式如下：

字节数=点阵行数×点阵列数/8

用于打印的字库叫打印字库，其中的汉字字型比显示字库多，而且工作时也不像显示字库需调入内存。

可以这样理解，为在计算机内表示汉字而统一的编码方式形成的汉字编码叫做内码（如国标码），内码是唯一的。为方便汉字输入而形成的汉字编码叫做输入码，属于汉字的外码，输入码因编码方式不同而不同，是多种多样的。为显示和打印输出汉字而形成的汉字编码叫做字形码，计算机通过汉字内码在字模库中找出汉字的字形码，实现其转换。

3. 原码、反码和补码

原码、反码和补码是计算机存储数字的编码方式。由于计算机中只有加法运算器，没有减法运算器，因此当需要做减法运算时，就需要引入负数的概念，通过加上一个数的负数来达到减去这个数的目的，由此也就引入了符号位的概念。而原码、反码和补码就是由符号位、正号或负号以及二进制数值共同组成的。

（1）原码。原码是计算机中对数字的二进制定点表示法，它用最高位表示符号位，1 表示负号，0 表示正号，其他位存放该数的二进制绝对值。以带符号位的四位二进制数 1010 为例，其最高位为 1，表示这是一个负数，其他三位为 010，即（0×2^2）+（1×2^1）+（0×2^0）=2，所以 1010 表示十进制数-2。由此可以得出：0 的四位二进制原码是 0000，其正数表示为 0000，负数则表示为 1000；1 的四位二进制原码是 0001，其正数表示为 0001，负数表示为 1001；2 的四位二进制原码是 0010，其正数表示为 0010，负数表示为 1010。以此类推。

（2）反码。反码是为了解决使用原码将一个数与其相反数相加时得到错误值而出现的。正数的反码与其原码相同，负数的反码则是除符号位外对正数逐位取反。例如，0 的四位二进制反码，其正数是 0000，负数是 1111；1 的四位二进制原码，其正数是 0001，负数是 1110；2 的四位二进制原码，其正数是 0010，负数是 1101。以此类推。

（3）补码。补码是指一个数字作比特反相运算，再将结果加 1。补码的最大优点是在加法或减法处理中不需因为数字的正负而使用不同的计算公式。正数的补码与其原码相同，负数的补码则是对其原码除符号位外逐位取反，然后整个数加 1。例如，1 的四位二进制补码，其正数是 0001，负数是 1111；2 的四位二进制补码，其正数是 0010，负数是 1110，以此类推。0 的正负数补码都是 0000。

多媒体是文字、声音、图像、动画、视频等多种媒体信息综合在一起，并通过计算机进行综合处理和控制，能完成一系列交互式操作的信息技术。

1.3 多媒体技术

1.3.1 媒体的概念与分类

媒体（Medium）是信息表示、传递和存储的载体。在计算机行业里有两种含义：其一是指传播信息的载体，如语言、文本、图像、视频、音频等；其二是指存储信息的载体，如 ROM、RAM、磁带、磁盘、光盘等。

国际电话电报咨询委员会 CCITT（Consultative Committee on International Telephone and Telegraph，国际电信联盟 ITU 的一个分会）把媒体分成以下 5 类。

（1）感觉媒体（Perception Medium）：指直接作用于人的感觉器官，使人产生直接感觉的媒体。例如，引起听觉反应的声音、引起视觉反应的图像等。

（2）表示媒体（Representation Medium）：指传输感觉媒体的中介媒体，即用于数据交换的编码。例如，图像编码、文本编码和声音编码等。

（3）表现媒体（Presentation Medium）：指进行信息输入和输出的媒体。例如，键盘、鼠标、扫描仪、话筒、摄像机等为输入媒体；显示器、打印机、音响等为输出媒体。

（4）存储媒体（Storage Medium）：指用于存储表示媒体的物理介质。例如，硬盘、软盘、磁盘、光盘、ROM 及 RAM 等。

（5）传输媒体（Transmission Medium）：指传输表示媒体的物理介质。例如，电缆、光缆。

1.3.2 多媒体技术的含义和特点

1. 多媒体技术的含义

多媒体技术是指能同时捕捉、处理、编辑和展示多种媒体信息，实现人-机交互的技术，其核心是利用计算机中的数字化技术和交互式处理能力，综合处理文字、声音、图形、图像等信息。将文字、声音、图像、视频等多种媒体的系统与计算机系统集成而形成的系统称为多媒体系统，由计算机系统对多媒体信息进行输入、存储、加工和输出处理等。

2．多媒体技术的特点

（1）多样性：一方面指信息表现媒体类型的多样性，另一方面指媒体输入、传播、再现和展示手段的多样性。

（2）集成性：多媒体技术将各类媒体的设备集成在一起，同时也将多媒体信息或表现形式以及手段集成在同一个系统之中。

（3）交互性：交互性指实现媒体信息的双向处理，即用户与计算机的多种媒体进行交互式操作，从而为用户提供更有效控制和使用信息的手段，也为应用开辟了更广阔的领域。

1.3.3 多媒体涉及的主要技术

多媒体技术是多学科、多技术交叉的综合性技术，主要涉及多媒体数据压缩技术、多媒体信息存储技术、多媒体网络通信技术、多媒体软件技术及虚拟现实技术等。

1．多媒体数据压缩技术

多媒体数据压缩技术是多媒体技术中最为关键的技术。数字化后的多媒体信息的数据量非常庞大，这给存储器的存储、带宽及计算机的处理速度都带来极大的压力，因此需要通过多媒体数据压缩技术来解决数据存储与信息传输的问题。

在多媒体应用中，常用的压缩方法有：PCM（脉冲编码调制）、预测编码、变换编码、插值和外推法、统计编码、矢量量化和子带编码等。混合编码是近年来广泛采用的方法。新一代的数据压缩方法，如分形压缩和小波变换方法等也已接近实用化水平。

衡量一个压缩编码方法优劣的重要指标为：压缩比要高，有几倍、几十倍，也有几百乃至几千倍；压缩与解压缩要快，算法要简单，硬件实现容易；解压缩后的质量要好。

目前已公布的数据压缩标准有：用于静止图像压缩的 JPEG 标准；用于视频和音频编码的 MPEG 系列标准（包括 MPEG-1、MPEG-2、MPEG-4 等）；用于视频和音频通信的 H.261、H.263 标准等。

（1）JPEG 标准。1986 年，CCITT 和 ISO 两个国际组织组成了一个联合图片专家组（JointPhotographic Expert Group），其任务是建立第一个实用于连续色调图像压缩的国际标准，简称 JPEG 标准。JPEG 以离散余弦变换（DCT）为核心算法，通过调整质量系数控制图像的精度和大小。对于照片等连续变化的灰度或彩色图像，JPEG 在保证图像质量的前提下，一般可以将图像压缩到原大小的 1/10~1/20，如果不考虑图像质量，JPEG 甚至可以将图像压缩到"无限小"。2001 年正式推出了 JPEG 2000 国际标准，在文件大小相同的情况下，JPEG 2000 压缩的图像比 JPEG 质量更高，精度损失更小。

（2）MPEG 标准。MPEG 是"运动图像专家组"的简称，即国际标准化组织和国际电工委员会第一联合技术组第 29 分委会第 11 工作组，负责数字视频、音频和其他媒体的压缩、解压缩、处理和表示等国际技术标准的制定工作，制定的标准推动了 VCD、DVD、数字电视、高清晰度数字电视等产品的发展。MPEG-1 和 MPEG-2 是 MPEG 组织制定的第一代视、音频压缩标准，为 VCD、DVD 及数字电视和高清晰度电视等产业的飞速发展打下了牢固的基础。MPEG-4 是基于第二代视音频编码技术制定的压缩标准，以视听媒体对象为基本单元，实现数字视音频和图形合成应用、交互式多媒体的集成，目前已经在流式媒体服务等领域开始得到应用。MPEG-7 是多媒体内容的描述标准，支持对多媒体资源的组织管理、搜索、过滤、检索，已基本完成。正在制定的 MPEG-21 的重点是建立统一的多媒体框架，为从多媒体内容发布到消费所涉及的所有标准提供基础体系，支持连接全球网络的各种设备透明地访问各种多媒体资源。

2. 多媒体信息存储技术

多媒体信息存储技术主要研究多媒体信息的逻辑组织，存储体的物理特性，逻辑组织到物理组织的映射关系，多媒体信息的存取访问方法、访问速度、存储可靠性等问题，具体技术包括磁盘存储技术、光存储技术以及其他存储技术。

3. 多媒体网络通信技术

多媒体网络通信技术是指通过对多媒体信息特点和网络技术的研究，建立适合传输文本、图形、图像、声音、视频、动画等多媒体信息的信道、通信协议和交换方式等，解决多媒体信息传输中的实时与媒体同步等问题。

4. 多媒体专用芯片技术

专用芯片是改善多媒体计算机硬件体系结构和提高其性能的关键。为了实现音频、视频信号的快速压缩、解压缩和实时播放，需要大量的快速计算。只有不断地研发高速专用芯片，才能取得满意的处理效果。专用芯片技术的发展依赖于大规模集成电路技术的发展。

5. 多媒体软件技术

多媒体软件技术主要包括多媒体操作系统、多媒体数据库技术、多媒体信息处理与应用开发技术。多媒体操作系统是多媒体软件技术的核心，负责多媒体环境下多任务的调度，提供多媒体信息的各种基本操作和管理，保证音频、视频同步控制以及信息处理的实时性，具备综合处理和使用各种媒体的能力。多媒体数据库技术主要是研究分析多媒体数据对象的固有特性，在数据模型方面开展研究实现多媒体数据库管理，以及研究基于内容的多媒体信息检索策略。多媒体信息处理主要研究各种媒体信息（如文本、图形、图像等）的采集、编辑、处理、存储等技术。多媒体应用开发技术主要是在多媒体信息处理的基础上，研究和利用多媒体著作或编程工具，开发面向应用的多媒体系统，并通过光盘或网络发布。

6. 虚拟现实技术

虚拟现实（Virtual Reality，VR）技术是一种可以创建和体验虚拟世界的计算机系统，一种模拟人在自然环境中视觉、听觉和运动等行为的高级人机交互（界面）技术。虚拟现实技术是多媒体技术的重要发展和应用方向，旨在为用户提供一种身临其境和多感觉通道的体验，寻求最佳的人机通信方式。

1.3.4 多媒体技术的应用

目前多媒体系统已经能够将数据、声音以及高清晰度的图像作为软件中的对象进行各种处理，各种编辑处理软件使人们可以更方便地使用素材，并达到理想的表现效果。

（1）教育培训：多媒体教学的模式可以使得教学内容更充实、更形象、更有吸引力，提高学生的学习兴趣和接受效率。

（2）通信工程：从通信角度来看，多媒体通信技术可以把计算机的交互性、通信的分布性及电视的真实性融为一体。虽然多媒体通信技术在通信系统的应用还处在起步阶段，但已经应用在了可视电话、视频会议、检索网络信息资源等多个方面。

（3）影音娱乐：配有较好声卡的多媒体计算机播放的效果要好于普通家庭音响，另外，立体声声卡配有的音乐设备数字接口，即 MIDI 接口，可以使用户将各种音乐设备和计算机连接起来，可自编曲演奏和存储编辑。多媒体技术与虚拟现实技术相结合，还可以向人们提供三维立体化的双向影视服务，使人们足不出户即能根据自己的意愿选择观赏的场景，在家里点播视听节目，选玩电子游戏，并实现居家购物、订票或检索信息等。

（4）电子出版：电子出版物是以数字代码方式将图、文、声、像等信息存储在磁、光、电介质上，通过计算机或类似设备阅读使用，并可复制发行的大众传播媒体。电子出版物有着多媒体的特点，尤其体现在集成性和交互性，使用媒体种类多、表现力强，信息检索和使用方式更加灵活方便，在提供信息给读者的同时也可以接收读者的反馈。

（5）医疗影像诊断：以多媒体技术为主体的综合医疗信息系统是医药卫生保健信息化、自动化的重要标志。目前，医疗诊断中经常采用的实时动态视频扫描、声影处理等技术等必将改善人类的医疗条件，提高医疗水平。

（6）工业及军事领域：多媒体技术可以对工业生产进行实时监控，尤其是在生产现场设备故障诊断和生产过程参数探测等方面实际应用价值很大，特别在危险环境和恶劣环境中作业，几乎都是由多媒体监控设备所取代，另外，在交通枢纽也可以设置多媒体监测系统，准确观测各重要交通路口和行人、车辆。

1.3.5 视觉媒体的数字化

多媒体创作最常用的视觉元素分静态图像和动态图像两大类。静态图像根据它们在计算机中生成的原理不同，又分为位图（光栅）图像和矢量图形两种。动态图像又分视频和动画。视频和动画之间的界限并不能完全确定，习惯上将通过摄像机拍摄得到的动态图像称为视频，而由计算机或绘画的方法生成的动态图像称为动画。

1.3.5.1 静态图形图像的数字化

1. 图形与图像

在计算机中，图形（Graphics）与图像（Image）是一对既有联系又有区别的概念。它们都是一幅图，但图的产生、处理、存储方式不同。图形一般是指通过绘图软件绘制的，由直线、圆、圆弧、任意曲线等图元组成的画面，以矢量图形文件形式存储。矢量图文件中存储的是一组描述各个图元的大小、位置、形状、颜色、维数等属性的指令集合，通过相应的绘图软件读取这些指令，可将其转换为输出设备上显示的图形。因此，矢量图文件的最大优点是对图形中各图元进行缩放、移动、旋转而不失真，而且它占用的存储空间小。

图像是由扫描仪、数字照相机、摄像机等输入设备捕捉的真实场景画面产生的映像，数字化后以位图形式存储。位图图像又称为光栅图像或点阵图像，是由一个个像素点（能被独立赋予颜色和亮度的最小单位）排成矩阵组成的，位图文件中所涉及的图形元素均由像素点来表示，这些点可以进行不同的排列和染色以构成图样。位图文件中存储的是构成图像的每个像素点的亮度、颜色，位图文件的大小与分辨率和色彩的颜色种类有关，放大和缩小要失真，由于每一个像素都是单独染色的，因此位图图像适于表现逼真照片或要求精细细节的图像，占用的空间比矢量文件大。

矢量图形与位图图像可以转换，要将矢量图形转换成位图图像，只要在保存图形时，将其保存格式设置为位图图像格式即可；但反之则较困难，要借助其他软件来实现。

2. 图像的数字化

图像的数字化是指将一幅真实的图像转变成为计算机能够接受的数字形式，这涉及对图像的采样、量化及编码等。图像采样就是将时间和空间上连续的图像转换成离散点的过程，采样的实质就是用若干个像素（Pixel）点来描述这一幅图像，称为图像的分辨率，用点的"列数×行数"表示，分辨率越高，图像越清晰，存储量也越大。量化则是在图像离散化后，将表示图像色彩浓淡的连续变化值离散化为整数值（即灰度级）的过程，从而实现图像的数字化。在多媒体计算机系统中，图像的色彩是用若干位二进制数表示的，被称为图像的颜色深度。把量化时可取整数值的个数称为量化级数，表示色彩（或亮度）所需的二进制位数称为量化字长。一般用 8 位、16 位、24 位、32 位等来表示图像的颜色，24 位可以表示 2^{24}=16 777 216 种颜色，称为真彩色。

1.3.5.2 动态图像的数字化

动态图像也称视频，视频是由一系列的静态图像按一定的顺序排列组成的，每一幅称为帧（Frame）。电影、电视通过快速播放每帧画面，再加上人眼视觉效应便产生了连续运动的效果。当帧速率达到 12 帧/秒以上时，可以产生连续的视频显示效果。

视频有两类：模拟视频和数字视频。早期的电视等视频信号的记录、存储和传输都是采用模拟方式；现在出现的 VCD、SVCD、DVD、数字式便携摄像机都是数字视频。在模拟视频中，常用两种视频标准：NTSC 制式（30 帧/秒，525 行/帧）和 PAL 制式（25 帧/秒，625 行/帧），我国采用 PAL 制式。

视频数字化过程同音频相似，在一定的时间内以一定的速度对单帧视频信号进行采样、量化、编码等过程，实现模数转换、彩色空间变换和编码压缩等，这通过视频捕捉卡和相应的软件来实现。在数字化后，如果视频信号不加以压缩，数据量的大小是帧乘以每幅图像的数据量。例如，要在计算机连续显示分辨率为 1280×1024 的 24 位真彩色高质量的电视图像，按每秒 30 帧计算，显示 1 min，则需要：1280（列）×1024（行）×3（B）×30（帧/s）×60（s）=6.6 GB。一张 650 MB 的光盘只能存放 6 s 左右的电视图像，显然，这样大的数据量不仅超出了计算机的存储和处理能力，更是当前通信信道的传输速率所不及的。因此，为了存储、处理和传输这些数据，必须对数据进行压缩。

1.4　计算机安全

信息安全已成为世界性的现实问题，信息安全与国家安全、民族兴衰和战争胜负息息相关。没有信息安全，就没有完全意义上的国家安全。

1.4.1　信息安全的概念及主要技术

信息安全是指保护信息和信息系统不被未经授权的访问、使用、泄露、中断、修改和破坏，为信息和信息系统提供保密性、完整性、可用性、可控性和不可否认性。网络信息安全是一门涉及计算机科学、网络技术、通信技术、密码技术、信息安全技术等多种学科的综合性学科。它主要是指网络系统的硬件、软件及其系统中的数据受到保护，不受偶然的或者恶意的原因而遭到破坏、更改、泄露，系统连续可靠正常地运行，网络服务不中断。

由于计算机网络具有联结形式多样性、终端分布不均匀性和网络的开放性、互联性等特征，致使网络易受黑客、恶意软件和其他不轨行为的攻击，所以网络信息的安全和保密至关重要。无论是在单机系统、局域网还是在广域网系统中，都存在着自然和人为等诸多因素的脆弱性和潜在威胁。因此，计算机网络系统的安全措施应是能全方位地针对各种不同的威胁和脆弱性，这样才能确保网络信息的保密性、完整性和可用性。目前关键的信息安全技术包括加密技术、认证技术、访问控制、防火墙技术和云安全技术等。

1.4.2　计算机病毒及安全防范

20 世纪 60 年代，被称为"计算机之父"的数学家冯·诺依曼在其遗著《计算机与人脑》中，详细地论述了包括程序在内进行繁殖活动的理论，计算机病毒的出现是计算机软件技术发展的难以避免又必须防护的事件。

1.4.2.1　计算机病毒的实质和特征

计算机病毒是指编制或者在计算机程序中插入的破坏计算机功能或者破坏数据，影响计算机使用，并能自我复制的一组计算机指令或者程序代码。计算机病毒具有以下特征：

（1）寄生性：计算机病毒寄生在其他程序之中，当执行这个程序时，病毒就起破坏作用，而在未启动这个程序之前，它是不易被人发觉的。

（2）传染性：计算机病毒不但本身具有破坏性，更有害的是具有传染性。计算机病毒一旦进入计算机并得以执行，它就会搜寻其他符合其传染条件的程序或存储介质，确定目标后再将自身代码插入其中，达到自我繁殖的目的。

（3）潜伏性：一个编制精巧的计算机病毒程序，进入系统之后一般不会马上发作，可以在几周或者几个月甚至几年内隐藏在合法文件中，对其他系统进行传染，而不被人发现。潜伏性越好，其在系统中存在的时间就会越长，病毒的传染范围就会越大。

（4）隐蔽性：计算机病毒具有很强的隐蔽性，有的可以通过病毒软件检查出来，有的根本就查不出来，有的时隐时现、变化无常，这类病毒处理起来通常很困难。

（5）破坏性：计算机中毒后，可能会导致正常的程序无法运行，把计算机内的文件删除或受到不同程度的损坏。通常表现为：增、删、改、移，严重的会摧毁整个计算机系统。

1.4.2.2　计算机病毒的分类

根据计算机病毒的特点及特性，从不同角度对计算机病毒进行的分类主要如下。

（1）按照破坏情况，计算机病毒可分为良性计算机病毒、恶性计算机病毒。

（2）按照病毒的传播方式和感染方式，计算机病毒可分为引导型病毒、分区表病毒、宏病毒、文件型病毒、复合型病毒。

（3）按照病毒的连接方式，计算机病毒可分为源码型病毒、嵌入型病毒、外壳型病毒、操作系统型病毒。

（4）按照病毒的寄生部位或传染对象，计算机病毒可分为磁盘引导区传染的计算机病毒、操作系统传染的计算机病毒、可执行程序传染的计算机病毒。

1.4.2.3　计算机病毒的传播途径

计算机病毒传播主要通过文件复制、文件传送、文件执行等方式进行。具体如下。

（1）通过不可移动的计算机硬件设备进行传播，这些设备通常有计算机的专用 ASIC 芯片和硬盘等。这种病毒虽然极少，但破坏力却极强，目前尚没有较好的检测手段对付。

（2）通过移动存储设备来传播，这些设备包括软盘、磁带等。目前，大多数计算机都是从这类途径感染病毒的。

（3）通过计算机网络进行传播。计算机病毒可以附着在正常文件中通过网络进入一个又一个系统。在信息国际化的同时，病毒也在国际化。

（4）通过点对点通信系统和无线通道传播。目前，这种传播途径还不是十分广泛，但预计在未来的信息时代，这种途径很可能与网络传播途径成为病毒扩散的两大"时尚渠道"。

1.4.2.4　计算机病毒的危害

随着计算机应用的发展，人们深刻地认识到凡是病毒都可能对计算机信息系统造成严重的破坏。常见的影响表现如下。

（1）大部分病毒在激发的时候直接破坏计算机的重要信息数据，所利用的手段有格式化磁盘、改写文件分配表和目录区、删除重要文件或者用无意义的"垃圾"数据改写文件、破坏 CMOS 设置等。

（2）寄生在磁盘上的病毒总要非法占用一部分磁盘空间。大多数病毒在动态下都是常驻内存的，这就必然抢占一部分系统资源。病毒所占用的基本内存长度大致与病毒本身长度相当。病毒抢占内存，导致内存减少，一部分软件不能运行。病毒进驻内存后不但干扰系统运行，还影响计算机速度。

（3）计算机病毒与其他计算机软件的一大差别是病毒的无责任性。编制一个完善的计算机软件需要耗费大量的人力、物力，经过长时间调试完善，软件才能推出。

（4）兼容性是计算机软件的一项重要指标，兼容性好的软件可以在各种计算机环境下运行，反之兼容性差的软件则对运行条件"挑肥拣瘦"，要求机型和操作系统版本等。

（5）给人们造成巨大的心理压力，极大地影响了现代计算机的使用效率，由此带来的无形损失难以估量。

1.4.2.5 常见计算机病毒的预防

计算机病毒和生物病毒一样不可能完全灭绝，因此在日常使用计算机的过程中必须具备防范意识。常用的计算机病毒预防措施有以下几点。

（1）建立良好的安全习惯：对一些来历不明的邮件及附件不要打开，不要登录一些不太了解的网站，不要运行从 Internet 下载后未经杀毒处理的软件等，不随便使用外来优盘或其他介质，对外来优盘或其他介质必须先检查再使用。

（2）关闭或删除系统中不需要的服务：默认情况下，许多操作系统会安装一些辅助服务，如 FTP 客户端、Telnet 和 Web 服务器。这些服务对用户没有太大用处，却为攻击者提供了方便。删除它们就能大大减小被攻击的可能性。

（3）经常升级安全补丁：据统计，有 80%的网络病毒是通过系统安全漏洞进行传播的，所以应定期到网站去下载最新的安全补丁，防患于未然。

（4）及时隔离受感染的计算机：当发现病毒或异常时应立刻断网，以防止计算机受到更多的感染，或者成为传播源，感染其他计算机。

（5）安装专业的杀毒软件进行全面监控：目前使用杀毒软件进行杀毒是越来越经济的选择。不过在安装了杀毒软件后，还应经常进行升级，将一些主要监控经常打开，如邮件监控、内存监控等，这样才能真正保障计算机的安全。

1.5 新一代信息技术

随着计算机的快速发展以及人们对计算机新功能的需求，新技术、新理论也随之出现，给人们的生活带来了极大的方便。新一代信息技术如大数据、云计算、人工智能、物联网及移动互联网等。

1.5.1 大数据

1.5.1.1 大数据的概念与特性

目前，对于大数据的定义并没有标准统一答案，但鉴于对于大数据的暂有认知，可以总结出大数据概念的几个关键词。具体如下。

（1）大规模数据集合：大数据是一种大规模、海量的数据集合，数据的数量特别巨大，种类特别繁多。

（2）新处理模式：大数据已经无法用传统的数据处理工具进行处理，从而催生出一些新的处理模式和处理技术。

（3）信息资产：在这样巨大规模的数据中，可以提取出更有价值的信息，从而使数据成为一种无形的可增值的资产。

最开始被我们认知的大数据特性有 4 种，即"4V"特性，数据量大（Volume）、种类多（Variety）、速度快时效高（Velocity）、价值密度低（Value）。IBM 在"4V"的基础上，增加了真实性（Veracity）。随着对大数据认知的不断深入，大数据的特性也不断被发现和增加，现在又增加了可变性（Variability）。

1.5.1.2 大数据的价值

大数据本身不产生价值，通过分析、挖掘和利用大数据，对决策和业务产生帮助才是其价值产生的关键。大数据的典型应用如零售大数据——营销策略、医疗大数据——高效看病、教育大数据——因材施教等。

大数据的最终受益者可以分为三类：企业、消费者及政府服务。

（1）企业：其商业发展天生就依赖于大量的数据分析来做决策支持，同时，针对消费者市场的精准营销，也是企业营销的重要需求。

（2）消费者：大数据的价值主要体现在信息能够按需搜索，能够得到友好、可信的信息推荐，以及提供高阶的信息服务，如智能信息的提供、用户体验更快捷等。

（3）政府服务：大数据成为推动政府政务公开、完善服务、依法行政的重要力量。从户籍制度改革，到不动产登记制度改革，再到征信体系建设等，都对政府大数据建设提出了更高的目标要求，大数据已成为政府改革和转型的技术支撑杠杆。

1.5.1.3 大数据的发展趋势

大数据市场需求明确，技术持续发展。其趋势主要为：数据的资源化、与云计算的深度结合、科学理论的突破、数据科学和数据联盟的成立、安全与隐私更受关注、结合智能计算的大数据分析成为热点、各种可视化技术和工具提升大数据分析、跨学科领域交叉的数据融合分析与应用等。

目前大数据已经在大型互联网企业得到较好的应用，其他行业的大数据尤其是电信和金融也逐渐在多种应用场景取得效果。因此，有理由相信，大数据作为一种从数据中创造新价值的工具，尤其是与物联网、移动互联、云计算等热点技术领域相互交叉融合，将会在更多的行业领域中得到应用和落地，带来广泛的社会价值。

1.5.2 云计算

1.5.2.1 云计算的概念与优势

云计算（Cloud Computing）是一种能够将动态伸缩的虚拟化资源通过互联网以服务的方式提供给用户的计算模式。普通云用户无须具有IT设备操作能力和相应的专业知识，也不必了解如何管理那些支持云计算的基础设施，只需要通过网络接入云计算平台，就可以获取需要的服务，整个使用过程方便、易行。目前，许多大型IT厂商都推出了各自的云计算平台。

云计算具有的技术特征和规模效应使其具有更高的性价比优势。一是云计算数据中心规模庞大，可以节省大量开销；二是云计算有着比传统的IDC（互联网数据中心）更高的资源利用率。对于普通用户来说，云计算的优势显而易见，既不用安装硬件，又不用开发软件，使用成本也非常低。用户在云计算平台上可以实现应用系统快速部署、系统规模动态伸缩、更方便地共享数据等。

1.5.2.2 云计算与大数据的关系

云计算是大数据的IT基础，大数据须有云计算作为基础架构才能高效运行。

一方面，通过大数据的业务需求，为云计算的落地找到了实际应用。传统的单机处理模式不但成本越来越高，而且不易扩展，并且随着数据量的递增、数据处理复杂度的增加，相应的性能和扩展瓶颈将会越来越大。在这种情况下，云计算所具备的弹性伸缩和动态调配、资源的虚拟化和系统的透明性、支持多租户、支持按量计费或按需使用，以及绿色节能等基本要素正好契合了新型大数据处理技术的需求。而以云计算为典型代表的新一代计算模式，以及云计算平台这种支持一切上层应用服务的底层基础架构，以其高可靠性、更强的处理能力和更大的存储空间、可平滑迁移、可弹性伸缩、对用户的透明性以及可统一管理和调度等特性，正在成为解决大数据问题的重要方向。

另一方面，基于云计算技术构建的大数据平台，能够提供聚合大规模分布式系统中离散的通信、存储和处理能力，并以灵活、可靠、透明的形式提供给上层平台和应用。它同时还提供针对海量多格式、多模式数据的跨系统、跨平台、跨应用的统一管理手段和高可用、敏捷响应的机制体系来支持快速变化的功能目标、系统环境和应用配置。

云计算作为计算资源的底层，支撑着上层的大数据处理，而大数据实时交互式的查询效率和分析能力，借助"云"的力量，可以实现对多格式、多模式的大数据的统一管理、高效流通和实时分析，挖掘价值，发挥大数据的真正意义。

1.5.2.3　云计算的发展趋势

随着 5G、物联网时代的到来，传统云计算技术难以满足终端侧"大连接、低时延、大带宽"的需求。将云计算能力拓展到边缘侧，并通过云端管控实现云服务的下沉，提供端到端的云服务，由此产生了边缘云计算。边缘云计算是基于云计算技术的核心和边缘计算的能力，构筑在边缘基础设施上的云计算平台。形成边缘位置的计算、网络、存储、安全等能力全面的弹性云平台，并与中心云和物联网终端形成"云边端三体协同"的端到端的技术架构，通过将网络转发、存储、计算、智能化数据分析等工作放在边缘处理，降低响应时延、减轻云端压力、降低带宽成本，并提供全网调度等云服务。

随着人工智能和大数据的发展，各行各业都在利用科技智能化和大数据分析等前沿科技手段，提升行业应用的科技效率，减低产业数字化系统的运维成本。例如在数字机床和工控领域等行业，可以把 AI 能力和数字分析能力部署在工业园区内，以实现在边缘局域范围内完成实时的工控智能。

1.5.3　人工智能

1.5.3.1　人工智能的概念

1950 年，图灵在他的论文《计算机与智能》中提出了著名的图灵测试，用来判断一个机器是否具有人类智能。1956 年，在达特茅斯学院举办的一次会议上，计算机专家约翰·麦卡锡提出了"人工智能"一词，这被人们认为是人工智能学科正式诞生的标志。就在这次会议后不久，麦卡锡从达特茅斯搬到了 MIT。同年，明斯基也搬到了这里，之后两人共同创建了世界上第一座人工智能实验室——MIT AI LAB 实验室。值得追溯的是，茅斯会议正式确立了 AI 这一术语，并且开始从学术角度对 AI 展开了严肃而精专的研究。在那之后不久，最早的一批人工智能学者和技术开始涌现。达特茅斯会议被广泛认为是人工智能诞生的标志，从此人工智能走上了快速发展的道路。

目前对人工智能的定义大多可划分为四类，即机器"像人一样思考""像人一样行动""理性地思考"和"理性地行动"（这里"行动"应理解为采取行动或制定行动的决策）。

1.5.3.2　人工智能的发展阶段

从人工智能达到的水平和完善程度上划分，人工智能可以分为三个阶段，分别是弱人工智能、强人工智能和超人工智能。其中弱人工智能也被称为专用人工智能，强人工智能也被称为通用人工智能，超人工智能也被称为超级人工智能。

弱人工智能（Artificial Narrow Intelligence，ANI）是擅长于单个方面的人工智能，不可能制造出能真正地推理和解决问题的智能机器，这些机器只不过看起来像是智能的，但是并不真正拥有智能，也不会有自主意识。

强人工智能（Artificial General Intelligence，AGI）是指在各方面都能和人类比肩的人工智能，这是类似人类级别的人工智能。强人工智能理论认为有可能制造出真正能推理和解决问题的智能机器，并且，这样的机器能将被认为是有知觉的，有自我意识的。

超人工智能（Artificial Super Intelligence，ASI）是人工智能超越人类的发展阶段，人工超级智能目前只是一个假设。牛津哲学家、知名人工智能思想家 Nick Bostrom 把超级智能定义为，在几乎所有领域都比最聪明的人类大脑都聪明很多，包括科学创新、通识和社交技能。

1.5.3.3　人工智能的作用

从战略意义上看，人工智能在军事、情报分析、医疗等领域的应用能极大地提升一个国家的国际竞争力。很多国家把人工智能确定为未来新兴技术的旗舰项目，希望通过理解大脑的工作方式，推动人脑计算机模拟等领域的发展。科技界也对人工智能寄予厚望，全力以赴加速在人工智能领域的投资和研发。同样，中国科技企业在人工智能领域的研发、人才等方面的投入不断加大。人工智能技术将极大地提升和扩展人类的能力边界，对促进技术创新、提升国家竞争优势，乃至推动人类社会发展产生深远影响。

从宏观层面看，人工智能技术与互联网密切相关，而互联网的"泛在化"使其正在渗透进生产生活的每个角落，因此人工智能技术对于人类社会的影响也将全面且深远。无论是机器人、无人飞机还是其他智能设备，都必须有强大的人工智能系统作为核心技术支撑。

从微观层面看，人工智能有着改变操作系统、互联网入口乃至各种传统产品的潜能。例如通过听觉和基于大数据与用户个性化研究，将极大提升用户体验和获取信息的方式。近年来人工智能技术有着诸多突破。一些公司人工智能领域已积累多年经验，特别是在自然语言处理、图像识别、人工智能情感等领域技术优势显著。

1.5.3.4　人工智能的发展趋势

人工智能发展的主要趋势与特征为：从专用智能向通用智能发展、从单纯的机器人工智能向人机混合智能发展、从人类高度参与的智能向自主智能系统发展等。我们也许并不能准确预测未来人工智能技术的发展方向，但它的发展势头一定很迅猛。随着人工智能技术的进一步成熟以及政府和产业界投入的日益增长，人工智能领域的国际竞争将日益激烈。

当前，我国人工智能发展的总体态势良好，人工智能企业在人脸识别、语音识别、安防监控、智能音箱、智能家居等应用领域处于国际前列。2017 年 7 月，国务院发布《新一代人工智能发展规划》，将新一代人工智能放在国家战略层面进行部署，描绘了面向 2030 年的我国人工智能发展路线图，旨在构筑人工智能先发优势，把握新一轮科技革命战略主动。但是我们也要清醒地看到，我国人工智能发展在基础研究、技术体系、应用生态、创新人才、法律规范等方面仍然存在不少值得重视的问题。另外，我国人工智能开源社区和技术生态布局相对滞后，技术平台建设力度有待加强，国际影响力有待提高。我国参与制定人工智能国际标准的积极性和力度不够，国内标准制定和实施也较为滞后。我国对人工智能可能产生的社会影响还缺少深度分析，制定完善人工智能相关法律法规的进程需要加快。

1.5.4 物联网

1.5.4.1 物联网的概念

物联网是指通过各种信息传感设备,实时采集任何需要监控、连接、互动的物体或过程等各种需要的信息,与互联网结合形成的一个巨大的网络。其目的是实现物与物、物与人,以及所有的物品与网络的连接,方便识别、管理和控制。

物联网是新一代信息技术的重要组成部分,它包括两层意思:一方面物联网的核心和基础仍然是互联网,是在互联网基础上的延伸和扩展的网络;另一方面,其用户端延伸和扩展到了任何物品与物品之间。物联网通过智能感知、识别技术与普适计算、广泛应用于网络的融合中,也因此被称为继计算机、互联网之后世界信息产业发展的第三次浪潮。

1.5.4.2 物联网的特征

和传统的互联网相比,物联网有其鲜明的特征。

(1)它是各种感知技术的广泛应用。物联网上部署了海量的多种类型传感器,每个传感器都是一个信息源,不同类别的传感器所捕获的信息内容和信息格式不同。传感器获得的数据具有实时性,按一定的频率周期性的采集环境信息,不断更新数据。

(2)它是一种建立在互联网上的泛在网络。物联网技术的重要基础和核心仍旧是互联网,通过各种有线和无线网络与互联网融合,将物体的信息实时准确地传递出去。在物联网上的传感器定时采集的信息需要通过网络传输,由于其数量及其庞大,形成了海量信息,在传输过程中,为了保障数据的正确性和及时性,必须适应各种异构网络和协议。

(3)物联网本身也具有智能处理的能力,能够对物体实施智能控制。物联网将传感器和智能处理相结合,利用云计算、模式识别等各种智能技术,扩充其应用领域。从传感器获得的海量信息中分析、加工和处理出有意义的数据,以适应不同用户的不同需求,发现新的应用领域和应用模式。

(4)物联网依托云服务平台和互通互联的嵌入式处理软件,弱化技术色彩,强化与用户之间的良性互动,更佳的用户体验,更及时的数据采集和分析建议,更自如的工作和生活,是通往智能生活的物理支撑。

1.5.4.3 物联网的用途

物联网把新一代IT技术充分运用在各行各业之中,具体地说,就是把感应器嵌入和装备到电网、铁路、桥梁、公路、建筑、供水系统、大坝、油气管道等各种物体中,然后将与现有的互联网整合起来,实现人类社会与物理系统的整合。

物联网用途广泛,遍及智能交通、环境保护、政府工作、公共安全、平安家居、智能消防、工业监测、环境监测、照明管控、老人护理、个人健康、花卉栽培、水系监测、食品溯源、敌情侦查和情报搜集等多个领域。

1.5.4.4 物联网的发展

物联网将是下一个推动世界高速发展的"重要生产力"。

（1）物联网可以为全球经济的复苏提供技术动力。美国、欧盟等都在投入巨资深入研究探索，我国也在高度关注、重视物联网的研究。物联网的发展，已经上升到国家战略的高度，必将有大大小小的科技企业受益于国家政策扶持，进入科技产业化的过程中。

（2）物联网普及以后，用于动物、植物、机器、物品的传感器与电子标签及配套的接口装置的数量将大大超过手机的数量。物联网的推广将会成为推进经济发展的又一个驱动器，为产业开拓了又一个潜力无穷的发展机会。

物联网产业链的细化将带来市场进一步细分，造就一个庞大的物联网产业市场。

1.5.5 移动互联网

1.5.5.1 移动互联网的概念与组成

移动互联网（Mobile Internet，MI），是指互联网的技术、平台、商业模式和应用与移动通信技术结合并实践的活动的总称。移动互联网的组成可以归纳为移动通信网络、移动互联网应用和移动互联网相关技术等几大部分。具体如下。

1. 移动通信网络

移动互联网时代无线连接各终端、节点所需要的网络，它是指移动通信技术通过无线网络将网络信号覆盖延伸到每个角落，让我们能随时随地接入所需的移动应用服务。移动互联网接入网络有 GPRS、EDGE、WLAN、3G、4G、5G 等。

2. 移动互联网终端设备

移动互联网终端设备的兴起才是移动互联网发展的重要助推器。这些设备要求既可以无线上网实现常用功能，又能做到小巧方便。正是这种迫切需求推动着移动互联终端设备的蓬勃发展。

3. 移动网络应用

当我们随时随地接入移动网络时，运用最多的就是移动网络应用程序。移动音乐、手机游戏、视频视听、手机支付、位置服务等丰富多彩的移动互联网应用发展迅猛，正在深刻改变信息时代的社会生活，移动互联网正在迎来新的发展浪潮。主要的移动互联网应用如电子阅读、手机游戏、移动视听、移动搜索、移动社区、移动商务、移动支付等。

1.5.5.2 移动互联网的特性

（1）便捷性。用户可以随身携带和随时使用移动终端，在移动状态下接入和使用服务。

（2）隐私性。由于移动、便携性的特点，移动互联网的信息保护程度较高。通常不需要考虑通信运营商与设备商在技术上如何实现它。高隐私性决定了移动互联网终端应用的特点，数据共享时既要保障认证客户的有效性，也要保证信息的安全性。

（3）提供位置服务。移动互联网区别于传统互联网的典型应用是位置服务应用，如位置签到、位置分享及基于位置的社交应用，基于位置的用户监控及消息通知服务、生活导航及优惠券集成服务，基于位置的娱乐和电子商务应用，基于位置的用户交换机上下文感知及信息服务等。

（4）应用丰富。移动互联网上的丰富应用，如图片分享、视频播放、音乐欣赏、电子邮件等，为用户的工作、生活带来更多的便利和乐趣。

第1章章末练习题

一、单项选择题（一级考试模拟练习题）

1. 世界上第一台电子计算机取名为（   ）。
   A．UNIVAC   B．EDSAC   C．ENIAC   D．EDVAC
2. 目前制造计算机所采用的电子元器件是（   ）。
   A．晶体管   B．超导体
   C．中小规模集成电路   D．超大规模集成电路
3. 根据计算机的（   ），计算机的发展可划分为四代。
   A．体积   B．应用范围   C．运算速度   D．主要元器件
4. 个人计算机简称为PC机，这种计算机属于（   ）。
   A．微型计算机 B．小型计算机 C．超级计算机   D．巨型计算机
5. 计算机存储数据的最小单位是二进制的（   ）。
   A．位（比特） B．字节   C．字长   D．千字节
6. 一个字节包括（   ）个二进制位。
   A．8   B．16   C．32   D．64
7. 1MB等于（   ）字节。
   A．100000   B．1024000   C．1000000   D．1048576
8. 下列数据中，有可能是八进制数的是（   ）。
   A．488   B．317   C．597   D．189
9. 与十进制36.875等值的二进制数是（   ）。
   A．110100.011 B．100100.111 C．100110.111   D．100101.101
10. 下列逻辑运算结果不正确的是（   ）。
    A．0+0＝0   B．1+0＝1   C．0+1＝0   D．1+1＝1
11. 计算机采用二进制最主要的理由是（   ）。
    A．存储信息量大   B．符合习惯
    C．结构简单运算方便   D．数据输入、输出方便

12. 在不同进制的四个数中，最小的一个数是（　　）。
   A．(1101100)$_2$　　　B．(65)$_{10}$　　　　　C．(70)$_8$　　　　　　D．(A7)$_{16}$

13. 一台计算机的字长是 4 个字节，这意味着它（　　）。
   A．能处理的字符串最多由 4 个英文字母组成
   B．能处理的数值最大为 4 位十进制数 9999
   C．在 CPU 中作为一个整体加以传送处理的二进制数码为 32 位
   D．在 CPU 中运算的结果最大为 2 的 32 次方

14. 多媒体技术的核心是利用计算机中的（　　），综合处理文字、声音、图形、图像等信息。
   A．数字化技术和交互式处理能力　　　　B．信息输入能力
   C．图像处理能力　　　　　　　　　　　D．信息收集与整理能力

15. 关于大数据的特性，在"4V"的基础上，增加了（　　）。
   A．Volume　　　B．Variety　　　C．Value　　　D．Veracity

二、填空题（知识强化补充练习题）

1. ＿＿＿＿＿＿被人们誉为"现代电子计算机之父"。

2. 1GB 等于＿＿＿＿ MB。

3. 在计算机内存中要存放 256 个 ASCII 码字符，需＿＿＿＿ B 的存储空间。

4. 与十六进制数 26.E 等值的二进制数是＿＿＿＿＿。

5. 在计算机内部，用来传送、存储、加工处理的数据或指令都是以＿＿＿＿形式进行的。

6. 媒体是信息表示、传递和存储的＿＿＿＿＿。

7. 计算机病毒是能自我复制的一组计算机指令或者＿＿＿＿。

8. 对于连网的计算机，当发现病毒或异常时应立刻＿＿＿＿，以防止更多感染。

第 1 章章末练习题参考答案

第 2 章 计算机系统

计算机发展到今天，从微型计算机到高性能计算机，无一例外都配置了一种或多种操作系统，操作系统已经成为现代计算机系统不可分割的重要组成部分。

2.1 计算机系统组成

计算机系统是指用于数据库管理的计算机硬软件及网络系统，一台计算机要能够正常运行需要有一个完整的计算机系统。

2.1.1 概述

一个完整的计算机系统由硬件系统和软件系统两部分组成，如图 2-1 所示。

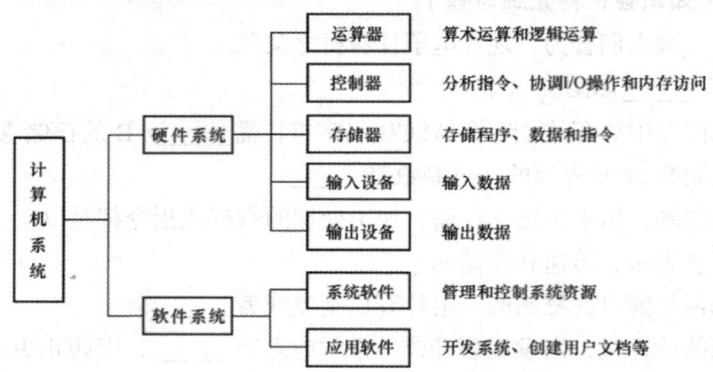

```
                          ┌─ 运算器 ── 算术运算和逻辑运算
                          ├─ 控制器 ── 分析指令、协调I/O操作和内存访问
             ┌─ 硬件系统 ─┼─ 存储器 ── 存储程序、数据和指令
计算机系统 ──┤            ├─ 输入设备 ── 输入数据
             │            └─ 输出设备 ── 输出数据
             └─ 软件系统 ─┬─ 系统软件 ── 管理和控制系统资源
                          └─ 应用软件 ── 开发系统、创建用户文档等
```

图 2-1 计算机系统的组成

硬件系统是组成计算机系统的各种实体设备的总称，是计算机系统运行的硬件基础。软件系统是指程序、程序运行所需要的数据以及程序所需要的文档资料的集合。硬件是计算机的躯体，而软件是计算机的灵魂。没有安装任何软件的计算机称为"裸机"，一般来说，"裸机"是不能正常工作的。用户所面对的计算机通常是将"裸机"经过若干层软件"包装"的计算机，计算机的性能及功能不仅仅取决于硬件系统，更大程度上是由所安装的软件所决定的。

2.1.2 计算机硬件系统的组成

计算机是能按照人的要求接收信息和存储信息，自动进行数据处理和计算，并输出结果的机器系统。计算机由硬件和软件两部分组成，它们共同协作运行应用程序，处理和解决实际问题。其中，硬件是计算机赖以工作的实体，是各种物理部件的有机结合。软件是控制计算机运行的灵魂，是由各种程序和程序所处理的数据组成的。计算机系统通过软件协调各硬件部件，并按照指定要求和顺序进行工作。

　　硬件系统是计算机的物质基础，没有硬件系统就不能称其为计算机。尽管各种计算机在性能、用途和规模上有所不同，但其基本结构都遵循冯·诺依曼体系结构，人们称符合这种设计的计算机为冯·诺依曼机。这就决定了计算机硬件系统是中央外理器、内存储器、外部存储器、输入设备、输出设备五个部分组成的，这五个部分又可以归纳为两个大类，即主机部分和外部设备部分，如图2-2所示。

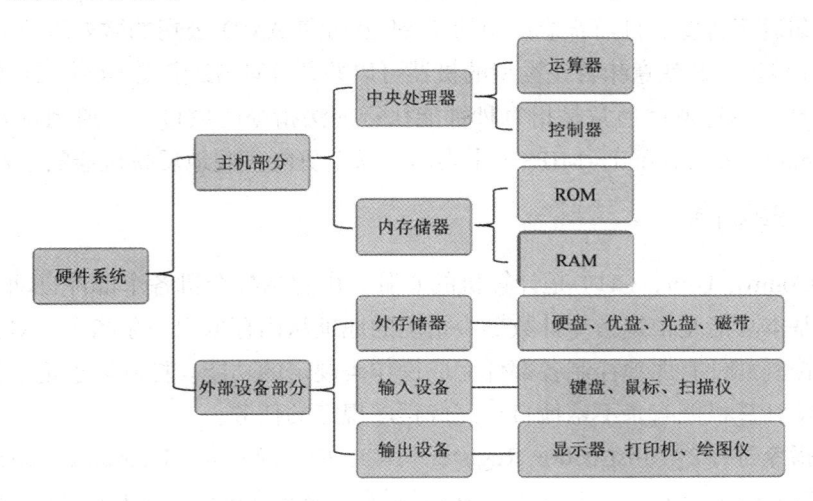

图 2-2　计算机硬件系统

2.1.2.1　运算器

　　运算器（Arithmetic and Logic Unit，ALU）是计算机处理数据、形成信息的加工厂，它的主要功能是对二进制数进行算术运算或逻辑运算。所以，也称其为算术逻辑部件。所谓算数运算，就是常用的加、减、乘、除，以及乘方、开方等数学运算。而逻辑运算指的是逻辑变量之间的运算，即通过与、或、非等基本操作对二进制数进行逻辑判断，如图2-3所示。

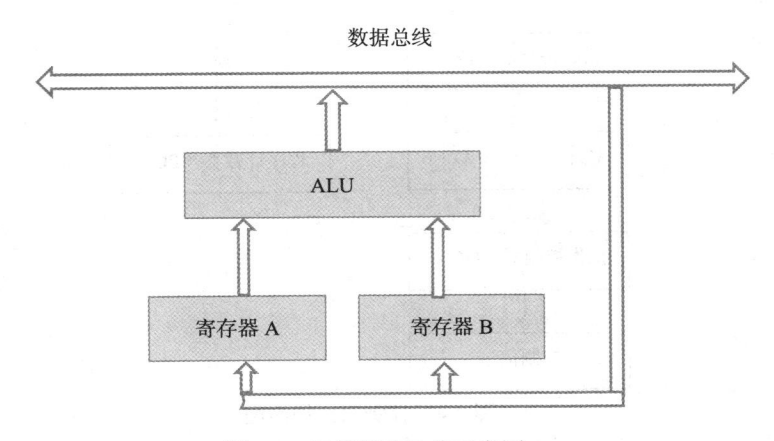

图 2-3　运算器的结构示意图

— 33 —

计算机之所以能够完成各种复杂操作，最根本的原因是运算器的运行。参加运算的数据全部是在控制器的统一指挥下从内存储器中提取到运算器里，由运算器完成运算任务。运算器处理的对象是数据，处理的数据来自存储器，处理后的结果通常送回存储器或暂时存储在运算器中。数据长度和表示方法对运算器的性能影响极大。计算机的字长大小决定了运算器的运算精度，字长越长，所能处理的数的范围越大，运算精度越高，处理速度越快。

运算器的性能指标是衡量整个计算机性能的重要因素之一，运算器相关的性能指标包括计算机的字长和运算速度。目前普遍使用的 Intel 公司和 AMD 公司的微处理器大多支持 32 位字长或 64 位字长，这就意味着该类型的机器可以并行处理 32 位或 64 位二进制数的算术运算或逻辑运算。运算速度通常是指每秒钟能执行加法指令的数目。一般用百万条指令/秒（Million Instructions Per Second，MIPS）来表示，这个更能直观地反映机器的运行速度。

2.1.2.2　控制器

控制器（Control Unit，CU）是计算机的心脏，由它指挥全机各个部件自动、协调地工作。控制器的基本功能是根据指令计数器中指定的地址从内存取出一条指令，对指令进行译码，再由操作控制部件有序地控制各部件完成操作码规定的功能。控制器也记录操作中各个部件的状态，使计算机能有条不紊地自动完成程序规定的任务。

控制器由指令寄存器（Instruction Register，IR）、指令译码器（Instruction Decoder，ID）、程序计数器（Program Counter，PC）和操作控制器（Operation Controller，OC）四个部件组成。IR 用以保存当前执行或即将执行的指令代码；ID 用来解析和识别 IR 中所存放指令的性质和操作方法；OC 则根据 ID 的译码结果，产生该指令执行过程中所需要的全部控制信号和时序信号；PC 总是保存下一条要执行的指令地址，从而使程序可以自动、持续地运行，如图 2-4 所示。

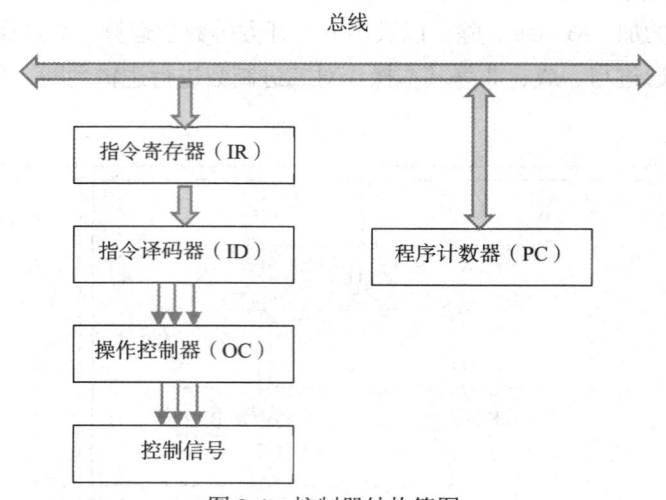

图 2-4　控制器结构简图

从宏观上看，控制器的作用是控制计算机各个部件协调工作。从微观上看，控制器的作用是按一定顺序产生机器指令以获得执行过程中所需要的全部控制信号，这些控制信号作用于计算机的各个部件，以使其完成某种功能，从而达到执行指令的目的。所以，对控制器而言，真正的作用是机器指令执行过程的控制。

1. 机器指令

为了让计算机按照人的意思正确运行，必须设计一系列计算机可以真正识别和执行的语言——机器指令。机器指令是一个按照一定格式构成的二进制代码串，用来描述一台计算机可以理解并执行的基本操作。计算机只能执行指令，它被指令所控制。机器指令通常由操作码和操作数两部分组成。

（1）操作码：指明指令所要完成操作的性质和功能。

（2）操作数：指明操作码执行时的操作对象。操作数的形式可以是数据本身，也可以是存放数据的内存单元地址或寄存器名称。操作数又分为源操作数和目的操作数。源操作数指明参加运算的操作数来源；目的操作数地址指明保存运算结果的存储单元地址或寄存器名称。指令的基本格式如表2-1所示。

表2-1　指令的基本格式

操作码	源操作数或地址	目的操作数地址

2. 指令的执行过程

计算机的工作过程就是按照控制器的控制信号自动、有序地执行指令的过程。指令是计算机正常工作的前提。所有程序都是由一条条指令序列组成的。一条机器指令的执行需要获得指令、分析指令、执行指令。大致过程如下所述。

（1）获取指令：从存储单元地址等于当前程序计数器（PC）的内容的那个存储单元中读取当前要执行的指令，并把它存放到指令寄存器（IR）中。

（2）分析指令：指令译码器（ID）分析该指令（称为译码）。

（3）生成控制信号：操作控制器根据指令译码器（ID）的输出（译码结果），按一定的顺序产生执行该指令所需要的控制信号。

（4）执行指令：在控制信号的作用下，计算机各部件完成相应的操作，实现数据的处理和结果的保存。

（5）重复执行：计算机根据程序计数器（PC）中新的指令地址，重复执行上述4个过程，直至执行到指令结束。

控制器和运算器是计算机的核心部件，这两个部分合称为计算机的中央处理器（Central Processing Unit，CPU），CPU外形如图2-5所示。在微型计算机中通常称为微处理器（Micro Processing Unit，MPU）。微型计算机的发展与微处理器的发展是同步的。

图 2-5　CPU 外形

时钟主频指 CPU 的时钟频率，是微型计算机性能的一个重要指标，它的高低在一定程度上决定了计算机运行速度的快慢。主频以吉赫兹（GHz）为单位，一般来说，主频越高，速度越快。由于微处理器发展迅速，微型计算机的主频也在不断地提高。目前"奔腾"（Pentium）处理器的主频已达到 1~5GHz。

2.1.2.3　存储器

存储器（Memory）是计算机存储信息的"仓库"。所谓"信息"是指计算机系统所要处理的数据和程序。程序是一组指令的集合。存储器是有记忆能力的部件，用来存储程序和数据。从存储器中取出信息，不破坏原有的内容，这种操作称为存储器的读出；把信息写入存储器，原来的内容被抹掉，这种操作称为存储器的写入。存储器可分为两大类：内存储器和外存储器。

内存储器简称内存（又称主存），是计算机中信息交流的中心，内存的存取速度和存储容量大小直接影响着计算机的运算速度。内存条外形根据存储技术的进步而有多种形式，图 2-6 所示为较简单的一种。

图 2-6　内存条外形

内存一般为半导体存储器。根据工作方式的不同，内存又可分为随机存储器和只读存储器。随机存储器（RAM）在计算机运行过程中所存储的内容可以随时读出，又可以随时写入新的内容或修改已存入的内容。断电后所存储的内容全部丢失。RAM 又可以分为静态 RAM 和动态 RAM 两种。静态 RAM 的特点是只要不断电，信息就可长时间地保存。其优点是速度快，不需要刷新，工作状态稳定；缺点是功耗大，集成度低，成本高。动态 RAM 的优点是使用组件少，功耗低，集成度高；缺点是存取速度较慢且需要刷新。只读存储器（ROM）所存储的内容只能读出，不能写入。ROM 的内容不可以随便改变，所以断电后所存储的内容不会丢失。

外存储器设置在主机外部，简称外存（又称辅助存储器，简称辅存），外存是内存的扩充，外存的存储容量大，存取速度慢，主要用来长期存放暂时不用的程序和数据。通常外存不和计算机的其他部件直接交换数据，只和内存交换数据。常见的外存有硬盘、SSD 盘、优盘、磁带、光盘等。

2.1.2.4 输入/输出设备

输入/输出设备（Input/Output Devices，I/O 设备，也称外部设备）是计算机硬件系统不可缺少的组成部分，是计算机与外部世界进行信息交换的中介，是人与计算机联系的桥梁。

1. 输入设备

输入设备（Input Device）是向计算机输入数据和信息的设备，是计算机与用户或其他设备通信的桥梁。键盘、鼠标、摄像头、扫描仪、光笔、手写输入板、游戏杆、语音输入装置等都属于输入设备。

2. 输出设备

输出设备（Output Device）是计算机的终端设备，用于接收计算机数据的输出显示、打印，控制外围设备操作等，也可以把各种计算结果的数据或信息以数字、字符、图像、声音等形式表示出来。主要功能是将内存中计算机处理后的信息以人或其他设备所能理解的形式输出。输出设备常见的有显示器、打印机、绘图仪、影像输出系统、语音输出系统、磁记录设备等。打印机和显示设备已成为大多数终端所必需的设备。

3. 其他输入/输出设备

目前，不少设备同时集成了输入/输出两种功能。例如，调制解调器（Modem）是数字信号和模拟信号之间的桥梁。用一台调制解调器将计算机的数字信号转换成模拟信号，通过电话线传送到另一台调制解调器上，经过解调，再将模拟信号转化为数字信号送入计算机，实现两台计算机之间的数据通信。

2.1.3 计算机的结构

计算机硬件系统的五大部件并不是孤立存在的，它们在处理信息的过程中需要互相连接以传输数据。计算机的结构反映了计算机各个组成部件之间的连接方式。

1. 直接连接

最早的计算机基本上采用直接连接的方式。运算器、存储器、控制器和外部设备等组成部件，相互之间都有单独的连接线路。这样的结构可以获得更高的连接速度，但不易扩展。如冯·诺依曼在 1952 年研制的计算机 IAS，基本上就采用了直接连接的结构。IAS 是现代计算机的原型，大多数现代计算机仍在采用这样的设计。

2. 总线结构

现代计算机普遍采用总线结构。所谓总线（Bus）就是系统部件之间传送信息的公共通道，各部件由总线连接并通过它传递数据和控制信号。总线经常被比喻为"高速公路"。它包含了运算器、控制器、存储器和 I/O 部件之间进行信息交换和控制传递所需要的全部信号。按照传输信号的性质划分，总线一般又分为以下三个部分。

（1）数据总线：一组用来在存储器、运算器、控制器和 I/O 部件之间传输数据信号的公共通路。一方面是用于 CPU 向主存储器和 I/O 接口传送数据，另一方面是用于主存储器和 I/O 接口向 CPU 传送数据，是双向的总线。数据总线的位数是计算机的一个重要指标，它体现了传输数据的能力，通常与 CPU 的位数相对应。

（2）地址总线：是 CPU 向主存储器和 I/O 接口传送地址信息的公共通路。地址总线传送地址信息，地址是识别信息存放位置的编号，地址信息可能是存储器的地址，也可能是 I/O 接口的地址。通常，它是自 CPU 向外传输的单向总线。由于地址总线传输地址信息，所以地址总线的位数决定了 CPU 可以直接寻址的内存范围。

（3）控制总线：一组用来在存储器、运算器、控制器和 I/O 部件之间传输控制信号的公共通路。控制总线是 CPU 向主存储器和 I/O 接口发出命令信号的通道，又是外界向 CPU 传送状态信息的通道。

3. 常见的总线标准

（1）ISA 总线：采用 16 位的总线结构，适用范围广。

（2）PCI 总线：采用 32 位高性能总线结构，可扩展到 64 位，与 ISA 总线兼容。目前，PCI 已升级为 PCI-E×1～PCI-E×32 标准，高性能微型计算机主板上都设有 PCI-E 总线。该总线标准性能先进、成本较低、可扩充性强，已成为新型计算机普遍采用的外设接插标准。

（3）AGP 总线：是随着三维图形的应用而发展起来的一种总线标准。AGP 总线在图形显示卡与内存之间提供了一条直接的访问途径。

（4）EISA 总线：是对 ISA 总线的扩展。

总线结构是当今计算机普遍采用的结构，其特点是结构简单清晰、易于扩展，尤其是在 I/O 接口的扩展能力方面，由于采用了总线结构和 I/O 接口标准，用户几乎可以随心所欲地在计算机中加入新的 I/O 接口卡。图 2-7 所示的就是一个基于总线结构的计算机结构示意图。

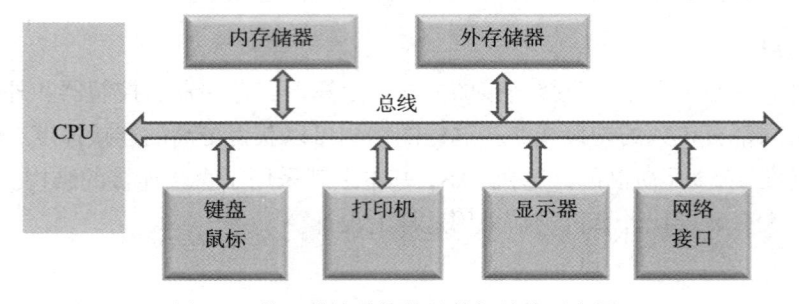

图 2-7　基于总线结构的计算机结构示意图

2.1.4 计算机软件系统的组成

软件系统是指使用计算机所运行的全部程序的总称。在计算机系统中，硬件和软件之间并没有一条明确的分界线。理论上，任何一个由软件完成的操作也可以直接由硬件来实现，而任何一个由硬件执行的指令也可以用软件来完成。随着计算机应用的不断发展，计算机软件在不断积累和完善的过程中，形成了极为宝贵的软件资源。它在用户和计算机之间架起了桥梁，给用户的操作带来极大的方便。

软件系统是指程序、程序运行所需要的数据以及开发、使用和维护这些程序所需要的文档的集合。计算机软件极为丰富，要对软件进行恰当的分类是相当困难的。通常的分类方法是将软件分为系统软件和应用软件两大类，如图 2-8 所示。

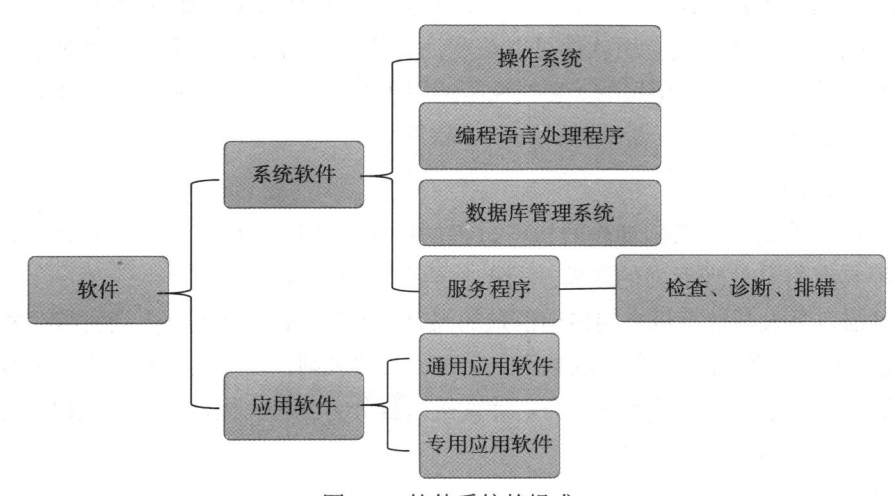

图 2-8 软件系统的组成

1. 系统软件

系统软件是控制计算机的运行、管理计算机的各种资源并为应用软件提供支持和服务的一类软件。在系统软件的支持下，用户才能运行各种应用软件。系统软件通常包括操作系统、编程语言处理程序和数据库管理系统。

（1）操作系统（Operating System，简称 OS）：为了使计算机系统的所有软件、硬件资源协调一致、有条不紊地工作，就必须有一种软件来进行统一的管理和调度，这种软件就是操作系统。操作系统的主要功能就是管理和控制计算机系统的所有资源（包括硬件资源和软件资源）。操作系统通常分成以下五类。

① 单用户操作系统（微软的 MS-DOS、早期 Windows 版本属于此类）。
② 批处理操作系统（IBM 的 DOS/VSE 属于此类）。
③ 分时操作系统（UNIX 是国际最流行的分时操作系统）。
④ 实时操作系统（例如 VxWorks、uC/OS-Ⅱ、RT-Linux 等）。
⑤ 网络操作系统（例如 UNIX、Linux、MacOS、新型 Windows 系统等）。

（2）语言处理程序：软件经历了由机器语言、汇编语言到高级语言的发展阶段，计算机硬件唯一识别和执行的是由机器指令组成的机器语言程序。机器语言实际上就是一串串的二进制代码，它虽然能被计算机直接识别，但对使用计算机的人来说，这些代码难认、难记、难改，因此就产生了有利于人们编写程序的汇编程序设计语言和高级程序设计语言，比如常用的C语言、VB语言等就属于高级语言。

（3）数据库管理系统（DBMS）：专门用于管理大量数据和开发数据管理软件的系统软件，比如SQL Server、Oracle、MySQL、NoSQL等。

2. 应用软件

应用软件是用户可以使用的各种程序设计语言，以及用各种程序设计语言编制的应用程序的集合，分为应用软件包和用户程序。应用软件包是利用计算机解决某类问题而设计的程序的集合，供多用户使用。应用软件可以拓宽计算机系统的应用领域，放大硬件的功能。应用软件一般都具有特定的应用目的。它往往是适用于某些用户、某些用途的应用程序，如管理软件、计算机辅助设计软件、游戏软件和教学软件等。

3. 计算机语言

程序可以看作是对一系列动作的执行过程的描述。计算机程序是指为了得到某种结果而由计算机等具有信息处理能力的装置执行的代码化指令序列。

计算机语言是人与计算机之间传递信息的媒介。计算机的运行是由人类所编写的计算机程序指挥的，而用以编写计算机程序的数字、字符、语法规则，以及由这些数字、字符和语法规则所组成的计算机指令就是计算机语言。计算机语言分为三种：机器语言、汇编语言、高级语言。

（1）机器语言

机器语言是第一代计算机语言，是一种用二进制代码表示的、计算机能直接识别和执行的机器指令的集合。指令是操控计算机的最小功能单元，一条机器语言即为一条指令。由于每台计算机的指令系统各不相同，因此在一台计算机上执行的程序并不能在另一台计算机上执行。但也正因为程序的针对性较强，因此对于特定型号的计算机而言，运算效率是所有语言中最高的。

（2）汇编语言

由于直接使用机器语言编写程序十分不便，且二进制代码编写的程序可读性差，难以修改，因此汇编语言应运而生。汇编语言是面向计算机的程序设计语言。在汇编语言中，用助记符（Mnemonic）代替操作码，用地址符号（Symbol）或标号（Label）代替地址码。这样用符号代替机器语言的二进制代码，就把机器语言变成了汇编语言，所以汇编语言也被称为符号语言。汇编语言与机器语言一样是针对特定型号的机器的，因此不可移植。

（3）高级语言

高级语言是相对于汇编语言而言的，并不特指某一种具体的语言，而是包括多种编程语言，如Java、C、C++、Pascal、Ruby、Python等。高级语言与机器语言和汇编语言不同，它不针对特定的机器，而是基本脱离了机器的硬件系统，用自然语言和数学公式进行编程，可方便地表示数据、运算、程序的控制结构，能更好地描述各种算法，更容易学习和掌握。高级语言从程序的执行方式来说可以分为编译型语言和解释型语言两种。

① 编译型语言。编译型语言是指使用专门的编译器，针对特定平台（操作系统），将某种高级语言源代码一次性"翻译"成可被该操作系统硬件执行的机器码（包括机器指令和操作数），并包装成该平台所能识别的可执行程序的格式，其执行方式如图 2-9 所示。编码型语言可以脱离开发环境独立运行，且运行效率较高，但由于被编译成为特定平台的机器码，所以跨平台不便。如果需要移植时，则必须将源代码复制到特定平台上，针对特定平台进行修改，至少也需要使用特定平台上的编译器进行重新编译。目前常见的编译型语言有 C、C++、FORTRAN、Pascal 等。

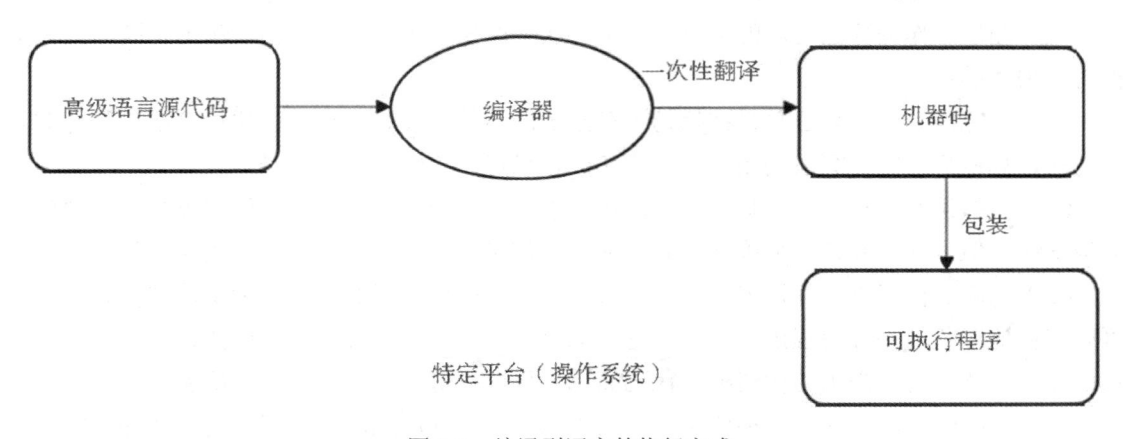

图 2-9　编译型语言的执行方式

② 解释型语言。解释型语言指使用专门解释器将源程序逐行解释成特定平台（操作系统）的机器码并立即执行，如图 2-10 所示。由于每次执行都需要进行一次编译，运行效率通常较低，且不能脱离解释器独立运行。但解释型语言跨平台较容易，只需提供特定平台的解释器，将源程序解释成特定平台的机器指令即可。目前常见的语言有 Ruby、Python 等。

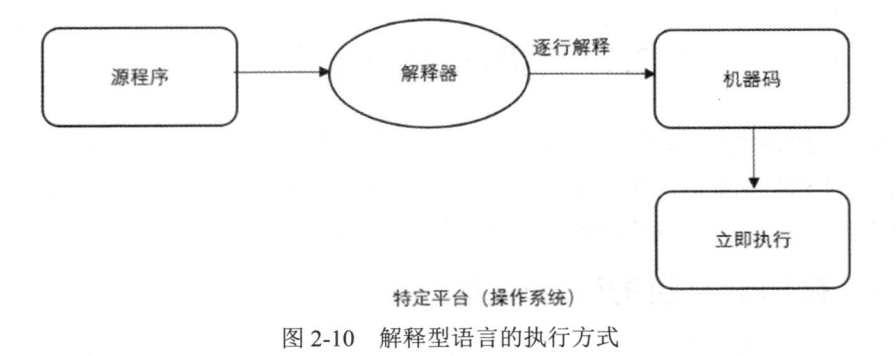

图 2-10　解释型语言的执行方式

4．算法

算法是一组有穷的规则，可以把它定义成在有限步骤内求解某一问题所使用的一组定义明确的规则。通俗点说，就是计算机解题的过程。算法是程序设计的精髓。对算法的学习包括设计算法、表示算法、确认算法、分析算法、验证算法五个方面的内容。算法的特征如下。

（1）确定性。算法的每一种运算必须有确定的意义，它规定运算所执行的动作应该是无歧义性且目的是明确的。

（2）可行性。要求算法中有待实现的运算都是基本的，每种运算至少在原理上能由人用纸和笔在有限的时间内完成。

（3）输入。一个算法可能有多个输入，在算法运算开始之前给出算法所需数据的初值，这些输入取自特定的对象集合。

（4）输出。作为算法运算的结果，一个算法会产生一个或多个输出，输出是同输入有某种特定关系的量。

（5）有穷性。一个算法总是在执行了有限步的运算后终止，也就是说该算法是可达的。

在计算机科学中，算法要用计算机算法语言描述。

（1）自然语言。自然语言就是日常使用的语言，可使用中文，也可使用英文。这种算法通俗易懂，但是文字冗长，准确性不好，易产生歧义。因此，一般不提倡用这种算法。

（2）伪码。伪码不是一种现实存在的编程语言。使用伪码的目的是为了使被描述的算法可以容易地以任何一种编程语言实现。它可能综合使用多种编程语言的语法，甚至会用到自然语言。因此，伪码必须结构清晰、代码简单、可读性好，并且类似自然语言。

（3）流程图。流程图是一种传统的算法表示法，它利用几何图形框来代表各种不同性质的操作，用流程线来指示算法的执行方向。由于流程图由各种各样的框组成，因此它也被叫作框图。流程图简单直观、形象，算法逻辑流程一目了然，便于理解，应用广泛，成为程序员们交流的重要手段，直到结构化的程序设计语言出现，对流程图的依赖才有所降低。但是流程图画起来比较麻烦，并且算法的整个流程由流向线控制，用户可以随心所欲地使算法流程任意流动，从而可能会造成对算法阅读和理解上的困难。

2.2 微型计算机的配置

微型计算机简称微机，即我们平时常用的个人计算机，又称 PC，俗称电脑。微型计算机具有重量轻、体积小、价格低廉、易用的特性，其应用如今已遍及各个领域：从工厂的生产控制到政府的办公自动化，从商店的数据处理到个人的学习娱乐，几乎无处不在。

2.2.1 微型计算机的硬件资源

微型计算机的硬件资源是指微型计算机系统中可以看得见、摸得着的物理装置，即机械器件、电子线路等设备。

1. 外观

我们常见的计算机从外观上来看通常由几大部分组成：主机、显示器、键盘、鼠标，有些多媒体计算机还配有音箱。

（1）主机

计算机主机是指机箱及其内部各计算机主要部件的集合。机箱内装有主板、CPU、内存、电源、硬盘、光驱、软驱，以及各种板卡等。普通的主机箱都比较大，如图 2-11 所示。主机箱的前面板上提供各种指示灯、前置 USB 接口、VCD/DVD 光驱，以及电源按钮和"Reset"按钮等。日常操作计算机，通常都要从主机箱的前面板开始。有的机箱为了美观，把前置 USB 接口用一个盖板遮挡起来，只要掀起盖板的按钮即可看到 USB 接口。

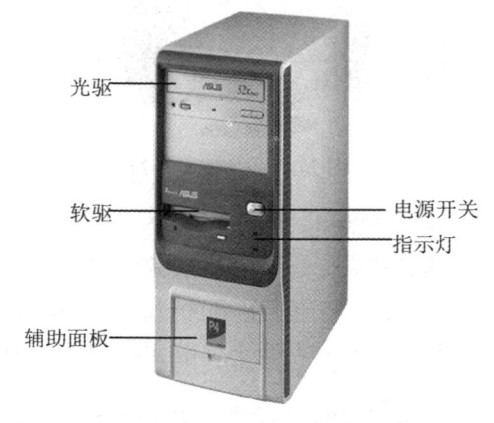

图 2-11　主机箱

主机箱的背面主要提供电源以及各种板卡的外置接口。一般的计算机外接口包括主机电源接口、显示器数据线接口、串口、并口、PS/2 接口（用于连接早期型号的键盘和鼠标）、打印机接口（并口）、音频接口、网卡接口和后置 USB 接口（目前主流的键盘和鼠标均采用 USB 接口，新型机箱前后都备有 USB 接口）等，如图 2-12 所示。

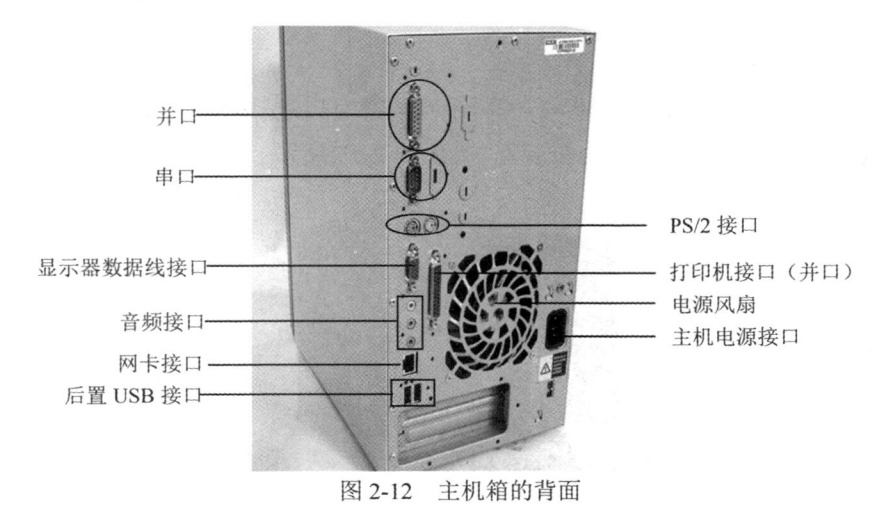

图 2-12　主机箱的背面

（2）显示器

显示器是计算机硬件系统中的输出设备，目前常见的显示器有两种类型：CRT 显示器和液晶显示器。传统的 CRT 显示器价格相对低廉，而且在一些应用领域有着液晶显示器所不能代替的特点，目前仍有少量应用，其外观如图 2-13 所示。液晶显示器的体积小、显示效果好、辐射小、耗能少，目前已逐渐成为个人计算机的主流设备，其外观如图 2-14 所示。

图 2-13　CRT 显示器　　　　　　　　图 2-14　液晶显示器

（3）键盘和鼠标

键盘和鼠标是计算机最常用的输入设备。从外形来看，键盘分为标准键盘和人体工程学键盘两种，我们通常见到的键盘都是标准键盘，如图 2-15 所示。目前常见的鼠标是光电鼠标，外观上通常是左右两个轻触式按键加一个滚轮，如图 2-16 所示。

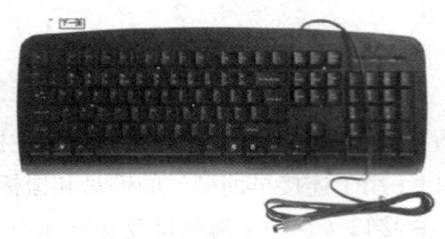

图 2-15　标准键盘　　　　　　　　图 2-16　光电鼠标

（4）音箱

音箱的作用是使计算机能够输出声音等各种音频信息，是多媒体计算机必不可少的音频输出设备。通常使用的是双声道（2 个音箱），如图 2-17 所示。

图 2-17　音箱

2. 主机的内部构造

不同用途的计算机所配置的硬件设备会有所区别，但通常都具有主板、CPU、内存、显卡、电源、硬盘和光驱，而软驱、声卡和网卡等其他设备可根据需要配置。这些支持计算机工作的各主要部件都集合在主机箱内部，打开机箱一侧的挡板，即可看到其内部结构，如图 2-18 所示。

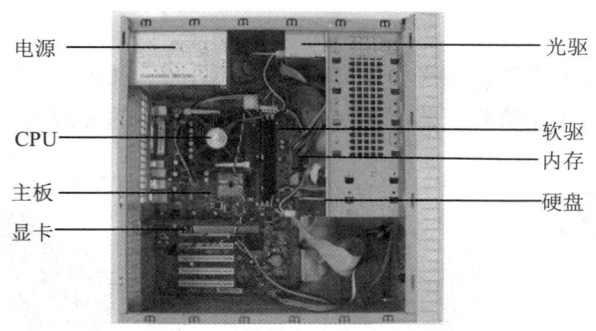

图 2-18　计算机主机内部结构

（1）主板

主板是计算机硬件系统的核心，是一块控制和驱动计算机的印制电路板（PCB），如图 2-19 所示。作为整个计算机的基板，主板是 CPU、内存、显卡及各种扩展卡的载体。主板是否稳定关系着整个计算机是否稳定，主板的性能在一定程度上也制约着整机的性能。

图 2-19　各早期型号的计算机主板的例子

（2）CPU

CPU 包含计算机的控制部件和算术逻辑部件，主要由运算器、控制器、寄存器组和内部总线等构成，是计算机的核心。其重要性好比大脑对于人一样，因为它负责处理、运算计算机内部的所有数据。计算机性能的高低、运算速度的快慢关键在于 CPU。

（3）内存

内存是系统的主存储器，是计算机运行程序时用于快速存放程序和数据的载体，由半导体大规模集成电路芯片组组成，内存的容量和速度在很大程度上影响着计算机的运行能力和运行效率。

（4）电源

计算机的电源是指将交流电转换为计算机工作所需要的直流电的转换器，也就是电气行业上所说的开关电源。计算机电源分为 AT、ATX 等标准，现在普遍使用的是 ATX 电源，如图 1-20 所示。

（5）显卡

显卡是最常用的输出设备，用来将计算机对数字图像、动画、电影等进行处理后产生的结果转换为视频信号，传输给显示器并将其显示出来。显卡的外观如图 2-21 所示。

图 2-20　电源的外观

图 2-21　显卡的外观

（6）硬盘、光驱和软驱

硬盘、光驱和软驱都属于外部存储器。外部存储器是相对于内部主存储器而言的。主存储器（内存）虽然速度快，但不能长久保存数据（断电后其中保存的数据即会消失），而且容量较小。为了能存储更多的数据，提高处理能力，计算机常常需要一个额外的存储器即硬盘，其存储能力比内存储器要大得多，外观如图 2-22 所示。

此外，光驱也是常用的外部存储设备。光驱分为普通光驱和刻录机。普通光驱只能读取光盘中的数据，而刻录机除读取光盘外还带有刻录功能，可用于保存资料备份和移动。光驱和光盘的外观如图 2-23 所示。

图 2-22　硬盘的外观

图 2-23　光驱和光盘的外观

软驱曾经是计算机重要设备之一，使用软盘作为存储介质，可用于资料备份和移动，其外观如图 2-24 所示。软盘因其存储量小，现已被光盘等外部存储器所取代，已退出主流地位。

图 2-24　软驱和软盘的外观

此外，现在常用的存储器还有移动硬盘、优盘（USB）等移动存储器。移动存储器便于携带，使用方便，尤其是优盘，因其价格便宜，已成为计算机用户的必备之物。

（7）其他扩展设备。

其他扩展设备是指除上述设备外的其他设备的总和，是为了实现多媒体功能和网络功能的扩展而增加的设备。例如，为了实现接入 Internet 而增加的调制解调器（Modem）和网卡；为了实现在显示器上收看电视节目而增加的电视卡等。这些扩展设备极大地丰富了多媒体计算机的各种功能。

2.2.2 微型计算机的主要技术指标

一台微型计算机功能的强弱或性能的好坏，不是由某一项指标来决定的，而是由它的系统结构、指令系统、硬件组成、软件配置等多方面的因素综合决定的。但对于大多数普通用户来说，可以从以下几个技术指标来大体评价微型计算机的性能。

（1）字长：CPU 一次能同时处理二进制数的位数。在其他指标相同时，字长越大计算机处理的速度就越快。早期微型计算机的字长一般是 8 位和 16 位，目前已达到 32 位或 64 位。

（2）时钟主频：指 CPU 的时钟频率，单位 GHz（过去为 MHz）。CPU 的主频越大，微型计算机的运行速度越快。不过，计算机的整体运行速度不仅取决于 CPU 运算速度，还与其他各分系统的运行情况有关。

（3）运算速度：通常所说的计算机运算速度（平均运算速度），是指每秒钟所能执行的指令条数，一般用 MIPS 来描述。一般来说，主频越高，运算速度就越快。

（4）存储容量：包括内存储器的容量和外存储器的容量，主要指内存的存储容量。内存储器容量的大小反映了计算机即时存储信息的能力。内存容量越大，系统功能就越强大，能处理的数据量就越庞大。外存储器容量通常是指硬盘容量（包括内置硬盘和移动硬盘）。外存储器容量越大，可存储的信息就越多，可安装的应用软件就越丰富。

（5）存取周期：也称存储周期，指存储器连续启动两次独立的"读"或"写"操作所需的最短时间。存取周期越短，微型计算机的性能越好。

2.3 操作系统概述

2.3.1 操作系统的概念

操作系统（Operating System，简称 OS）是管理和控制计算机硬件资源与软件资源的计算机程序，是直接运行在"裸机"上的最基本的系统软件，任何其他软件都必须在操作系统的支持下才能运行。操作系统相当于是用户和计算机的接口，同时也是计算机硬件和其他软件的接口。

2.3.2 操作系统的功能

操作系统位于底层硬件与用户之间，是两者沟通的桥梁。用户可以通过操作系统的用户界面，输入命令。操作系统则对命令进行解释，驱动硬件设备，实现用户需求。以现代观点而言，一台标准的个人计算机的 OS 应该提供以下的功能。

1. 资源管理

系统的设备资源和信息资源都是操作系统根据用户需求按一定的策略来进行分配和调度的。操作系统的存储管理就负责把内存单元分配给需要内存的程序以便让它执行，在程序执行结束后将它占用的内存单元收回以便再使用。对于提供虚拟存储的计算机系统来说，操作系统还要与硬件配合做好页面调度工作，根据执行程序的要求分配页面，在执行中将页面调入和调出内存，以及回收页面等。

2. 处理器管理

处理器管理是操作系统资源管理功能的另一个重要内容。在一个允许多道程序同时执行的系统里，操作系统会根据一定的策略将处理器交替地分配给系统内等待运行的程序。一道等待运行的程序只有在获得了处理器后才能运行。一道程序在运行中若遇到某个事件，操作系统就要来处理相应的事件，然后将处理器重新分配。

3. 设备管理

设备管理主要是分配和回收外部设备及控制外部设备按用户程序的要求进行操作等。对于非存储型外部设备，如打印机、显示器等，它们可以直接作为一个设备分配给一个用户程序，在使用完毕后回收，以便给另一个需求的用户使用。对于存储型的外部设备，如磁盘、磁带等，则是提供存储空间给用户，用来存放文件和数据。存储型外部设备的管理与信息管理是密切结合的。

4. 信息管理

信息管理是操作系统的一个重要的功能，主要是向用户提供一个文件系统。一般来说，一个文件系统向用户提供创建文件、撤销文件、读写文件、打开和关闭文件等功能。有了文件系统后，用户可按文件名存取数据而无须知道这些数据存放在哪里。这种做法不仅便于用户使用，而且有利于用户共享公共数据。此外，由于文件建立时允许创建者规定使用权限，这样就可以保证数据的安全性。

5. 程序控制

一个用户程序的执行自始至终是在操作系统的控制下进行的。一个用户将他要解决的问题用某一种程序设计语言编写了一个程序后就将该程序连同对它执行的要求输入到计算机内，操作系统就根据要求控制这个用户程序的执行直到结束。操作系统控制用户的执行主要有以下一些内容：调入相应的编译程序，将用某种程序设计语言编写的源程序编译成计算机可执行的目标程序，分配内存储等资源将程序调入内存并启动，按用户指定的要求处理执行中出现的各种事件，以及与操作员联系请示有关意外事件的处理等。

6. 人-机交互

操作系统的人-机交互功能是决定计算机系统"友善性"的一个重要因素。人-机交互功能主要依靠可输入/输出的外部设备和相应的软件来完成。可供人-机交互使用的设备主要有键盘、显示器、鼠标、各种模式识别设备等。与这些设备相应的软件就是操作系统提供人-机交互功能的部分。人-机交互功能的部分的主要作用是控制有关设备的运行和理解，并执行通过人-机交互设备传来的有关的各种命令和要求。

7. 进程管理

不管是常驻程序，还是应用程序，它们都以进程为标准执行单位。当年运用冯·诺依曼架构建造计算机时，每个中央处理器最多只能同时执行一个进程。早期的 OS（例如 DOS）也不允许任何程序打破这个限制，且 DOS 同时只能执行一个进程（虽然 DOS 自己宣称它们拥有中止并等待驻留（TSR）功能，可以部分且艰难地解决这问题）。现代的操作系统，即使只拥有一个 CPU，也可以利用多进程（Multiple Processes）功能同时执行复数进程。进程管理指的是操作系统调整复数进程的功能。

由于大部分的计算机只包含一个中央处理器，在单内核（Monolithic Kernel）的情况下多进程只是简单迅速地切换各进程，让每个进程都能够执行，在多内核（Exokernel）或多处理器的情况下，所有进程通过许多协同技术在各处理器或内核上转换。越多进程同时执行，每个进程能分配到的时间比率就越小。很多 OS 在遇到此问题时会出现诸如声音断续或鼠标跳格的情况（称作崩溃，Thrashing）。一种 OS 只能不停地执行自己的管理程序并耗尽系统资源的状态，其他使用者或硬件的程序皆无法执行。进程管理通常实现了分时的概念，大部分的 OS 可以利用指定不同的特权等级（Priority），为每个进程改变所占的分时比例。特权越高的进程，执行优先级越高，单位时间内占的比例也越高。交互式 OS 也提供某种程度的回馈机制，让直接与使用者交互的进程拥有较高的特权值。

8. 内存管理

根据帕金森定律："你给程序再多内存，程序也会想尽办法耗光"，因此程序员通常希望系统给他无限量且无限快的存储器。大部分的现代计算机存储器架构都是层次结构式的，最快且数量最少的暂存器为首，然后是高速缓存、存储器和最慢的磁盘存储设备。而操作系统的存储器管理提供查找可用的记忆空间、配置与释放记忆空间，以及交换存储器和低速存储设备的内含物等功能。此类又被称作虚拟内存管理的功能大幅增加每个进程可获得的记忆空间（通常是 4GB，即使实际上 RAM 的数量远少于这数目）。然而这也带来了微幅降低运行效率的缺点，严重时甚至也会导致进程崩溃。

9. 存储器管理

另一个重点活动就是借由 CPU 的帮助来管理虚拟位置。如果同时有许多进程存储于记忆设备上，操作系统必须防止它们互相干扰对方的存储器内容（除非通过某些协定在可控制的范围下操作，并限制可访问的存储器范围）。分区存储器空间可以达成目标。每个进程只会看到整个存储器空间（从 0 到存储器空间的最大上限）被分配给它自己（当然，有些位置被操作系统保留但禁止访问）。CPU 事先存了几个表以比对虚拟位置与实际存储器位置，这种方法称为标签页（Paging）配置。借由对每个进程产生分开独立的位置空间，操作系统也可以轻易地一次释放某进程所占据的所有存储器。如果这个进程不释放存储器，操作系统可以退出进程并将存储器自动释放。

10. 虚拟内存

虚拟内存是计算机系统内存管理的一种技术。它使得应用程序认为它拥有连续的可用的内存（一个连续完整的地址空间），而实际上，它通常被分割成多个物理内存碎片，还有部分暂时存储在外部磁盘存储器上，在需要时进行数据交换。

在早期的单用户单任务操作系统（如 DOS）中，每台计算机只有一个用户，每次运行一个程序，且程序不是很大，单个程序完全可以存放在实际内存中。这时虚拟内存并没有太大的用处。但随着程序占用存储器容量的增长和多用户多任务操作系统的出现，在程序设计时，在程序所需要的存储量与计算机系统实际分配的主存储器的容量之间往往存在着矛盾。为此，希望在编写程序时独立编址，既不考虑程序是否能在物理存储中存放得下，也不考虑程序应该存放在什么物理位置。而在程序运行时，则分配给每个程序一定的运行空间，由地址转换部件将编程时的地址转换成实际内存的物理地址。如果分配的内存不够，则只调入当前正在运行的或将要运行的程序块（或数据块），其余部分暂时驻留在辅存中。

在众多常用的操作系统之中，除了 QNX 和基于 Mach 的 UNIX 等个别系统外，几乎全部采用单内核结构，例如大部分的 UNIX、Linux，以及 Windows（微软声称 Windows NT 是基于改良的微内核架构的，尽管理论界对此存有异议）。微内核结构和超微内核结构主要用于研究性操作系统，还有一些嵌入式系统使用外核。

2.3.3 操作系统的分类

2.3.3.1 常见分类

操作系统种类繁多，很难用单一标准统一分类。常见的有以下几种。

根据应用领域，可分为桌面操作系统、服务器操作系统、嵌入式操作系统。

根据所支持的用户数目，可分为单用户操作系统（如 MS-DOS、OS/2、Windows）、多用户操作系统（如 UNIX、Linux、MVS）。

根据源码开放程度，可分为开源操作系统（如 Linux、FreeBSD）和闭源操作系统（如 Mac OS X、Windows）。

根据硬件结构，可分为网络操作系统（NetWare、Windows NT、OS/2 Warp）、多媒体操作系统（Amiga）和分布式操作系统等。

根据操作系统的使用环境和对作业的处理方式来考虑，可分为批处理操作系统（如 MVX、

DOS/VSE）、分时操作系统（如 Linux、UNIX、XENIX、Mac OS X）、实时操作系统（如 IEMX、VRTX、RTOS，Windows RT）。

根据存储器寻址的宽度，可以将操作系统分为 8 位、16 位、32 位、64 位、128 位的操作系统。早期的操作系统一般只支持 8 位和 16 位存储器寻址宽度，现代的操作系统如 Linux 和 Windows 7 都支持 32 位和 64 位。

根据操作系统的技术复杂程度，可分为简单操作系统、智能操作系统（见智能软件）。所谓简单操作系统，指的是计算机初期所配置的操作系统，如 IBM 公司的磁盘操作系统 DOS/360 和微型计算机的操作系统 CP/M 等。这类操作系统的功能主要是操作命令的执行、文件服务、支持高级程序设计语言编译程序和控制外部设备等。

2.3.3.2 根据应用领域的分类介绍

1. 桌面操作系统

桌面操作系统主要用于个人计算机，从硬件架构上来说主要分为两大阵营，PC 机与 Mac 机；从软件上来说主要分为 UNIX 和类 UNIX 操作系统、Windows 操作系统。

（1）UNIX 和类 UNIX 操作系统：Mac OS X、Linux 发行版（如 Debian、Ubuntu、Linux Mint、OpenSUSE、Fedora 等）。

（2）Windows 操作系统：Windows XP、Windows Vista、Windows 7、Windows 10、Windows NT 等。

2. 服务器操作系统

服务器操作系统一般指的是安装在大型计算机上的操作系统，比如 Web 服务器、应用服务器和数据库服务器等。服务器操作系统主要集中在以下三大类。

（1）UNIX 系列：SUN Solaris、IBM AIX、HP-UX、FreeBSD 等。

（2）Linux 系列：Red Hat Linux、CentOS、Debian、Ubuntu 等。

（3）Windows 系列：Windows Server 2008、Windows Server 2008 R2 等。

3. 嵌入式操作系统

嵌入式操作系统是应用在嵌入式系统的操作系统。嵌入式操作系统广泛应用在生活的各个方面，涵盖范围从便携设备到大型固定设施，如数码相机、手机、平板电脑、家用电器、医疗设备、交通灯、航空电子设备等，越来越多的嵌入式系统安装有实时操作系统。

在嵌入式领域常用的操作系统有嵌入式 Linux、Windows Embedded、VxWorks 等，以及广泛使用在智能手机或平板电脑等电子消费产品的操作系统，如 Android、iOS、Symbian、Windows Phone 和 BlackBerry OS 等。

2.4　Windows 7 基本概念和基本操作

Windows 7（开发代号：Blackcomb 以及 Vienna，后更改为"7"）可供家庭及商业工作环境使用，笔记本电脑、平板电脑、多媒体中心等都适用。

2.4.1 认识Windows 7操作系统

Windows 7 是以加拿大滑雪圣地 Blackcomb 作为开发代号的操作系统，最初被计划为 Windows XP 和 Windows Server 2003 的后续版本。Blackcomb 计划的主要特性是强调数据的搜索查询和与之配套名为"Win FS"的高级文件系统。但在 2003 年，随着开发代号为"Longhorn"的过渡性简化版本的提出，Blackcomb 计划被延后了。

2003 年中，Longhorn 具备了一些原计划在 Blackcomb 中出现的特性。2003 年，三个在 Windows 操作系统上造成严重危害的病毒暴发后，微软改变了它的开发重点，把一部分 Longhorn 上的主要开发计划搁置,转而为 Windows XP 和 Windows Server 2003 开发新的服务包。Windows Vista 的开发工作被"重置"了，或者说在 2004 年 9 月推迟，许多特性被删除了。

2006 年初,Blackcomb 被重命名为 Vienna，然后又在 2007 年改称为 Windows Seven。2008 年，微软宣布了 Windows 操作系统的最终名称——Windows 7，该产品的 Logo 如图 2-25 所示。

2008 年 1 月，对选中的微软合作伙伴发布第一个公布版本 Milestone 1，Build 6519。在 2008 年的专业开发人员会议上，微软发表了 Windows 7 的新工作列以及开发功能表，并在会议结束时发布了 Build 6801，但是所发表的新工作列并没有在这个版本中出现。Windows 7 的启动界面如图 2-26 所示，与之前的版本风格不尽相同。

图 2-25 Windows 7 的 Logo　　　　　图 2-26 Windows 7 的启动界面

2008 年 12 月，Windows 7 Beta 通过 BitTorrent 被泄漏到网络上。ZDNet 针对这个版本做了运行测试，它在多个关键处都胜过了 Windows XP，包括开机和关机的耗时、文档和文件的开启，少数关键处胜过了 Vista；2009 年 1 月，64 位的 Windows 7 Beta（Build 7000）被泄漏到网络上，并在不少的 torrent 文档中附带了特洛伊木马病毒。在 2009 年的国际消费电子展（CES）上，微软的首席执行官史蒂夫·巴尔默（Steve Ballmer）公布 Windows 7 Beta 已提供 ISO 映像文档给 MSDN 以及 TechNet 的使用者下载。该版本亦于 2009 年 1 月 9 日开放给全球用户下载。微软当时预计当日的下载次数能达到 250 万人次，但由于流量过高，下载

时间一度延迟。一开始，微软将下载期限延长至 1 月 24 日，后来又延长至 2 月 10 日。无法在 2 月 10 日前下载完成的人会有两天的延长期限。2 月 12 日之后，未完成的下载工作会无法继续，但已下载完成的人仍然可以从微软的网站上取得产品序号。这个预览版本会自 2009 年 7 月 1 日起开始每隔数小时自动关机，并于同年 8 月 1 日过期失效。

2009 年 4 月 30 日，RC（Release Candidate）版本（Build 7100）提供给微软开发者网络以及 TechNet 的付费使用者下载；5 月 5 日开放大众下载。它亦有通过 BitTorrent 被泄漏到网络上。RC 版本提供了五种语言，并会自 2010 年 3 月 1 日起开始每隔两小时自动关机，并于同年 6 月 1 日过期失效。根据微软当时的预测，Windows 7 的最终版本将于 2009 年的假期消费季发布。2009 年 6 月 2 日，微软证实 Windows 7 将于 2009 年 10 月 22 日发布，并同时发布 Windows Server 2008 R2。2009 年 7 月下旬，Windows 7 零售版提供给制造商作为随机作业系统销售或测试之用，并于 2009 年 10 月 22 日由微软首席执行官史蒂夫·巴尔默正式在纽约展开发布会。

Windows 7 的产品设计主要围绕五个重点——针对笔记本电脑的特有设计；基于应用服务的设计；用户的个性化；视听娱乐的优化；用户易用性的新引擎。而跳转列表（Jump List）、系统故障快速修复等，这些新功能令 Windows 7 成为易用的 Windows 操作系统。

（1）易用。Windows 7 简化了许多设计，如快速最大化、窗口半屏显示、跳转列表、系统故障快速修复等。

（2）简单。Windows 7 将会让搜索和使用信息更加简单，包括本地、网络和互联网搜索功能，直观的用户体验将更加高级，还能整合自动化应用程序提交和交叉程序数据透明性。

（3）高效。在 Windows 7 中，系统集成的搜索功能非常的强大，只要用户打开"开始"菜单并开始输入搜索内容，无论要查找应用程序，还是文本文档等，搜索功能都能自动运行，给用户的操作带来极大的便利。

（4）小工具。Windows 7 的小工具可以放在桌面的任何位置，而不只是固定在侧边栏。2012 年 9 月，微软停止了对 Windows 7 小工具下载的技术支持，原因是因为 Windows 7 和 Windows Vista 中的 Windows 边栏平台具有严重漏洞，黑客可随时利用这些小工具侵入用户的系统，甚至可能使用某个小工具完全接管用户的计算机系统。

（5）高效搜索框。Windows 7 操作系统资源管理器的搜索框在菜单栏的右侧，可以灵活调节宽窄，能快速搜索 Windows 中的文档、图片、程序、Windows 帮助甚至网络等信息。Windows 7 操作系统的搜索是动态的，当我们在搜索框中开始输入内容，搜索功能就开始识别并执行搜索操作，大大提高了搜索效率。

（6）节能。Windows 7 被微软称为较节能的操作系统。Windows 7 及其桌面窗口管理器（DWM.exe）能充分利用 CPU 的资源进行加速，而且支持 Direct3D 10.1 API。因此，从低端的整合显卡到高端的旗舰显卡都能得到很好的支持，而且有同样出色的性能。此外，相比 Vista，每个窗口所占内存能降低 25%左右。Windows 7 支持更多、更丰富的缩略图动画效果，包括"Color Hot-Track"——鼠标滑过任务栏中不同应用程序的图标的时候，高亮显示，且不同图标的背景颜色也会不同。并且执行复制程序或打开对话框时，状态指示也会显示在任务栏中，鼠标滑过同一应用程序图标时，该图标的高亮背景颜色也会随着鼠标的移动而渐变。

Windows 7 的控件有几个来源，与传统的桌面应用程序开发或 Web 开发一样，有默认提供的控件和第三方开发者发布的第三方控件。一般而言，如果不是过于复杂的界面布局，使用默认控件就足够了。

MSDN 列出了 Windows 应用程序平台中可用的广泛控件集，如基本控件、全景控件、Pivot 控件和 WebBrowser 控件等。当这些默认提供的控件无法满足需求时，就可以自定义控件或是寻求第三方控件。

2.4.2 Windows 7的启动与退出

操作系统的启动与退出是最基本的计算机操作。

1. Windows 7 的启动

按顺序打开外部设备的电源开关和主机电源开关，计算机进行硬件测试，测试无误后即开始启动 Windows 7 操作系统，启动结束后即出现如图 2-27 所示的 Windows 7 的桌面。

图 2-27 Windows 7 的桌面

2. Windows 7的退出

当用户要结束对计算机的操作时，一定要先退出 Windows 7，然后再关闭显示器，否则容易丢失或破坏文件。如果用户在没有退出 Windows 7 的情况下就关机，系统将认为是非法关机，当下次启动计算机时，系统会自动执行自检程序。

（1）关闭。用户可以通过单击"开始"菜单右下角的"关机"按钮关闭计算机，也可以通过按下"Alt+F4"组合键打开"关闭Windows"对话框，然后在如图2-28所示的下拉菜单中选择"关机"选项，单击"确定"按钮，关闭计算机。

执行此项后，系统将停止运行，保存设置退出，并且会自动关闭电源。用户不再使用计算机时，选择该项可以安全关机。

图2-28 "关闭Windows"对话框

（2）其他退出方式。在Windows 7中，用户还可以选择"切换用户""注销""锁定""重新启动"或"睡眠"几种方式退出系统。单击"开始"按钮，在"开始"菜单中单击"关机"按钮右侧的三角按钮，将显示其他退出系统方式的选项，如图2-29所示。

① 锁定。当用户选择"锁定"选项后，系统将保持当前的运行，计算机系统桌面处于锁定状态。该功能通常在用户暂时不使用计算机，而又不希望他人操作计算机时使用。

② 注销。为了便于不同用户快速登录使用计算机，Windows 7提供了注销的功能，应用注销功能，使用户不必重新启动计算机就可以注销用户身份重新登录，这样既方便快捷，又减少了对硬件的损耗。

③ 睡眠。在某些情况下，用户可以将计算机设置为"睡眠"模式，而非关闭计算机。在睡眠状态下，Windows 7将保存用户当前进行的工作，计算机进入睡眠状态前不需要关闭程序和文件。处于睡眠状态时，显示器将会关闭，计算机风扇通常也会停止工作。

④ 重新启动。选择"重新启动"选项，将关闭并重新启动计算机。用户也可以在关机前关闭所有的程序，然后按下"Alt+F4"组合键快速弹出如图2-30所示的"关闭Windows"对话框，选择"重新启动"选项即可。

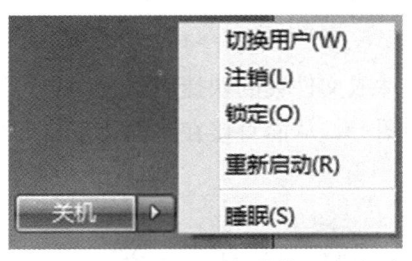

图2-29 Windows 7的其他退出选项

图2-30 "关闭Windows"对话框

2.4.3 Windows 7的桌面

Windows 7启动后呈现在用户面前的整个屏幕画面称为桌面（Desktop），指Windows 7所占据的屏幕空间，桌面的底部是一个任务栏。

桌面就是在安装好Windows 7后，用户启动计算机登录系统后看到的整个屏幕画面。它是用户和计算机进行交互的界面，桌面上可以存放用户经常用到的应用程序或文件夹图标，用户也可以根据自己的需要在桌面上添加各种快捷图标，在使用时双击图标就能够快速启动相应的程序或文件。

通过桌面，用户可以有效地管理自己的计算机，与以往其他版本的 Windows 相比，Windows 7 桌面有着更加漂亮的画面、更富个性的设置和更为强大的管理功能。

1. 桌面图标

当用户安装好 Windows 7，第一次登录系统后，可以看到一个非常简洁的桌面，在桌面的右下角只有一个回收站的图标，并标明了 Windows 7 的标志及版本号，用户可以在桌面上添加如"Administrator""计算机""网络"和"Internet Explorer"等图标。

（1）"Administrator"图标。Administrator 的含义为超级用户，用于管理"Administrator"下的文件和文件夹，可以保存信件、报告和其他文档，它是系统默认的文档保存位置。

（2）"计算机"图标。用户通过该图标可以实现对计算机硬盘驱动器、文件夹和文件的管理，用户可以在其中访问连接到计算机的硬盘驱动器、摄像头、扫描仪和其他硬件的相关信息。

（3）"网络"图标。该图标中提供了网络上其他计算机中的文件夹和文件访问以及有关信息，在双击展开的窗口中，用户可以进行查看工作组中的计算机、查看网络位置及添加网络位置等操作。

（4）"回收站"图标。回收站是硬盘中的一个存储区域，在回收站中暂时存放着用户从硬盘中已经删除的文件或文件夹等一些信息。当用户还没有清空回收站时，可以从回收站中还原已被删除的文件或文件夹。值得注意的是，软盘或优盘等移动存储设备中的文件在删除时不进入回收站，而是直接删除，不能还原。

（5）"Internet Explorer"图标。该图标用于浏览互联网上的信息，通过双击该图标可以打开 Web 页面，访问网络资源。

2. 创建桌面图标

桌面上的图标大部分都是打开各种应用程序、文件或文件夹的快捷方式，用户可以在桌面上创建常用的应用程序、文件或文件夹的快捷方式图标，从而直接在桌面上双击即可快速启动该快捷方式。

创建桌面图标可执行下列操作：

（1）右键单击桌面上空白处，在弹出的快捷菜单中选择"新建"菜单项。

（2）利用"新建"菜单项下的子菜单，用户可以创建各种形式的图标，比如文件夹、快捷方式、文本文档等。

（3）当用户选择了所要创建的选项后，在桌面会出现相应的图标，用户可以为它命名，便于识别。

当用户选择了"快捷方式"选项后，出现一个"创建快捷方式"对话框，该对话框会引导用户创建本地或网络程序、文件、文件夹、计算机或 Internet 地址的快捷方式，可以手动键入对象的位置，也可以单击"浏览"按钮，在打开的"浏览文件或文件夹"对话框中选择快捷方式的目标对象，单击"确定"按钮，再单击"下一步"按钮，接着输入快捷方式图标的名称，然后单击"完成"按钮，即可在桌面上建立相应的快捷方式图标。

3. 桌面图标的排列

当用户在桌面上创建了多个图标时，如果不进行排列，会显得非常凌乱，这样不利于选择对象图标，也影响视觉效果。使用排列图标命令，可以使桌面看上去整洁而富有条理。当需要对桌面上的图标进行位置调整时，可在桌面上的空白处右键单击，在弹出的快捷菜单中选择"排序方式"菜单项，在子菜单项中包含了多种排列方式。

（1）名称：按图标名称开头的字母或拼音顺序排列。
（2）大小：按图标所代表文件的大小顺序来排列。
（3）项目类型：按图标所代表文件的类型来排列。
（4）修改日期：按图标所代表文件的最后一次修改时间来排列。

4. 查看

在桌面上的空白处右键单击鼠标，在弹出的快捷菜单中选择"查看"菜单项，将在展开的子菜单项中显示"大图标""中等图标""小图标""自动排列图标""将图标与网格对齐"和"显示桌面图标"几个选项，如图 2-31 所示。

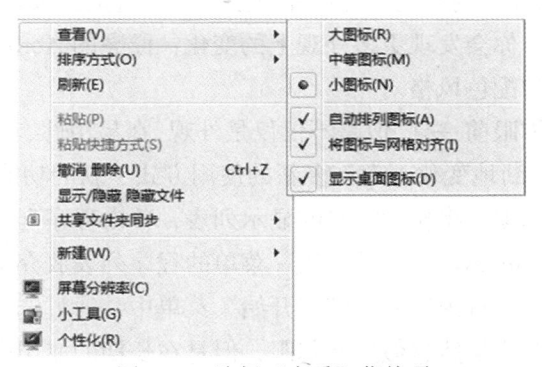

图 2-31 选择"查看"菜单项

通过选择"大图标""中等图标"和"小图标"选项，可以调整桌面图标的显示大小；选择"自动排列图标"选项后，桌面图标将自动整齐排列，图标可调整顺序，但不能将图标移动到桌面上的任意位置；若选择"将图标与网格对齐"选项，就会调整图标的位置；它们总是成行成列地排列，也不能任意移动到桌面上的某一位置。

选择"显示桌面图标"选项将在桌面上正常显示所有图标，若取消对该选项的选择，则桌面上将无任何图标显示。

5. 图标的重命名

若要给桌面图标重新命名，可在该图标上右键单击鼠标，在弹出的快捷菜单中选择"重命名"选项，当图标的文字说明位置呈反色显示时，用户可以输入新名称，然后在桌面上的任意位置单击，即可完成对图标的重命名。

6. 图标的删除

桌面的图标不再使用时，就可将其删除。删除桌面图标的方法有多种：在需要删除的图标上右键单击鼠标，在弹出的快捷菜单中选择"删除"选项。用户也可以在桌面上选中该图标，然后在键盘上按下"Delete"键进行删除。当选择"删除"选项后，系统会弹出一个"删除快捷方式"对话框询问用户是否确实要将此快捷方式移入回收站。用户单击"是"按钮，删除生效。

如果要让图标直接彻底删除，不让其进入回收站，可以在按住"Shift"键的同时，执行以上删除操作。

当然，在桌面上右键单击图标所弹出的快捷菜单中还有别的菜单项，而且每个图标的内容也有所不同，在以后的章节中会逐步详细讲到，这里不做过多的讲述。

2.4.4 Windows 7的"开始"菜单

单击任务栏中最左侧的"开始"按钮打开"开始"菜单，如图 2-32 所示，便可运行程序、打开文档或执行其他常规任务。用户要求的所有功能几乎都可以由"开始"菜单提供。"开始"菜单的便捷性简化了频繁访问的程序、文档和系统功能的常规操作方式。

"开始"菜单从过去简单的按钮，变成晶莹剔透且带有动画效果的 Windows 徽标圆球，如果打开"开始"菜单，你会发现更多外观上的变化：漂亮的 Aero 效果、晶莹的关机按钮、美观的个人头像和协调的配色风格。

相信外观一定会让你眼前一亮，但是不仅仅是外观，在易用性、功能等许多方面，Windows 7 的"开始"菜单也在不断地变化，有许多新的使用方式、新的功能被融入其中。

选择"所有程序"选项，将显示完整的显示列表，单击程序列表中的任意一个选项将运行其对应的应用程序。Windows 7 的"开始"菜单的程序列表放弃了 Windows XP 中层层递进的菜单模式，而直接将所有内容放置到"开始"菜单中，通过选择下方的"所有程序"选项来进行切换。这样的变化虽然看似并不起眼，但是在长期的使用中你会感觉到它的确更加方便。

在整个"开始"菜单显示中，我们可以通过单击"关机"按钮及右侧的扩展按钮快速让计算机重启、注销、进入睡眠状态，同时也可以进入 Windows 7 的"锁定"状态，以便在临时离开计算机时，保护个人的信息。

在"开始"菜单下方的搜索框，可谓是 Windows 7 功能的一大"精华"。在其中输入"i"，你会发现在"开始"菜单上方的面板中会显示出相关的程序、控制面板项以及文件，如图 2-33 所示。

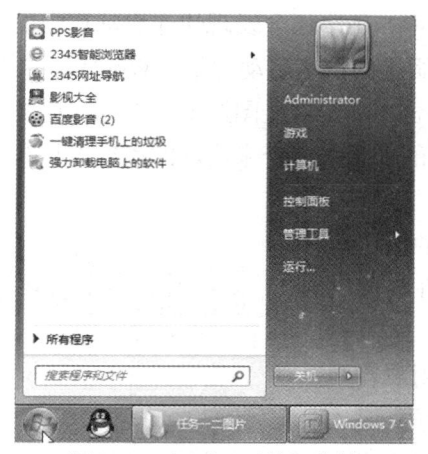

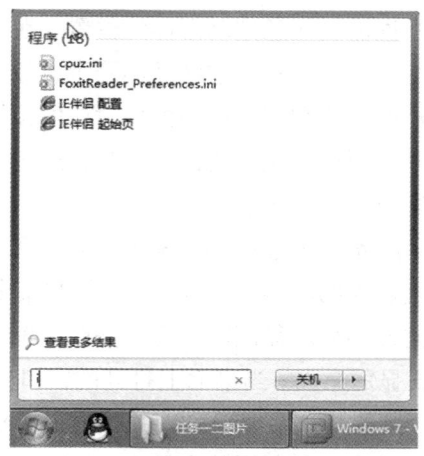

图 2-32　打开"开始"菜单　　　　　图 2-33　在"开始"菜单搜索栏搜索"i"的结果

2.4.5　Windows 7的任务栏

任务栏是位于桌面最下方的一个小长条，它显示了系统正在运行的程序和打开的窗口、当前时间等内容，用户通过任务栏可以完成许多操作，而且可以对它进行设置。

1. 任务栏的组成

任务栏位于桌面下方，既能切换任务，又能显示状态。所有正在运行的应用程序和打开的文件夹均以任务按钮的形式显示在任务栏中，如图 2-34 所示。要切换到某个应用程序或文件窗口，只需单击任务栏中相对应的按钮即可。任务栏分为"开始"菜单按钮、快速启动栏、窗口按钮栏和通知区域等部分。

图 2-34　Windows 7 的任务栏

任务栏各组成部分如下：

（1）"开始"菜单按钮。单击"开始"按钮，可打开"开始"菜单，用户可从中选择需要的菜单选项或启动相应的应用程序。

（2）快速启动栏。单击该栏中的某个图标，可快速启动相应的应用程序，例如用户单击"Windows 资源管理器"按钮，可打开"库"管理界面。

（3）已打开的应用程序区。该区域显示当前正在运行的所有程序，其中的每个按钮都代表已经打开的窗口，单击这些按钮即可在不同的窗口之间进行切换。另外，按住"Alt"键不放，然后依次按下"Tab"键可在不同的窗口之间进行快速切换。

（4）语言栏。该栏用来显示系统中当前正在使用的输入法和语言。

（5）时间及常驻内存的应用程序区。该区域显示系统当前的时间和在后台运行的某些程序。单击"显示隐藏的图标"按钮，可查看当前正在运行的程序。

（6）任务栏图标灵活排序。在 Windows 7 中，任务栏中图标的位置不再是固定不变的，用户可根据需要任意拖动图标的位置。在 Windows 7 中，用户还会发现快速启动栏中的程序图标都变大了，事实上这已经不同于以往 Windows 版本的快速启动栏了。Windows 7 将快速启动栏的功能和传统程序窗口对应的按钮进行了整合，单击这些图标即可打开对应的应用程序，并由图标转化为按钮的外观，用户可根据按钮的外观来分辨未启动的程序图标和已运行程序窗口按钮的区别。

（7）任务进度监视。在 Windows 7 中，任务栏中的按钮具有任务进度监视的功能。例如用户在复制某个文件时，在任务栏的按钮中同样会显示复制的进度，如图 2-35 所示。

图 2-35　任务进度监视

（8）显示桌面。当桌面上打开的窗口比较多时，用户若要返回桌面，则要将这些窗口一一关掉或最小化，不但麻烦，而且浪费时间。其实在任务栏的右侧，Windows 7 设置了一个矩形按钮，当用户单击该按钮时，即可快速返回桌面。

2. 自定义任务栏

系统默认的任务栏位于桌面的最下方，用户可以根据自己的需要把它拖到桌面的任何边缘处及改变任务栏的宽度，通过改变任务栏的属性，还可以让它自动隐藏。

（1）任务栏的属性。右键单击任务栏中的非按钮区域，在弹出的快捷菜单中选择"属性"选项，即可打开"任务栏和「开始」菜单属性"对话框，在"任务栏外观"选项组中，可以通过对复选框的选择来设置任务栏的属性和外观，如图 2-36 所示。

图 2-36　"任务栏和「开始」菜单属性"对话框

（2）改变任务栏及各区域大小。当任务栏位于桌面的下方妨碍了用户的操作时，可以把任务栏拖动到桌面的任意边缘。在移动时，应先确定任务栏处于非锁定状态，然后在任务栏中的非按钮区按下鼠标左键拖动，拖到所需边缘处再释放鼠标，这样任务栏的位置就可以改变。

2.4.6 窗口与窗口操作

窗口是在 Windows 系统下进行操作时的重要组成部分，当打开一个文件或者是应用程序时，都会弹出一个窗口。

在 Windows 7 中有许多种窗口，其中大部分都包括了相同的组件。一个标准的窗口由标题栏、地址栏、搜索栏、菜单栏、状态栏、滚动条和工作区等几部分组成，如图 2-37 所示。

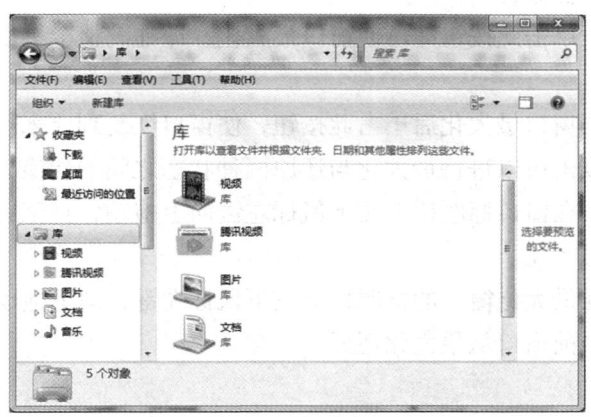

图 2-37　标准窗口

窗口操作在 Windows 7 中是很重要的，可以通过鼠标使用窗口上的各种命令来操作，也可以通过键盘来使用快捷键操作。基本的操作包括打开、移动、缩放、最大化及最小化、切换和关闭窗口等。

窗口的基本操作步骤如下。

1．打开窗口

（1）双击打开：选中要打开的窗口图标，然后双击。

（2）右键单击打开：在选中的图标上右键单击，在弹出的快捷键菜单中选择"打开"选项。

2．移动窗口

（1）在标题栏上按下鼠标左键拖动，移动到合适的位置后再松开鼠标，即可完成移动窗口的操作。

（2）如果需要精确地移动窗口，则在标题栏上右键单击，在弹出的快捷菜单中选择"移动"选项，当屏幕上出现移动标志时，再通过键盘上的方向键来移动，移动到合适的位置后用鼠标左键单击或者按下"Enter"键确认。

3．缩放窗口

（1）当需要改变窗口宽度（或高度）时，可以把鼠标指针放在窗口的垂直（或水平）边框上，当鼠标指针变成双向箭头时，可以任意拖动。

（2）当需要对窗口进行等比缩放时，可以把鼠标指针放在边框的任意角上进行拖动。

（3）用户也可以通过鼠标和键盘的配合来完成。在标题栏上右键单击，在弹出的快捷菜单中选择"大小"选项，通过键盘上的方向键来调整窗口的高度和宽度。调整至合适位置后，用鼠标左键单击或者按下"Enter"键结束。

4. 最大化、最小化窗口

（1）最小化按钮：在暂时不需要对窗口操作时，可以直接在标题栏上单击此按钮，窗口会以按钮的形式缩小到任务栏。

（2）最大化按钮：单击此按钮即可使窗口最大化，即铺满整个桌面，这时不能再移动或缩放窗口。

（3）还原按钮：当窗口最大化后单击此按钮，使窗口恢复到原来打开时的初始状态。

（4）在标题栏上双击可以进行最大化与还原两种状态之间的切换。

（5）窗口最大化：在窗口标题栏上按下鼠标左键向上拖动，直至鼠标碰到桌面上沿后松开鼠标，使当前窗口最大化。

（6）窗口还原：在最大化窗口的标题栏上按下鼠标左键，向下拖动，直至鼠标离开桌面上沿后松开鼠标，使当前窗口从最大化还原。

5. 切换窗口

（1）当窗口处于最小化状态时，在任务栏单击所要操作窗口的按钮。当窗口处于非最小化状态时，在所选窗口的任意位置单击，该窗口弹出并激活，表明该窗口为当前窗口。

（2）在键盘上同时按下"Alt+Tab"组合键，屏幕上会出现切换任务栏，在其中列出了当前正在运行的窗口。用户这时可以按住"Alt"键，然后在键盘上按下"Tab"键从切换任务栏中选择所要打开的窗口，选中后再松开两个键，选择的窗口即为当前窗口，如图2-38所示。

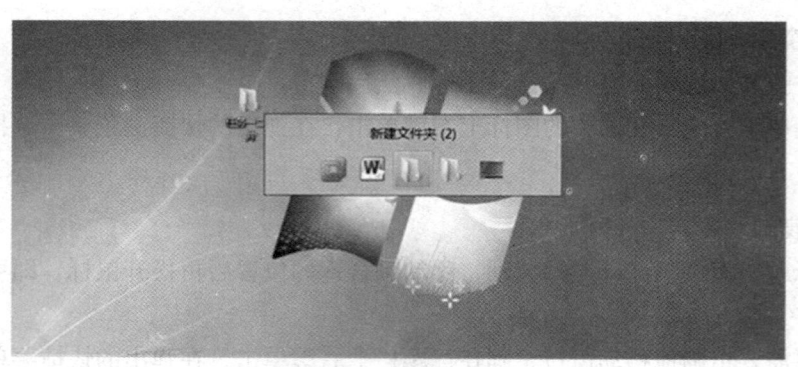

图2-38 切换任务栏

（3）在键盘上同时按下" +Tab"组合键，屏幕上会出现切换任务3D展示，在其中列出了当前正在运行的窗口。用户这时可以按住" "键，然后在键盘上按下"Tab"键从切换任务栏中选择所要打开的窗口，选中后再松开两个键，选择的窗口即为当前窗口，如图2-39所示。

图 2-39　切换任务 3D 展示

6. 关闭窗口

关闭窗口的方法很多，执行下列任意一种操作都可以关闭当前打开的窗口。

（1）直接在标题栏中单击"×"按钮。

（2）双击窗口左上角（Windows XP 系统中的窗口控制菜单按钮）。

（3）单击窗口左上角，在弹出的控制菜单中选择"关闭"选项。

（4）按下"Alt+F4"组合键。

（5）如果打开的窗口是应用程序，可以在"文件"菜单中选择"退出"选项，关闭窗口。

（6）如果所要关闭的窗口处于最小化状态，可以右键单击任务栏中该窗口的按钮，在弹出的快捷菜单中选择"关闭"选项。

7. 窗口的排列

在对窗口进行操作时，若打开了多个窗口，而且需要全部处于全显示状态，这就涉及排列的问题，系统为我们提供了"层叠窗口"、"堆叠显示窗口"、"并排显示窗口" 3 种排列方案。

具体操作是：在任务栏的空白区右键单击，会弹出一个快捷菜单，从中选择窗口的排列方式选项即可，如图 2-40 所示。

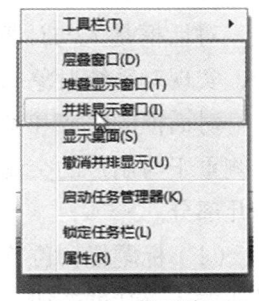

图 2-40　排列窗口

2.4.7　菜单与对话框

对话框是 Windows 操作系统中人机交互的窗口，当在菜单中选择一些选项时，就可能打开相应的对话框，如选择"打开"选项可打开"打开"对话框供用户选择要打开的文件；如选择"保存"选项可打开"另存为"对话框，供用户选择当前文件的保存位置和类型等。

1. 菜单

在 Windows 7 中仍配有 3 种经典的菜单形式："开始"菜单、下拉式菜单和弹出式快捷菜单。"开始"菜单前面已经介绍过，这里不再重复。

（1）下拉式菜单。位于窗口标题下方的菜单栏，其中菜单均采用下拉式菜单方式。菜单中通常包含若干选项，这些选项的功能分组，分别放在不同的菜单项里，组与组之间用一条横线隔开，当前能够执行的有效命令以深色显示。

（2）弹出式快捷菜单。这是一种随时随地为用户服务的"上下文相关弹出菜单"。将鼠标指向某个屏幕上的位置，单击鼠标右键，即可打开一个弹出式快捷菜单。该快捷菜单列出了与用户正在执行的操作直接相关的命令，即根据单击鼠标时指针所指的对象和位置的不同，弹出的菜单命令内容也不相同。快捷菜单中的这些特性体现面向对象的设计思想。快捷菜单有非常实用的菜单功能，请读者尽量尝试和体会它的含义。

在菜单中常见的符号约定如表 2-2 所示。

表 2-2　在菜单中常见的符号约定

命 令 项	说　　明
浅色的命令	不可选用
命令的后带"…"	弹出一个对话框
命令的前带"√"	命令有效，再选择一次"√"选项消失，命令无效
带符号（●）	被选中
带组合键	按下组合键直接执行相应的命令，而不通过菜单
带符号（▼）	鼠标指向它时会弹出一个子菜单
双向箭头	鼠标指向它时会显示一个完整的菜单

2. 对话框

对话框是人与计算机系统之间进行信息交流的窗口。在对话框中用户通过对选项的选择，实现对系统对象属性的修改或者设置。

对话框的组成和窗口有相似之处，例如都有标题栏。但对话框要比窗口更简洁、直观，更侧重于与用户的交流。它一般包含标题栏、选项卡、文本框、列表框、命令按钮和复选框等几部分。

（1）标题栏：位于对话框的最上方，左侧标明了对话框的名称，右侧有相关按钮，有的对话框还有帮助按钮。

（2）选项卡：选项卡中写明了标签，以便于区分。可以通过各个选项卡之间的切换来查看不同的内容，在选项卡中有不同的选项组。

（3）文本框：用于输入文本信息的一种矩形区域，如图 2-41 所示。例如，按下"⊞+R"组合键，可以打开"运行"对话框，这时系统要求用户输入要运行的程序或者文件名称，一般在其右侧会带有向下的三角按钮，可以单击下三角按钮再展开下拉菜单框，查看最近输入过的内容。还可以单击"浏览"按钮，选择要运行的程序。

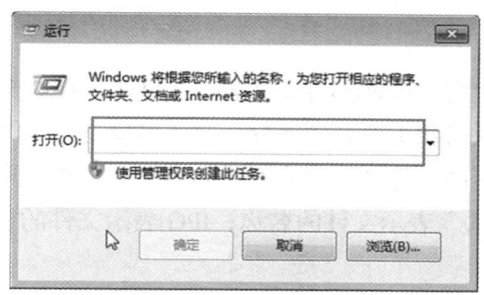

图 2-41 在"运行"对话框的"打开"文本框中可以输入内容

（4）列表框：是一个显示多个选项的小窗口，用户可以从中选择一项或几项。

（5）命令按钮：是对话框中圆角矩形并且带有文字的按钮，常用的有"确定"等按钮。

（6）复选框：通常是一个小正方形，在其后面也有相关的文字说明。当选中后，在正方形中间会出现一个绿色的"√"标志，它是可以任意选择的。

另外，有的对话框中还有调节数字的按钮，它由向上和向下的两个箭头组成。用户在使用时分别单击向上或向下的箭头即可增加或减少数字。

对话框的操作包括对话框的移动、关闭、对话框中的切换及使用对话框的帮助信息等。对话框不能像窗口那样任意改变大小，在标题栏中也没有最小化、最大化按钮。

2.5 Windows 7 的文件和文件夹管理

计算机是以文件（File）的形式组织和存储数据的。简单地说，计算机文件就是用户赋予了名字并存储在磁盘上的信息的有序集合。在 Windows 中，文件和文件夹是重要的资源管理方式，将计算机资源统一通过文件夹来进行管理，可以规范资源管理。

2.5.1 文件和文件夹概念

在 Windows 中，文件是组织文件的一种方式，可以把同一类型的文件保存在一个文件夹中，也可以根据用途将不同的文件进行分组、归类管理，保存在不同的文件夹中。将计算机资源统一通过文件夹来进行管理，可以规范资源管理。例如，"开始"菜单就是一个文件夹，设备也被认为是一个文件夹。文件夹中除了可以包含程序、文档、打印机等设备文件和快捷方式外，还可以包含下一级文件夹。

2.5.1.1 文件的基本概念

计算机中的一切数据都是以文件的形式存放在计算机中的，而文件夹则是文件的集合。文件和文件夹是 Windows 的两个重要的概念，本节讲述什么是文件和文件夹。

1. 文件

文件是 Windows 中最基本的存储单位，包含文本、图像及数据等信息。不同的信息种类保存在不同的文件类型中。Windows 中的任何文件都是由文件名来标识的。

— 65 —

2. 文件名

在计算机中，任何一个文件应该都有文件名。文件名是存取文件的依据，即按名存取。一般来说，文件名分为文件名和扩展名两部分。文件类型是用文件的扩展名来区分的，根据保存的信息和保存方式的不同，将文件分为不同的类型，并在计算机中以不同的图标显示。例如，在图片文件中，"海边"表示文件的名称；JPG 表示文件的扩展名，代表该文件是 JPG 格式的图片文件。

一般来说，文件主名应该用有意义的词汇或是数字命名，即顾名思义，以便用户识别。例如，Windows 中记事本的文件名为 Notepad.exe。Windows 文件的最大改进是使用长文件名，支持最长 255 个字符的长文件名，使文件名更容易被识别。

不同的操作系统的文件命名规则有所不同。有的操作系统是不区分大小写的，如 Windows 中；而有的操作系统是区分大小写的，如 UNIX。

文件名中可以使用的字符有：汉字字符、52 个大小写英文字母、0~9 阿拉伯数字和一些特殊字符。在文件名中不能使用的符号有"空格符""<"">""/""\""|"":"""""*""?"。不允许命名的文件名有 Aux、Com1、Com2、Com3、Com4、Con、Lpt1、Lpt2、Prn、Nul，因为系统已对这些文件名做了定义。

3. 文件类型

在绝大多数的操作系统中，文件的扩展名表示文件的类型。不同类型的文件的处理方式是不同的。在不同的操作系统中，表示文件类型的扩展名并不相同。常见的文件扩展名及意义如表 2-3 所示。

表 2-3　常见的文件扩展名及意义

文件类型	扩展名	意　义
可执行程序	EXE、COM	可执行程序文件
源程序文件	C、CPP、BAS、ASM	程序设计语言的源程序文件
目标文件	OBJ	源程序文件经编译后生成的目标文件
MS Office 文档文件	DOC、XLS、PPT	Microsoft Office 中 Word、Excel、PowerPoint 创建的文档
图像文件	BMP、JPG、GIF	图像文件，不同扩展名表示不同格式的图像文件
流媒体文件	WMV、RM、QT	能通过 Internet 播放的流式媒体文件，不需下载整个文件即可播放
压缩文件	ZIP、RAR	压缩文件
音频文件	WAV、MP3、MID	声音文件，不同的扩展名表示不同格式的音频文件
网页文件	HTM、ASP	一般来说，前者是静态的，后者是动态的

4. 文件属性

文件除了文件名以外，还有文件大小、占用空间等，这些信息称为文件属性。右键单击文件夹或文件对象，弹出如图 2-42 所示的"新建文件夹　属性"对话框，包括如下属性。

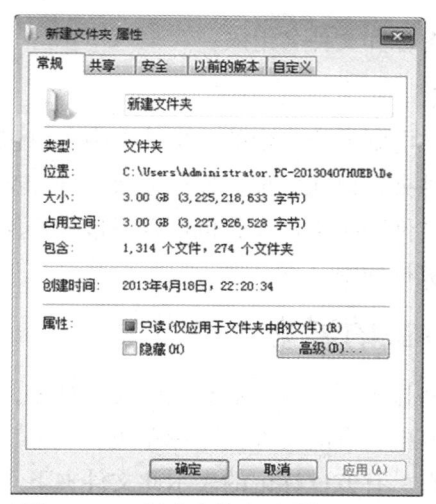

图 2-42 "新建文件夹 属性"对话框

（1）只读：设置为只读属性的文件只能读，不能修改，当删除时会给出提示信息，起保护作用。

（2）隐藏：具有隐藏属性的文件在一般情况下是不显示的。如果设置了显示隐藏文件，则隐藏的文件和文件夹是浅色的，以表明它们与普通文件不同。

5. 文件名中的通配符

在对一批文件进行操作时，系统提供了通配符，即用来代表其他文字的符号，通配符有两个，分别为"？"和"*"。其中通配符"？"用来表示任意一个字符，通配符"*"表示任意多个字符。

6. 文件操作

一个文件中存储的可能是数据，也可能是程序的代码，不同的文件通常都会有不同的应用和操作。文件的常用操作有新建文件、打开文件、编辑文件、删除文件和属性更改等。

在 Windows 中，文件的快捷菜单中存放了有关文件的大多数操作，用户只需要右键单击打开相应的快捷菜单就可以进行操作。

2.5.1.2 文件夹的基本概念

文件夹是文件的集合，为了便于查找和分类，可以将计算机中的文件分门别类地存放在不同的文件夹中。

1. 文件夹

为了便于管理文件，在 Windows 系列操作系统中引入了文件夹的概念。简单地说，文件夹就是文件的集合。如果计算机中的文件过多，则会显得杂乱无章，要想查找某个文件也不太方便。这时用户可将相似类型的文件整理起来，统一地放置在一个文件夹中。这样不仅可以方便用户查找文件，而且能有效地管理好计算机中的资源。

— 67 —

文件夹的外观由文件夹图标和文件名组成。

2. 文件与文件夹的关系

文件和文件夹都是存放在电脑的磁盘中的，文件夹中可以包含文件和子文件夹，子文件夹中又可以包含文件和子文件夹，以此类推，即可形成文件和文件夹的树形关系。

文件夹中可以包含多个文件和子文件夹，也可以不包含任何文件和子文件夹。不包含任何文件和子文件夹的文件夹被称为空文件夹。

2.5.2 文件和文件夹的浏览

在资源管理器中，左窗格显示了所有磁盘和文件夹的列表，右窗格用于显示选定的磁盘和文件夹下的内容。在左窗格中，有的文件夹图标左边有一个小三角方块标记，有的则没有。有方框标记的表示此文件夹下包含有子文件夹，而没有方框标记的表示此文件夹不再包含有子文件夹，如图2-43所示。

（1）单击左窗格的文件夹图标，则打开该文件夹，内容显示在右窗格中。除了标准文件夹外，还有一种特殊的文件夹，确切地说它们是任务链接。比如"库"。

（2）单击透明三角标记可以展开此文件夹，显示其下的子文件夹，同时透明三角标记变为黑色三角标记。

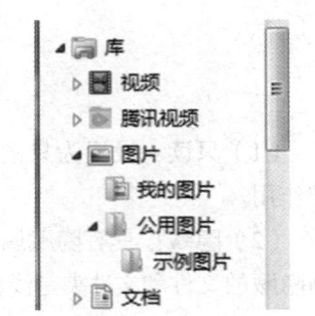

图2-43 文件夹前不同的标记

（3）单击黑色三角标记可以折叠此文件夹，同时标记变为透明三角标记。

2.5.3 文件和文件夹的管理操作

掌握正确的文件和文件夹管理操作，可以优化计算机资源，有效提高工作效率。

2.5.3.1 文件夹内容的显示方式和排序方式

在查看文件或文件夹时，系统提供了多种文件和文件夹的显示方式，用户可在文件窗口中单击工具栏中的图标，在弹出的快捷菜单中有多种排列方式可供选择。下面就其中常用的方式做以下简单介绍。

1. "超大图标""大图标"和"中等图标"显示方式

"超大图标""大图标"和"中等图标"这3种显示方式类似于Windows XP中的"缩略图"显示方式。它们将文件夹中所包含的图像文件显示在文件夹图标上，以方便用户快速识别文件夹中的内容。

2. "小图标"显示方式

"小图标"显示方式类似于Windows XP中的"图标"显示方式。

3. "列表"显示方式

在"列表"显示方式下，文件或文件夹以列表的方式显示，文件夹的顺序按纵向方式排列，文件或文件夹的名称显示在图标的右侧。

4．"详细信息"显示方式

在"详细信息"显示方式下，文件或文件夹整体以列表形式显示，除了显示文件图标和名称，还显示文件的类型、修改日期等相关信息。

5．"平铺"显示方式

"平铺"显示方式类似于"中等图标"显示方式，只是比"中等图标"显示方式显示更多的文件信息。

6．"内容"显示方式

"内容"显示方式是"详细信息"显示方式的增强版，文件和文件夹将以缩略图的显示方式显示。

7．文件和文件夹的排序方式

在 Windows 中，用户可方便地对文件或文件夹进行排序，例如按照名称排序、按修改日期排序、按类型排序、按大小排序等。具体的排序方法是在"资源管理器"窗口的空白处右键单击鼠标，在弹出的快捷菜单中选择"排序方式"菜单项中的某个选项，即可实现对文件和文件夹的排序。

2.5.3.2 创建快捷方式

创建快捷方式就是建立各种应用程序、文件、文件夹、打印机或网络中的计算机等快捷方式图标，通过双击该快捷方式图标，即可快速打开该对象。快捷方式不改变应用程序、文件、文件夹、打印机或网络中计算机的位置，它也不是副本，而是一个指针，使用它可以更快地打开对象，并且删除、移动或重命名快捷方式，均不会影响原有的对象。

在文件夹窗口中选定要创建快捷方式的应用程序、文件、文件夹、打印机或计算机等，右键单击鼠标，在弹出的快捷菜单中选择"创建快捷方式"选项，即可创建该对象的快捷方式。可以将对象的快捷方式移动到桌面或方便使用的文件夹中。例如，可以将目前常用的文件夹创建为快捷方式放到桌面上，如图 2-44 所示。

若在"开始/所有程序"选项中要创建快捷方式的应用程序，可以右键单击该应用程序，在弹出的快捷菜单中选择"发送到"选项，然后选择"桌面快捷方式"选项，即在桌面上创建了该应用程序的快捷方式。

图 2-44　文件夹的快捷方式

2.5.3.3 设置文件夹选项

"文件夹选项"对话框是系统提供给用户设置文件夹的常规及显示方面的属性、设置关联文件的打开方式及脱机文件等的窗口，用户可以在此对话框中更改文件夹选项。

在"开始"菜单中选择"控制面板"选项，打开"控制面板"窗口，选择"外观和个性化"选项,在跳转到的页面中选择"文件夹选项"选项,打开"文件夹选项"对话框,如图2-45所示。

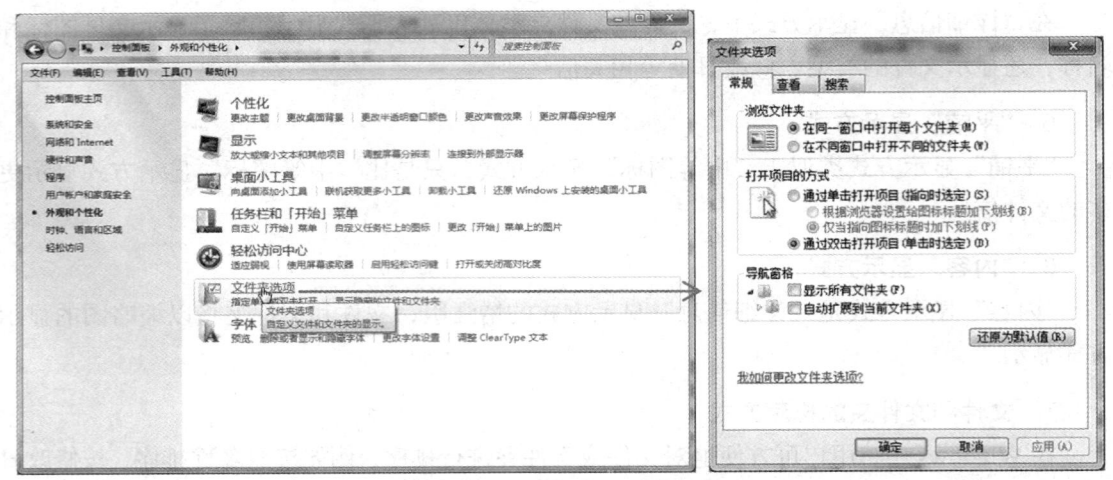

图2-45 打开"文件夹选项"对话框

在"文件夹选项"对话框中有"常规""查看"和"搜索"3个选项卡,分别介绍如下。

(1)"常规"选项卡:该选项卡用来设置文件夹的常规属性。"浏览文件夹"选项组可设置文件夹的浏览方式,设定在打开多个文件夹时是在同一窗口中打开还是在不同的窗口中打开;"打开项目的方式"选项组用来设置文件夹的打开方式,可设定文件夹通过单击打开或是双击打开,通常选中"通过双击打开项目(单击时选定)"单选按钮;"导航窗格"选项组一般不常用。

(2)"查看"选项卡:该选项卡用来设置文件夹的显示方式。在该选项卡的"文件夹视图"选项组中,可单击"应用到文件夹"和"重置文件夹"两个按钮,对文件夹的视图显示进行设置。在"高级设置"列表框中显示了有关文件和文件夹的一些高级设置选项,用户可根据实际需要选择相应的选项,单击"应用"按钮即可完成设置。

(3)"搜索"选项卡:该选项卡用来更改搜索的选项。该选项卡包括"搜索内容""搜索方式"和"在搜索没有索引的位置时"选项组,如图2-46所示。

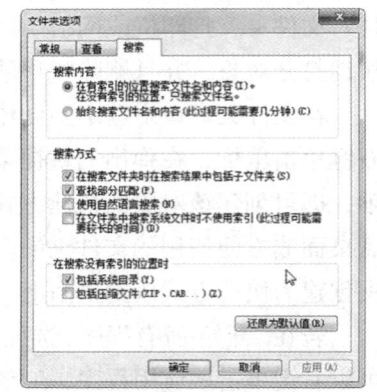

图2-46 "搜索"选项卡

2.5.3.4 删除或还原"回收站"中的文件或文件夹

"回收站"文件夹为用户提供了删除文件或文件夹的补救措施,用户从硬盘中删除文件或文件夹时,Windows 7会将其自动放入"回收站"中,直到用户将其清空或还原到原位置。

双击桌面上回收站的图标,若要删除"回收站"中的所有文件或文件夹,可选择"清空回收站"选项;若要还原删除的文件或文件夹,可在选取还原对象后,再选择"还原此项目"选项。

右键单击"回收站"图标,在弹出的快捷菜单中选择"属性"选项,打开"回收站 属性"对话框,在此可以调整回收站的默认空间大小,如图 2-47 所示。

从图 2-47 中可以看出,删除文件或文件夹是彻底删除,而不必放在"回收站"中。通常为安全起见,不使用该选项。如果确定要直接删除文件或文件夹,而不将其放入"回收站"中,可在删除的同时按下"Shift"键。

图 2-47 "回收站 属性"对话框

"回收站"中的对象仍然占用硬盘空间并可以被恢复或还原到原位置,这些对象将保留到用户决定从计算机中永久地将它们删除为止。当"回收站"充满后,Windows 自动清除"回收站"中的空间以存放最近删除的文件或文件夹。

此外,由于"回收站"是硬盘的一部分,所以当在可移动媒体上删除文件时,删除的项目被彻底删除了,是不能还原的。

2.5.4 文件和文件夹的搜索

当计算机中存放的文件和文件夹过多,或者时间久远时,很容易忘记一些不常用文件或文件夹的存放位置,这时候我们可以通过搜索功能来轻松地找到它们。

若要在整个计算机资源中进行搜索,可在桌面上双击"计算机"图标,打开"计算机"窗口;若要在已知文件夹中进行搜索,则可打开该文件夹窗口,然后在窗口右上角的搜索框中输入要搜索的文件或文件夹的关键词,按"Enter"键搜索,如图 2-48 所示。

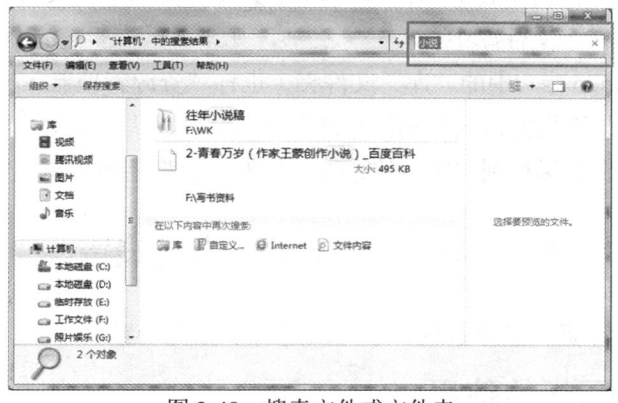

图 2-48 搜索文件或文件夹

2.5.5 隐藏文件

对于电脑中比较重要的文件，如系统文件、用户自定义的密码文件、用户的个人资料等，如果用户不想让别人看到或更改，可以将它们隐藏起来，等到需要时再将它们显示。

在文件夹窗口中右键单击想要隐藏的文件或文件夹，从弹出的菜单中选择"属性"选项，打开该文件或文件夹的属性对话框，在"常规"选项卡中选中"隐藏"复选框，即可隐藏该文件或文件夹，如图 2-49 所示。

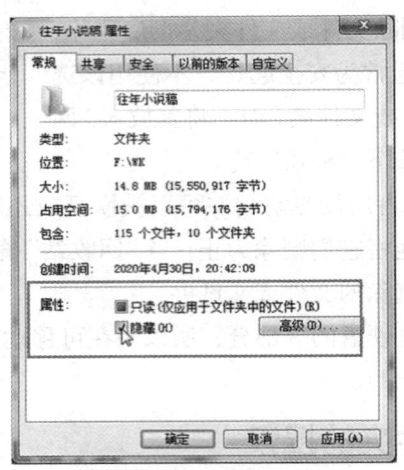

图 2-49　隐藏文件或文件夹

2.5.6 新增的文件管理工具——库

Windows 7 文件库可以将用户需要的文件和文件夹全部集中到一起，就像网页收藏夹一样，只要单击库中的链接，就能快速打开添加到库中的文件夹（不管这些文件夹原来深藏在本地电脑或局域网中的任何位置）。另外，库中的链接会随着原始文件夹的变化而自动更新，并能以同名的形式存在于文件库中。

默认情况下，Windows 7 中的"库"文件夹（也称"资源管理器"按钮）显示在任务栏左侧。在各个文件夹或计算机窗口的左侧任务窗格中，也可以快速启动"库"或"库"文件夹。在保存文件时也可以看到保存到"库"的选项。另外，用户还可以根据需要新建库目录。

2.6　Windows 7 的个性化设置

我们日常面对的计算机操作系统，也可以进行个性化设置。

2.6.1 控制面板的使用

控制面板是 Windows 7 环境设置的重要工具。要打开"控制面板"窗口，可以在"开始"菜单的右侧面板中选择"控制面板"选项，即可看到如图 2-50 所示的窗口。

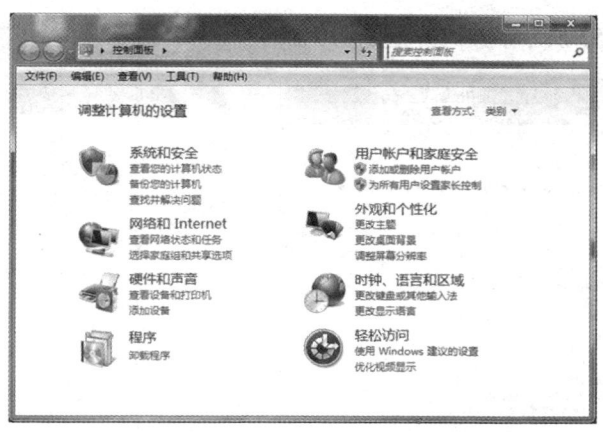

图 2-50 "控制面板"窗口

1. 系统设置

在控制面板中选择"系统和安全"选项，跳转到"系统和安全"窗口，再选择"系统"选项，可以显示计算机的系统软件和主要硬件配置等基本信息，如图 2-51 所示。

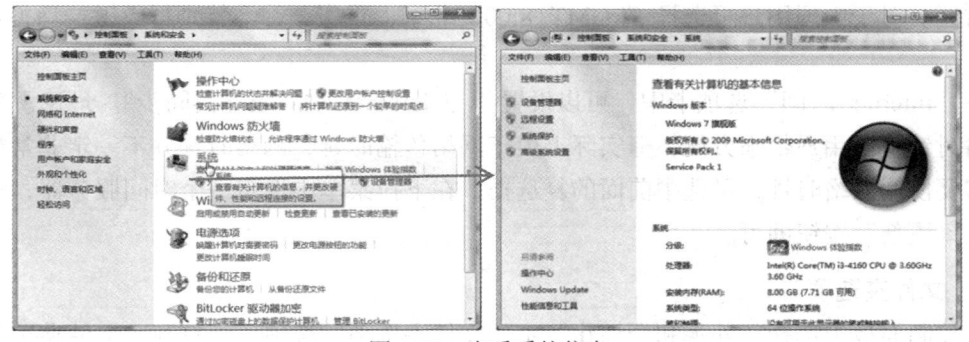

图 2-51 查看系统信息

在"系统"窗口左侧选择"设备管理器"选项，可以打开"设备管理器"窗口，其中可以查看计算机所有硬件信息；选择"远程设置"选项，可以设置是否允许通过远程控制该计算机；选择"高级系统设置"选项，将打开"系统属性"对话框，其中可以对计算机名称、硬件、虚拟内存、系统保护和远程控制进行配置。

2. 程序和功能

"程序和功能"选项一般用于卸载、更改和修复已安装的应用程序。在控制面板中选择"程序"|"程序和功能"选项，可以跳转到"程序和功能"窗口，其中显示已安装的应用程序列表，选择某个应用程序，单击鼠标右键可以完成对该应用程序的卸载、更改和修复，如图 2-52 所示。单击程序列表右上方的下三角按钮（小黑三角），从弹出的菜单中选择"详细信息"选项，将在窗口中显示应用程序的名称、发布者、安装时间、大小和版本等信息。

3. 设置时间/日期

在控制面板中选择"时钟、语言和区域"|"日期和时间"选项，可以打开"日期和时

间"对话框，如图 2-53 所示。

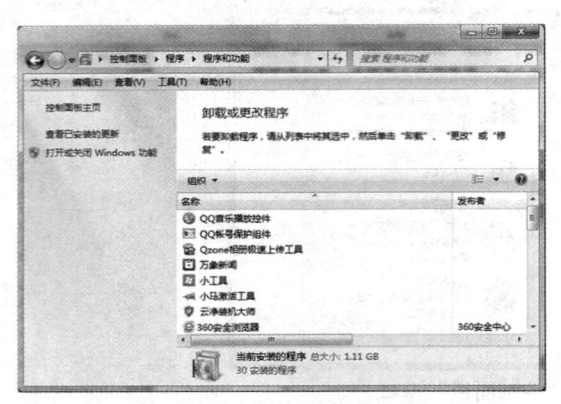

图 2-52 "程序和功能"窗口

图 2-53 "日期和时间"对话框

在"日期和时间"选项卡中，有一个"更改日期和时间"按钮，用于更改日期或时间。

在"附加时钟"选项卡中，可以更改时区，系统其他应用程序可以利用时区来准确计算世界上其他地区的日期和时间。选择"显示此时钟"选项，然后从"选择时区"下拉菜单中选择时区。对于中国用户可选择"（GMT+8:00）北京，重庆，香港特别行政区，乌鲁木齐"选项。

在"Internet 时间"选项卡中，可以设置"与 Internet 时间服务器同步"。理论上来说使用网络时钟将给用户带来方便，但实际上由于网络传输时延，网络时钟并不一定非常精确。如果需要使用网络时钟，可选中前面的复选框，在下拉菜单中选定一个时间服务器，然后单击"立刻更新"按钮即可。

4. 文件夹选项

在控制面板中选择"外观和个性化"|"文件夹选项"选项，可打开"文件夹选项"对话框，在此可设定 Windows 的文件和文件夹的显示与隐藏等属性，如图 2-54 所示。

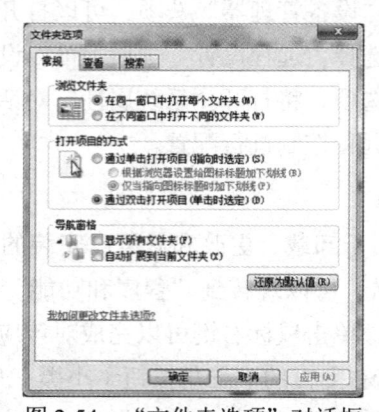

图 2-54 "文件夹选项"对话框

在"常规"选项卡中，可以对浏览文件夹、打开项目的方式和导航窗格的风格进行设置，以适应不同用户的需求。

在"查看"选项卡中，可以对文件及文件夹的查看方式进行设定，一般可以按照个人喜好来设定。但是，用户虽然可以选择显示或不显示隐藏文件及文件夹，但最好不要更改 Windows 的默认设置，即"不显示隐藏的文件和文件夹"，这样可以避免对隐藏文件的无意更改。同样，要确保"隐藏受保护的操作系统文件（推荐）"项被选中。

在"搜索"选项卡中，可以对搜索内容、搜索方式和搜索位置等进行设置。

5. 管理工具

在控制面板中选择"系统和安全"|"管理工具"选项，可打开"管理工具"窗口，在此可以对 Windows 系统中的各种工具进行设置，如图 2-55 所示。

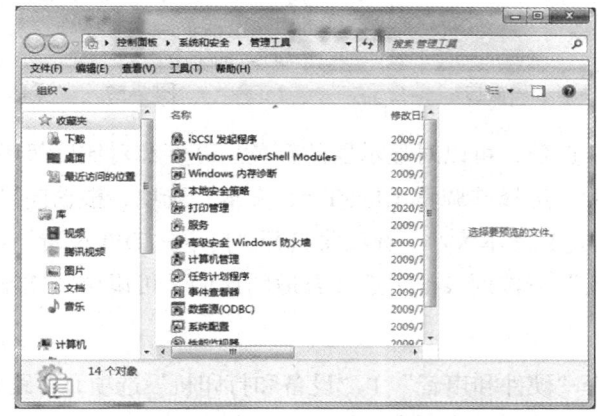

图 2-55 "管理工具"窗口

这些工具可以控制操作系统的方方面面，如"性能监视器"工具显示了计算机运行状态的图表，"服务"工具允许将 Windows 的某些部分打开或关闭，"计算机管理"工具控制其他方面（例如组织和管理磁盘和共享目录），"高级安全 Windows 防火墙"工具可以配置系统防火墙或关闭防火墙等。虽然所有这些工具都很有用，但如果使用不当，也将对系统构成一定的危险，因此不要轻易改动这些设置。

6. 显示

在控制面板中选择"外观和个性化"|"显示"选项，跳转到"显示"窗口，在此可以选择屏幕视图的大小，以改变屏幕上文本大小，如图 2-56 所示。

此外，在窗口左侧，包含"调整分辨率""校准颜色""更改显示器设置""调整 ClearType 文本"和"设置自定义文本大小"等选项。

选择"调整分辨率"选项，可显示如图 2-57 所示的"屏幕分辨率"窗口。分辨率是指单位长度内包含的像素点的数量，它的单位通常为像素/英寸（DPI）。以分辨率为 1024×768 的屏幕来说，每一条水平线上包含 1024 个像素点，共有 768 条线，即扫描列数为 1024 列，行数为 768 行。分辨率不仅与显示尺寸有关，还受到显示器的点距、视频带宽等因素的影响。

分辨率与显示器刷新频率的关系密切，严格地说，只有当刷新频率为"无闪烁刷新频率"时，显示器才能达到最高分辨率。分辨率决定了位图图像细节的精细程度，通常情况下，图像的分辨率越高，所包含的像素就越多，图像就越清晰。

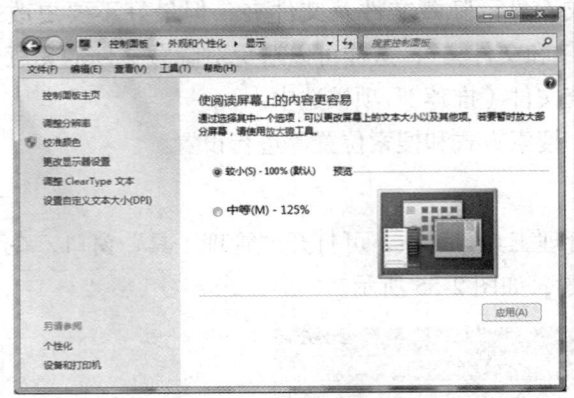

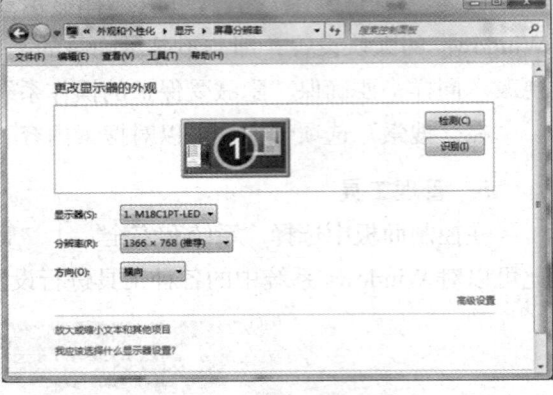

图 2-56 "显示"窗口

图 2-57 "屏幕分辨率"窗口

选择"校准颜色"选项，可以对显示器的颜色、亮度和对比度等参数进行设置，将显示器色彩调整到合适比例；选择"调整 ClearType 文本"选项，根据向导可以调整文本的显示清晰度；选择"设置自定义文本大小"选项将打开"自定义 DPI 设置"对话框，在其中的"缩放为正常大小的百分比"下拉列表框中选择合适的比例，可以调整文本的显示大小。

7. 设备和打印机

在控制面板中选择"硬件和声音"|"设备和打印机"选项，可跳转到"设备和打印机"窗口，在此可以看到上下两栏，分别为"打印机和传真"栏及"设备"栏，如图 2-58 所示。在"打印机和传真"栏可以看到系统已安装的所有打印机和传真，右键单击某个打印机图标并选择"属性"选项，可在弹出的属性对话框中修改打印机的默认设置，也可以在打印文档时针对个别文档修改这些设置。在"设备"栏中将显示常用的即插即用设备，右键单击某个设备可以查看该设备的属性。

图 2-58 "设备和打印机"窗口

2.6.2 设置外观和主题

Windows 7 个性化设置可以根据用户的个人喜好设置计算机的视觉效果和系统声音。在控制面板中选择"外观和个性化"|"个性化"选项，将打开如图 2-59 所示的"个性化"窗口。要设置系统的个性化风格，先选择一个主题，系统将自动更改桌面背景、窗口颜色、声音和屏幕保护程序，用户也能自行更改这些设置。

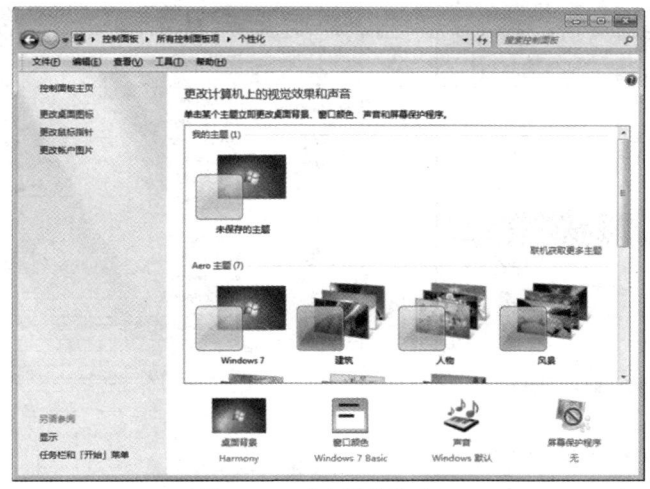

图 2-59　"个性化"窗口

在"个性化"窗口的下方，包括桌面背景、窗口颜色、声音和屏幕保护程序 4 个选项。选择"桌面背景"选项，将打开"桌面背景"窗口，选择合适的桌面背景，并单击"保存修改"按钮，可以设置桌面的背景；选择"窗口颜色"选项，将打开"窗口颜色和外观"窗口，在该窗口中，可以对几乎所有的 Windows 7 界面中的项目进行颜色或外观设置；选择"声音"选项，将打开"声音"对话框，在其中的"声音"选项卡中，可以对应用于 Windows 或应用程序中的声音进行设置。

若选择"屏幕保护程序"选项，将打开"屏幕保护程序设置"对话框，可在"屏幕保护程序"下拉菜单中选择一个合适的屏幕保护程序，并设置等待时间。如果系统在设置的时间内没有获取到键盘或鼠标的输入操作将调用屏幕保护程序以保护屏幕。选择"更改电源设置"选项，可以在弹出的"电源选项"窗口中更改电源管理选项，如设置多长时间无操作时关闭显示器或硬盘，以节省电源，这些对笔记本电脑用户更加有用。

此外，在"个性化"窗口的左侧，可以更改系统的桌面图标、鼠标指针和账户图片。

2.6.3　设置键盘和鼠标

1. 更改光标的形状

在桌面空白处右键单击鼠标，从弹出的快捷菜单中选择"个性化"选项，可打开"个性化"窗口，选择窗口左侧的"更改鼠标指针"选项，打开"鼠标 属性"对话框，切换到"指针"选项卡，如图 2-60 所示。在"自定义"列表中选择"正常选择"选项，单击"浏览"按钮，打开如图 2-61 所示的"浏览"对话框，选择一种鼠标样式，然后单击"打开"按钮，返回至"鼠标 属性"对话框。按照同样的方法为"自定义"列表中的其他选项设置光标的样式。设置完成后，单击"另存为"按钮，打开"保存方案"对话框，指定新样式的名称，单击"确定"按钮，即可完成新样式的自定义。若要使用新定义的鼠标样式，只需在"方案"下拉菜单中选择新样式的名称，然后单击"确定"按钮即可。

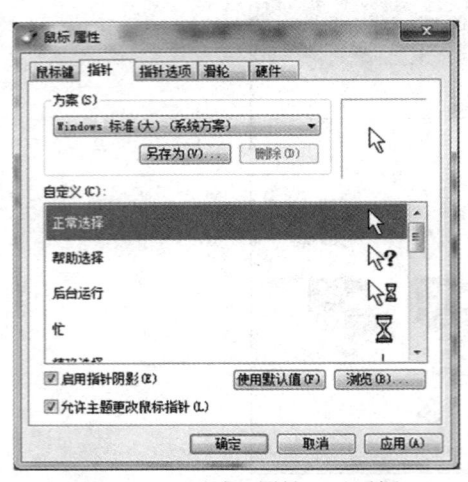

图 2-60 "鼠标 属性"对话框　　　　图 2-61 "浏览"对话框

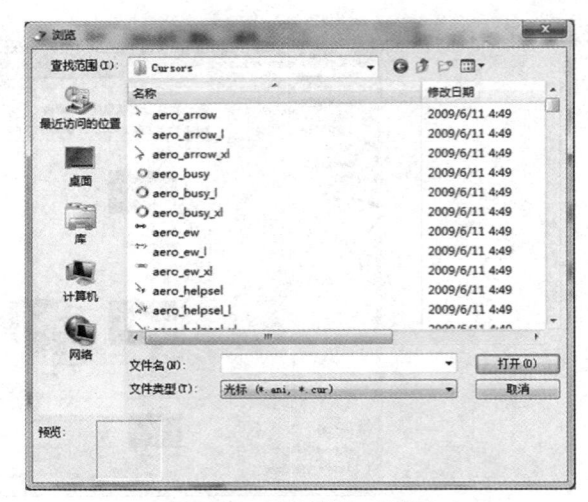

2. 设置鼠标的灵敏度

鼠标的灵敏度是指当用户握住鼠标在鼠标垫上移动时，显示器屏幕上光标的移动速度。合适的鼠标灵敏度，可使用户操作起来更加得心应手。

要设置鼠标的灵敏度，用户只需在"鼠标 属性"对话框中切换至"指针选项"选项卡，在"移动"选项区域拖动滑块进行设置即可。

另外，用户还可在"可见性"选项区域中设置鼠标踪迹的可见性和踪迹的长短等属性。

3. 更改鼠标的左右手习惯

默认情况下，鼠标的左键主要用于选择和拖放等操作，而右键主要用来完成一些辅助功能，这适合于习惯用右手使用鼠标的用户。如果用户习惯用左手使用鼠标，可将鼠标的左右键功能进行切换。具体方法是在"鼠标 属性"对话框的"鼠标键"选项卡中选中"切换主要和次要的按钮"复选框即可。

4. 设置鼠标的双击速度

计算机中的某些对象需要双击鼠标才能打开，双击指的是快速按下鼠标左键两下，那么这个"快"要快到什么程度呢？实际上，用户可自定义鼠标的双击速度。

在"鼠标 属性"对话框的"鼠标键"选项卡中，拖动"双击速度"选项区域的滑块，即可改变鼠标的双击速度。设置好的效果用户可通过双击滑块右边的文件夹图标来检验。

2.6.4 账号管理

Windows 7 是一个多用户、多任务的操作系统，它允许每个使用计算机的用户建立自己的专用工作环境。每个用户都可以为自己建立一个用户账户，并设置密码，只有在正确输入用户名和密码之后，才可以进入到系统中。每个账户登录之后都可以对系统进行自定义设置，其中一些隐私信息也必须登录后才能看见，这样使用同一台计算机的每个用户都不会相互干扰了。

2.6.4.1 账户类型

设置用户账户之前需要先弄清楚 Windows 7 有几种账户类型。一般来说，用户账户有以下 3 种：计算机管理员账户、标准用户账户和来宾账户。

1. 计算机管理员账户

计算机管理员账户拥有对全系统的控制权：能改变系统设置，可以安装和删除程序，能访问计算机上所有的文件。除此之外，它还拥有控制其他用户的权限：可以创建和删除计算机上的其他用户账户、可以更改其他人的账户名、图片、密码和账户类型等。

2. 标准用户账户

标准用户账户是权力受到限制的账户。这类账户可以访问已经安装在计算机上的程序，可以更改自己的账户图片，还可以创建、更改或删除自己的密码，但无权更改大多数计算机的设置，不能删除重要文件，无法安装软件或硬件，也不能访问其他用户的文件。

3. 来宾账户

来宾账户则是给那些在计算机上没有用户账户的人用的，只是一个临时用户。它没有密码，可以快速登录，能做的事情也就仅限于查看电脑中的资源、浏览 Internet 等。

2.6.4.2 多用户设置

多用户使用环境设置方法如下。

1. 创建新的用户账户

管理用户账户的最基本操作就是创建新账户。用户在安装 Windows 7 过程中，第一次启动时建立的用户账户就属于"管理员"类型，在系统中只有"管理员"类型的账户才能创建新账户。

要在 Windows 7 中创建一个新的用户账户，可在"控制面板"窗口中选择"用户账户和家庭安全"｜"用户账户"｜"管理其他账户"选项，跳转到"管理账户"窗口，选择窗口底部的"创建一个新账户"选项，打开"创建新账户"窗口，在"新账户名"文本框中输入新用户的名称，然后选中"管理员"单选按钮，如图 2-62 所示。设置完成后，单击"创建账户"按钮，即可成功创建新的管理员账户。

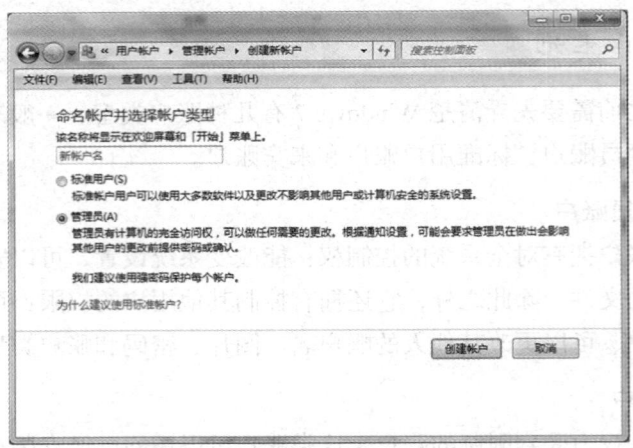

图 2-62 "创建新账户"窗口

2. 更改用户账户

刚刚创建好的用户还没有进行密码等有关选项的设置,所以应对新建的用户信息进行修改。要修改用户基本信息,只需在"管理账户"窗口中选定要修改的用户名图标,然后在新打开的窗口中修改即可。例如,要更改账户的头像,并设置账户密码,可打开"更改账户"窗口,单击要更改的账户图标,在跳转到的窗口中选择"更改图片"选项,然后选择一个新图片,如图 2-63 所示。如果要使用计算机中保存的其他图片,可向下拖动滚动条,在窗口底部选择"浏览更多图片"选项,从打开的对话框中选择本机图片。

3. 删除用户账户

用户可以删除多余的账户,但是在删除账户之前,必须先登录到具有管理员类型的账户才能删除。在 Windows 7 中删除用户账户的方法是:登录到管理员账户,并打开"管理账户"窗口,选择要删除的用户账户图标,跳转到"删除账户"窗口,选择"删除账户"选项,这时系统会询问是否保留该账户的文件,如图 2-64 所示。单击"删除文件"按钮,即可完成账户的删除。

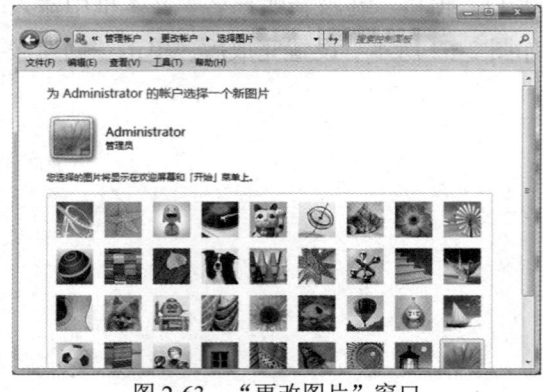

图 2-63 "更改图片"窗口   图 2-64 删除账户

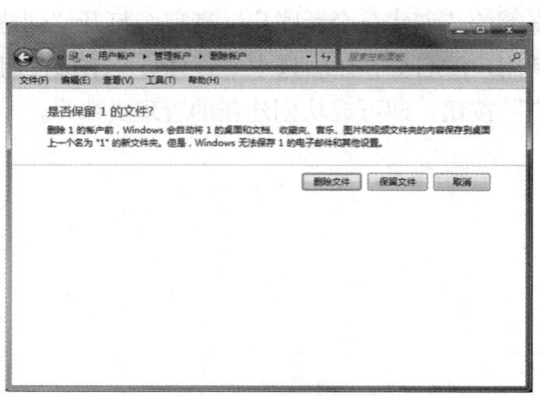

第 2 章章末练习题

一、单项选择题（一级考试模拟练习题）

1. 操作系统的作用是（　　）。
   A．把源程序翻译成目标程序　　　　B．进行数据处理
   C．控制和管理系统资源的使用　　　D．实现软硬件的转换
2. 一个完整的计算机系统通常包括（　　）。
   A．硬件系统和软件系统　　　　　　B．计算机及其外部设备
   C．主机、键盘与显示器　　　　　　D．系统软件和应用软件
3. 计算机软件是指（　　）。
   A．资料　　　　　　　　　　　　　B．源程序和目标程序
   C．源程序　　　　　　　　　　　　D．计算机程序及有关资料
4. 计算机的软件系统一般分为（　　）两大部分。
   A．系统软件和应用软件　　　　　　B．操作系统和机器语言
   C．程序和数据　　　　　　　　　　D．DOS 和 Windows
5. 决定微机性能的主要是（　　）。
   A．CPU　　　B．耗电量　　　C．质量　　　D．价格
6. 微型计算机中运算器的主要功能是进行（　　）。
   A．算术运算　　　　　　　　　　　B．逻辑运算
   C．初等函数运算　　　　　　　　　D．算术运算或逻辑运算
7. 移动硬盘属于（　　）。
   A．输入设备　　B．输出设备　　C．内存储器　　D．外存储器
8. ROM 是（　　）。
   A．只读存储器　　　　　　　　　　B．只读光盘
   C．只读硬磁盘　　　　　　　　　　D．只读大容量软磁盘
9. 从软件分类来看，Windows 属于（　　）。
   A．应用软件　　　　　　　　　　　B．系统软件
   C．支撑软件　　　　　　　　　　　D．数据处理软件
10. 在计算机系统中，任何外部设备都必须通过（　　）才能和主机相连。
    A．存储器　　　B．接口适配器　　C．电缆　　　D．CPU
11. RAM 是指（　　）。
    A．外存储器　　　　　　　　　　　B．随机存储器
    C．只读存储器　　　　　　　　　　D．只读型光盘存储器
12. 计算机硬件系统应包括（　　）。

A．键盘和显示器　　　　　　　　　　B．主机和操作系统
C．主机和输入设备　　　　　　　　　D．主机和外部设备

13．应用（　　）功能，使用户不必重新启动计算机就可以其他身份重新登录。

A．锁定　　　　B．注销　　　　C．睡眠　　　　D．重新启动

14．当我们想看所选对象的大小、类型等信息时，可以选择的查看方式是（　　）。

A．缩略图　　　B．详细信息　　C．平铺　　　　D．列表

15．要在任务栏中显示音量，应（　　）。

A．在桌面的空白处单击右键，选择"属性"
B．在任务栏中单击右键，选择"属性"
C．设置控制面板中的"系统"选项
D．设置控制面板中的"声音"选项

二、填空题（知识强化补充练习题）

1．在计算机硬件设备中，_____、_____合在一起称为中央处理器，简称CPU。

2．在同一台计算机中，内存存取速度比外存_____。

3．_____就是系统部件之间传送信息的公共通道。

4．在计算机断电后随机存储器中的信息将会_____。

5．32位微处理器中的32表示的技术指标是_____。

6．窗口的排列方式有层叠窗口、_____和_____。

7．查找文件时对文件名未知的部分可以用通配符替代，可以表示任意多个字符的是_____。

8．当握住鼠标在鼠标垫上移动时，显示器屏幕上光标的移动速度被称为_____。

三、操作题（一级考试模拟练习题）

以下为Windows的基本操作练习（参见配套资源），练习步骤如下：

1．在"学习用"文件夹下创建一个"练习"新文件夹。

2．将"学习用"文件夹下"源文件"文件夹中的"lianxi1.doc"文件另存为"lianxi2.doc"，并将"lianxi2.doc"复制到"练习"文件夹中。

3．将"学习用"文件夹下"结果"文件夹中的"jieguo.txt"文件更名为"jieguo1.txt"，并将其移至"练习"文件夹中。

4．将"学习用"文件夹下的"yincang.doc"文件隐藏。

第2章章末练习题参考答案

第 3 章　Word 2016 文字处理软件

Word 2016 是 Microsoft 公司开发并推出的办公套装软件 Office 2016 的一个组件，其具有丰富的文字处理功能，是目前世界上流行的优秀文字处理软件。其秉承了 Windows 友好的图形界面、风格和操作方法，提供了一整套齐全的功能，其灵活方便的操作方式能够轻松地进行文字、数据和图形处理，并能制作出各种图文并茂的文档。

3.1　Word 2016 概述

Microsoft Word 2016 继承了历代 Word 版本的优秀之处，并在其基础上增加了更多实用的功能，界面也更加漂亮美观，还完善了各种人性化的小细节，使其功能更加强大，使用起来更为得心应手。

3.1.1　Word 2016的启动与退出

启动和退出 Word 的方法有很多种，用户可以根据自己的喜好和习惯执行任意一种操作来达到目的。

1. Word 2016的启动

在 Windows 界面下，启动 Word 2016 一般有以下两种方法。

（1）常规启动方法。单击任务栏左边的"开始"按钮，选择"所有程序"选项，展开所有程序，找到并选择"Word 2016"选项，即可启动 Word 2016，如图 3-1 所示。

（2）桌面快捷方式启动。在桌面上双击"Microsoft Word 2016"快捷方式图标，即可启动。

Word 2016 在风格上做了细微的改变，这首先体现在启动界面上。旧版的 Word 在启动程序后，会直接创建一个新文档，而 Word 2016 则增添了"开始"页面，并非常友好，如图 3-2 所示。

图 3-1　从"开始"菜单启动 Word 2016

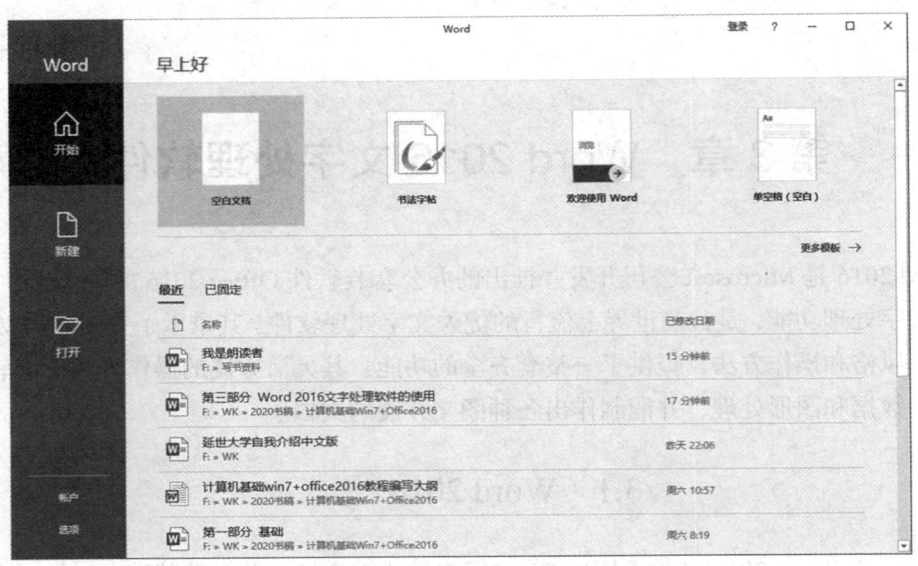

图 3-2 Word 2016 的"开始"页面

2. Word 2016的退出

退出 Word 2016 是指关闭其应用程序窗口，也有多种方法，常用的方法有以下两种。

（1）在程序主界面中转到"文件"选项卡，然后选择"文件"｜"关闭"选项，如图 3-3 所示。

（2）单击 Word 2016 标题栏右上角的"✕"（关闭）按钮。

在退出 Word 2016 时，如果 Word 文档已做了修改，但尚未保存，那么关闭程序窗口时系统会弹出一个提示对话框，如图 3-4 所示。单击"保存"按钮，保存文档后退出系统；单击"不保存"按钮，则不保存文档直接退出系统；单击"取消"按钮可取消退出操作，继续留在 Word 2016 的程序界面。

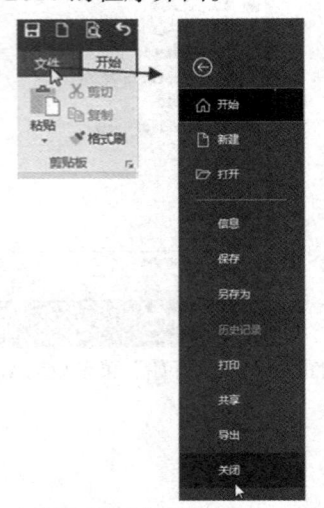

图 3-3 选择"关闭"选项退出 Word 2016　　　　图 3-4 提示对话框

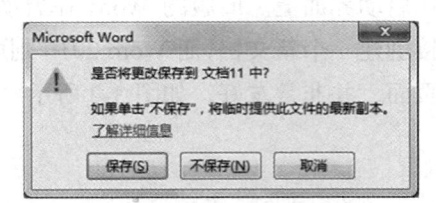

3.1.2　Word 2016窗口的组成

启动 Word 2016 以后，即可在屏幕上看到 Word 2016 的窗口界面，如图 3-5 所示。它由标题栏、快速访问工具栏、选项卡标签栏、功能区、标尺、滚动条、编辑区和状态栏等组成，且各部分都有相应的功能和作用。

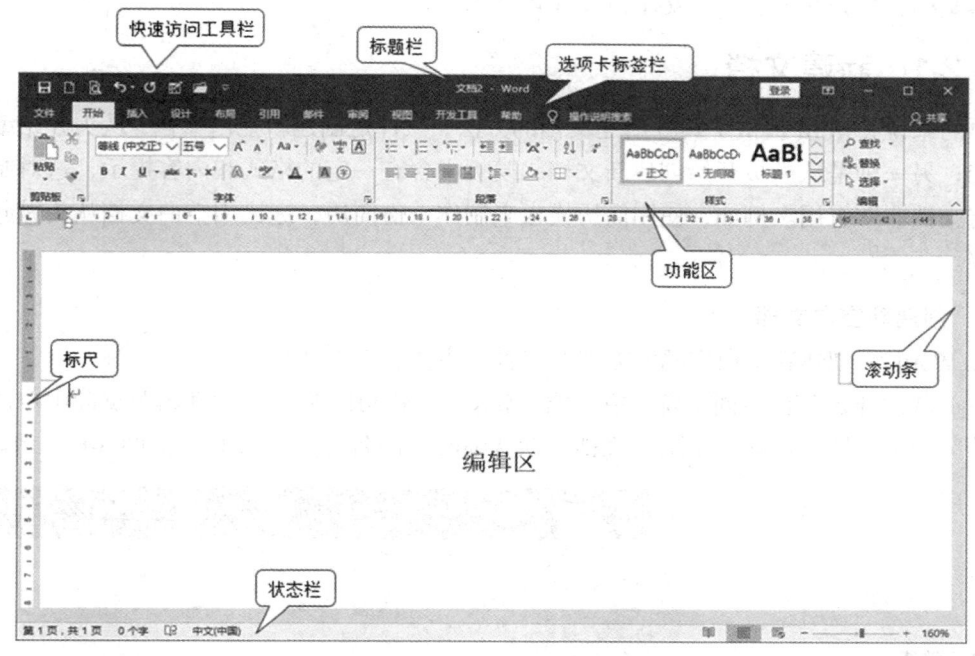

图 3-5　Word 2016 窗口界面

（1）标题栏：用于显示文档的文件名称。在 Word 中打开一个文档后，该文档的文件名称就会显示在标题栏居中的位置。

（2）快速访问工具栏：由几个常用的命令按钮组成，每个命令按钮各代表功能区中的一个命令。命令按钮的使用方法很简单，用鼠标单击某个按钮，即可执行相应的操作功能。

（3）选项卡标签栏：由"文件""开始""插入""设计""布局""引用""邮件""审阅""视图""开发工具""帮助"11 个选项卡组成。

（4）功能区：显示在当前选项卡中所有的命令按钮。

（5）标尺：用于标示正文、图片、表格和文本框的长度与宽度。

（6）滚动条：由滚动框、滑标和滚动按钮组成。由于文档窗口显示的区域有限，当所编辑或浏览的内容不能在文档窗口中全部显示时，可以通过操作滚动条滑标使文档窗口滚动，以查看文档的其他内容。滚动条分为水平滚动条和垂直滚动条。

（7）编辑区：是文字处理的工作窗口。在编辑区中，用户可以录入文本、插入图形、图像、表格和文本框等，还可以对文档进行编辑、修改和排版等操作。

（8）状态栏：用于显示光标所在的页号、文档的页码和字数、语言和改写/插入 4 种编辑状态，还显示文档视图模式、文档缩放级别与当前文档的显示比例。

3.2 Word 2016 的基本操作

使用任何一个程序都要熟练掌握它的基本操作，Word 也不例外。Word 2016 的基本操作有新建文档、打开文档、输入文本以及保存文档等。

3.2.1 新建文档

总的来说，Word 提供了两种新建文档的方法，一种是创建新空白文档，从头开始编辑一个文档；另一种是从模板开始创建新文档，模板中含有一定的格式和内容提示，这对制作某种特定文档非常有用。例如，使用简历模板来制作一份简历，远比用空白文档从头做起要轻松许多。

1. 创建新空白文档

在 Word 中创建新空白文档的方法有多种，主要有以下几种。

（1）从"开始"页面创建新空白文档。启动 Word 2016 后，在"开始"页面中单击"空白文档"图标，即可创建一个空白文档，默认临时文件名为"文档1"，如图 3-6 所示。

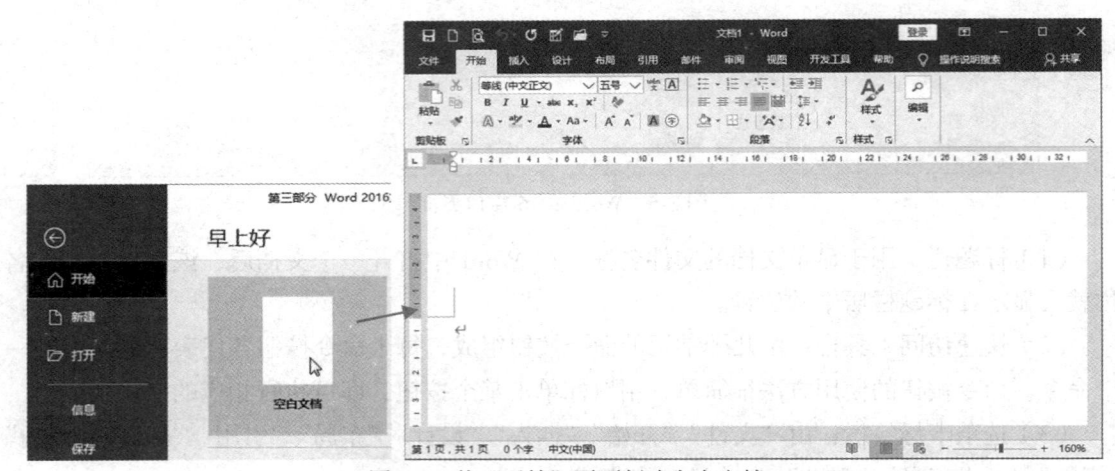

图 3-6 从"开始"页面创建空白文档

（2）从"新建"页面创建新空白文档。在 Word 2016 程序主界面选择"文件"|"新建"选项，打开新建文档页面，单击"空白文档"图标创建一个空白文档，如图 3-7 所示。

（3）按下"Ctrl+N"组合键，可以快速创建一个新的空白文档。

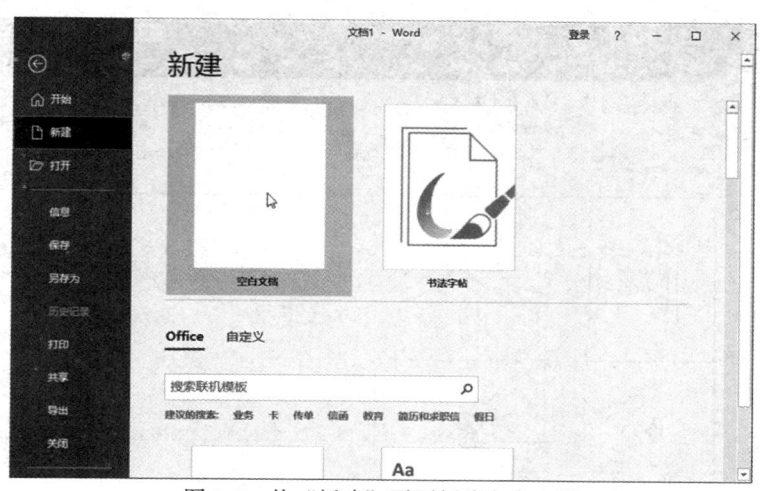

图 3-7　从"新建"页面创建空白文档

2. 从模板创建新文档

在 Word 2016 中，可以从两个渠道根据模板创建新文档。

（1）从"开始"页面创建基于模板的文档。在"开始"页面中单击要使用的模板图标，然后根据提示进行操作，即可得到一个具有固定格式的新文档。例如，要利用"书法字帖"模板创建一个新文档，可在"开始"页面中单击"书法字帖"图标，此时会打开一个"增减字符"对话框，在"可用字符"列表中选择字符，单击"添加"按钮，将其添加到"已用字符"列表中，这些字符即会出现在即将创建的新文档中，如图 3-8 所示。反之，从"已用字符"列表中选择字符，然后单击"删除"按钮，可去除要在文档中出现的字符。

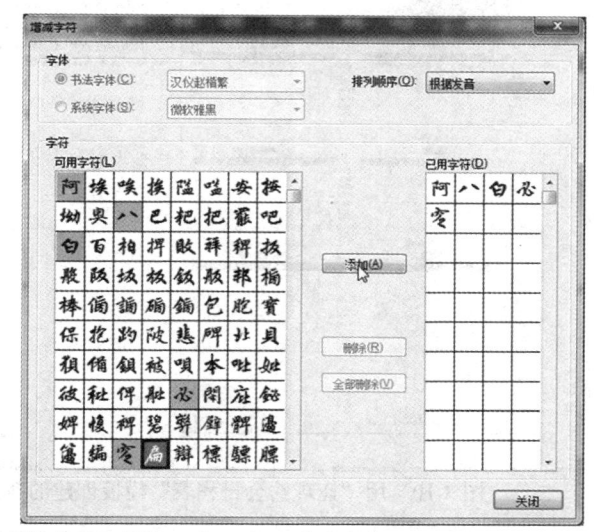

图 3-8　"书法字帖"图标（左）和"增减字符"对话框（右）

设置完成后，单击"增减字符"对话框右上角的"✕"按钮或右下角的"关闭"按钮，即可创建一个包含指定字符的书法字帖文档，如图 3-9 所示。

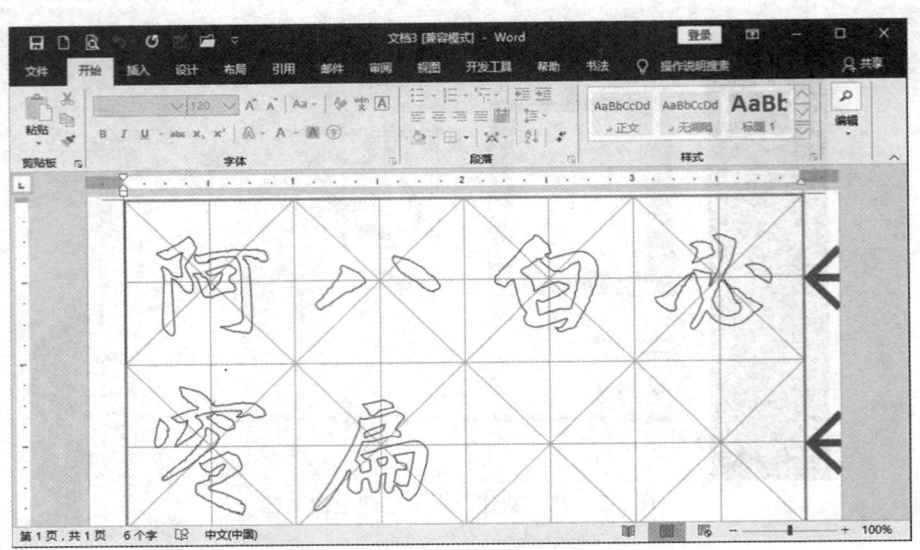

图 3-9 用"书法字帖"模板创建的新文档

（2）从"新建"页面创建基于模板的文档。在"新建"页面中单击要使用的模板图标，然后根据提示进行操作，也可创建一个基于模板的新文档，例如，向下拖动滚动条，选择"Office"模板中的"篮球约会日程表"模板图标，打开如图 3-10 所示的模板页，单击其中的"创建"按钮，即可创建一个基于"篮球约会日程表"模板的新文档。

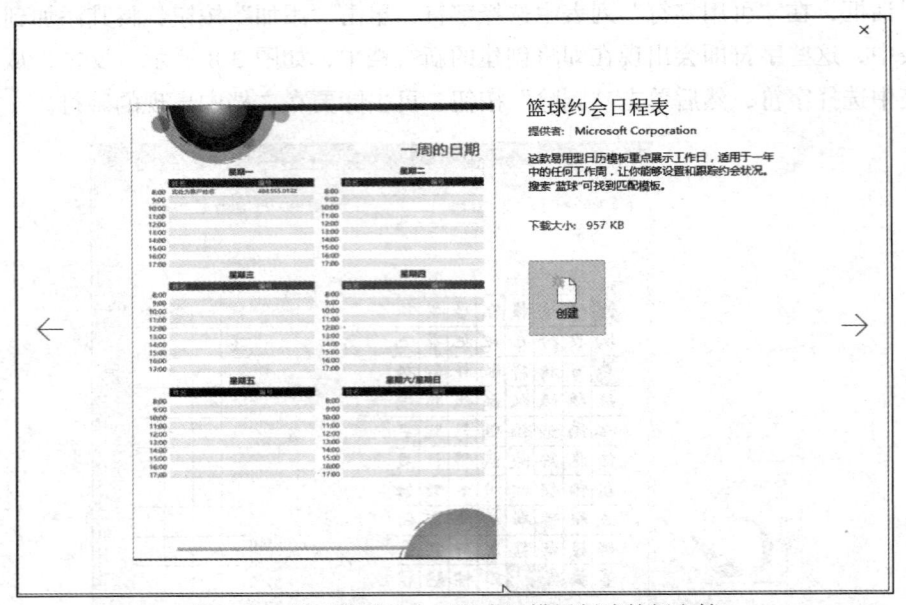

图 3-10 用"篮球约会日程表"模板创建的新文档

3.2.2 打开文档

如果已经保存有 Word 文档，当需要编辑或浏览它们时，就需要执行打开文档操作。

1. 从"开始"页面打开文档

如果当前是在"开始"页面中，可在左侧边栏中选择"打开"选项，切换到"打开"页面，单击"浏览"按钮，在弹出的"打开"窗口中选择要打开的文件，然后单击"打开"按钮，如图3-11所示。

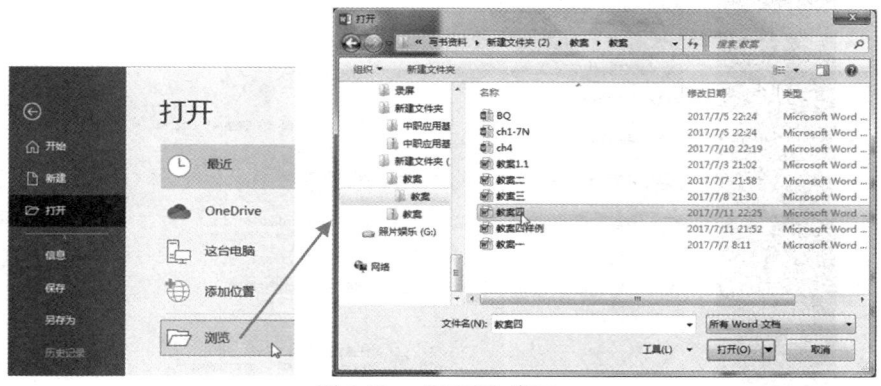

图3-11 "打开"窗口

2. 从程序主界面打开文档

如果在程序主界面中，可选择"文件"|"打开"选项，跳转到"打开"页面，单击"浏览"按钮，从弹出的"打开"对话框中选择要打开的文件，然后单击"打开"按钮。

3. 打开最近使用过的文档

如果要打开的文档是最近使用过的，可执行以下操作之一。

（1）从"开始"页面打开最近使用过的文档。"开始"页面的"最近"栏中显示了最近使用过的文档列表，单击要打开的文档的名称即可快速将其打开，如图3-12所示。

图3-12 从"开始"页面打开最近使用过的文档

（2）从程序主界面打开最近使用过的文档。如果当前是在程序主界面中，可选择"文件"选项，切换到"开始"页面，在"最近"栏中选择最近打开过的文档。

（3）从"打开"页面中打开最近使用过的文档。在"开始"页面中选择左侧栏中的"打开"选项，切换到"打开"页面，单击"最近"按钮，显示最近所用过文档的列表，选择所需文件的名称，如图 3-13 所示。

图 3-13 从"打开"页面打开最近使用过的文档

4．使用快捷键打开文档

按下"Ctrl+O"组合键，跳转到"打开"页面，选择要打开的文件。

5．打开其他格式的文件

作为最流行的文字处理软件，除了可以打开 Word 文档类型的文件外，还可以打开其他格式的文件，方法是打开"打开"对话框，单击"文件名"文本框右端的下三角按钮，弹出文件类型列表，如图 3-14 所示。选择要打开的文件类型，然后选中要打开的文件，单击"打开"按钮，即可打开相应的文件。

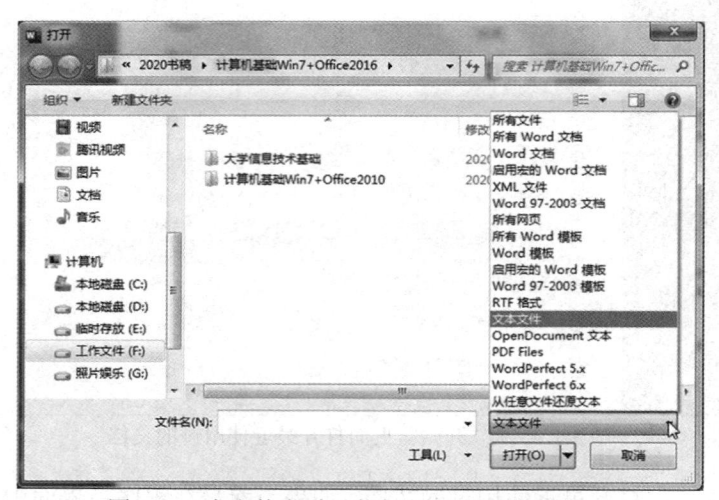

图 3-14 在文件类型列表中选择不同的文件类型

3.2.3 输入文本

要在文档中插入字符，首先要将光标定位于插入处，然后才能输入内容。对于键盘上存在的字符，可以使用键盘直接输入；若是中文汉字，则必须先选择输入法，再输入内容；而对于特殊的符号或其他对象（如图片等），则需在功能区的"插入"选项卡中进行操作。

1. 字符输入状态

字符输入有两种操作状态：插入和改写。

在"插入"状态下，输入的字符在光标右边，右边的内容自动右移；在"改写"状态下，输入的字符将光标右边字符逐个替换。按下"Insert"键即可在两种输入状态之间进行切换。

2. 特殊字符的输入

在文档中有时需要输入特殊符号，如ω、¤、Σ等，在Word 2016中提供了几百种不同的符号供用户选择。

在功能区中切换到"插入"选项卡，单击"符号"选项组中的"符号"按钮，会弹出一个下拉面板，其中显示常用的几种符号，如图3-15所示。在"符号"下拉面板中选择一个符号，即可将其插入到文档中。若下拉面板中没有要用的符号，可以在其底部选择"其他符号"选项，打开"符号"对话框，从中选择所需要的符号，如图3-16所示。在"符号"对话框中选择所需符号后，单击"插入"按钮，即可插入相应的符号。符号插入完毕，需单击对话框右上角的"✖"（关闭）按钮关闭对话框。

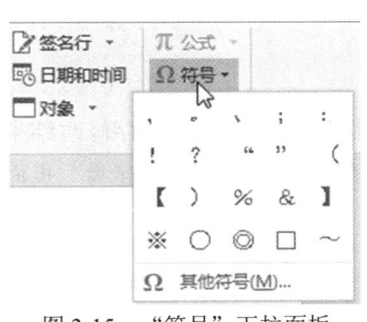

图 3-15　"符号"下拉面板

图 3-16　"符号"对话框

3. 日期和时间的输入

有些文档可能需要输入当前的日期和时间，如信件、公文等，作为功能强大的文字处理工具，Word提供了自动输入当前时间和日期的功能，方法是将插入点定位在需要输入日期和时间的位置，输入当前的年份，屏幕上即会出现一个悬浮提示框，显示当前日期和星期，按下"Enter"键即可插入到页面中，如图3-17所示。

图 3-17　自动提示的当前日期和时间

如果要使用其他的日期和时间格式，可在"插入"选项卡中单击"文本"｜"日期和时间"按钮,打开"日期和时间"对话框,在"可用格式"列表框中选择其中的一种格式,单击"确定"按钮,所选的日期和时间即可输入到文档中,如图 3-18 所示。

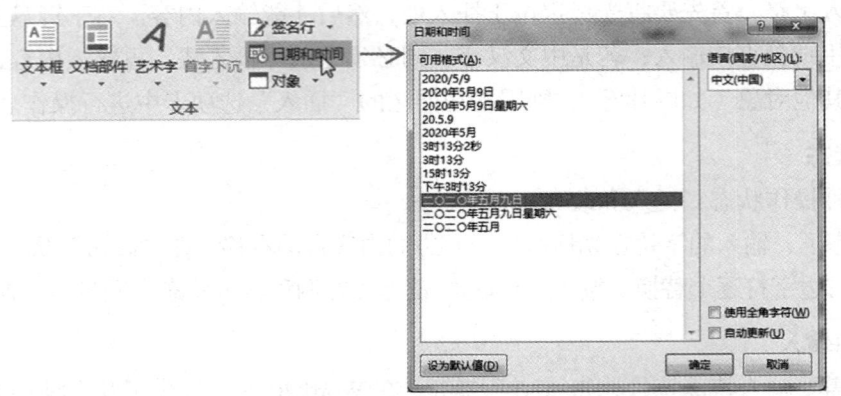

图 3-18　通过对话框插入当前日期和时间

4．字符的删除

当输入有错误时,需要将错误的字符删除。按下"Backspace"(退格)键,可每次删除光标左边的一个字符。按下"Delete"(删除)键,可每次删除光标右边的一个字符。在"改写"状态下,按下空格键,可每次删除光标右边的一个字符并添加一个空格。

3.2.4　保存文档

在文档的编辑排版过程中,应及时保存文档,以免因意外而导致前功尽弃。

1．文档的保存

Word 文档的保存有以下 3 种方法。

(1)选择"文件"|"保存"选项。如果当前文件已保存过,将直接保存修改结果,文件名、保存位置和文件类型等属性不变;如果是新文件,系统会跳转到"另存为"页面,在此可选择文档的保存位置,如图 3-19 所示。

图 3-19　"另存为"页面

单击想保存文件的位置,或者单击"浏览"按钮,打开"另存为"对话框,指定文件名、保存位置、保存类型等，然后单击"保存"按钮即可保存文档，如图 3-20 所示。

（2）选择"文件"｜"另存为"选项，跳转到"另存为"页面，再打开"另存为"窗口，指定文件名、保存位置和保存类型，然后单击"保存"按钮即可。此操作可用于保存文件的备份，通常用于与原文件不同名或不同盘符、路径或文件名的修改。

（3）单击快速访问工具栏中的"保存"按钮，可快速保存当前修改。

（4）按下"Ctrl+S"组合键，快速保存当前修改。

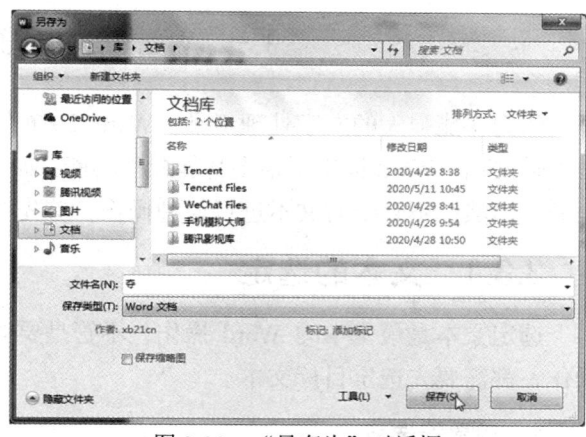

图 3-20 "另存为"对话框

2. 自动保存文档的设置

为防止突然断电或计算机其他意外故障发生死机，Word 提供了自动保存正在操作的 Word 文档的功能，系统默认时间间隔为 10 分钟，用户也可自定义时间间隔。

设置方法：选择"文件"｜"选项"选项，打开"Word 选项"对话框，切换到"保存"选项卡，在"保存自动恢复信息时间间隔"数值框中输入时间间隔，然后单击"确定"按钮即可。此外，为了保险起见，最好选中"如果我没保存就关闭，请保留上次自动恢复的版本"复选框，以便在忘记保存文件而意外关机时可以避免更大的损失，如图 3-21 所示。

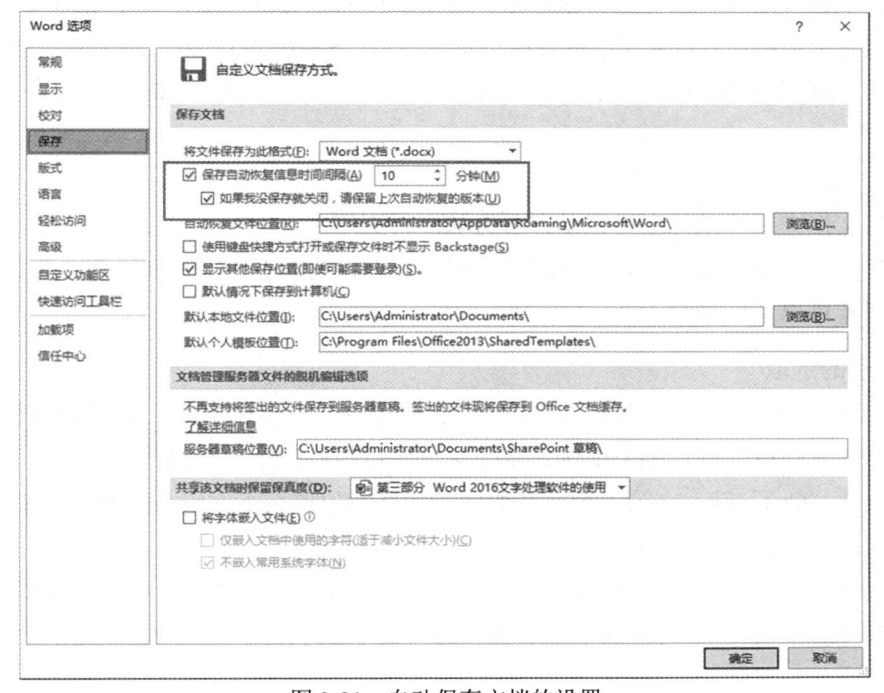

图 3-21 自动保存文档的设置

3.3　Word 2016 的文本编辑

作为功能强大的文字处理工具，Word 2016 的主要功能就是处理文字内容，为了方便用户编辑文档，Word 提供了很多智能操作功能，如文本的剪切和复制、查找和替换、撤消与恢复等，当然，不管要对文本进行何种操作，首先要选定目标文本。

3.3.1　文本的选定

选定文本是最基本的 Word 操作，不管是要对文本进行复制、删除、拖动或者格式化等操作，都需要先选定目标文本。

1．用鼠标选取

用鼠标选取文本的方法方便而简单，适用于选取大段文本。用鼠标选取文本的方法主要有以下两种。

（1）在要选取文字的开始位置，按住鼠标左键拖动到要选取文字的结束位置后松开。

（2）在要选取文字的开始位置单击鼠标，然后按住"Shift"键，在要选取文字的结束位置单击，即选取了这些文字。该方法对连续的字、句、行、段的选取都适用。

2．行的选取

分为单行的选取和多行的选取，且各有不同的选取方法。

1）单行的选取。

（1）将鼠标移动到行的左边，鼠标指针变成斜向右上方的箭头后，单击即可选取一行。

（2）将光标定位在要选取文字的开始位置，按下"Shift+End"组合键（或"Shift+Home"组合键），可以选取光标所在位置到行尾（首）的文字。也可以用"Shift"键配合其他的光标键进行选取。

2）多行的选取。

（1）在文档中按下鼠标左键拖动即可选取多行文字。

（2）配合"Shift"键，在开始行的左边单击选取该行，按住"Shift"键，在结束行的左边单击，同样可以选取多行。

3．句子的选取

如果要选取一个句子，可以将鼠标光标放在该句中，按住"Ctrl"键单击鼠标，这样单击处的整个句子即被选取；如果要选取多个句子，可执行以下任意操作。

（1）按住"Ctrl"键，在第一个要选取句子的任意位置按下左键，松开"Ctrl"键，拖动鼠标到最后一行的任意位置松开左键，即可选取多个句子。

（2）按下"Ctrl"键，在第一个要选取句子的任意位置单击鼠标，松开"Ctrl"键，按下"Shift"键，单击最后一个句子的任意位置，即可选取多个句子。

4. 段落的选取

（1）选取单段。在第一段中的任意位置双击鼠标左键，即可选取整个段落。

（2）选取多段。在左边的选取区域双击选取第一个段落，然后按住“Shift”键，在最后一个段落中的任意位置单击即可选取多个段落。

5. 矩形选取

矩形选取是指选取一个文本块，不受句子或段落的限制，如图 3-22 所示。

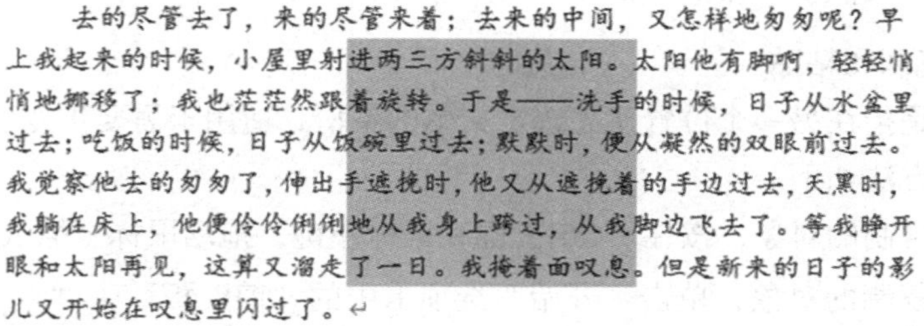

去的尽管去了，来的尽管来着；去来的中间，又怎样地匆匆呢？早上我起来的时候，小屋里射进两三方斜斜的太阳。太阳他有脚啊，轻轻悄悄地挪移了；我也茫茫然跟着旋转。于是——洗手的时候，日子从水盆里过去；吃饭的时候，日子从饭碗里过去；默默时，便从凝然的双眼前过去。我觉察他去的匆匆了，伸出手遮挽时，他又从遮挽着的手边过去，天黑时，我躺在床上，他便伶伶俐俐地从我身上跨过，从我脚边飞去了。等我睁开眼和太阳再见，这算又溜走了一日。我掩着面叹息。但是新来的日子的影儿又开始在叹息里闪过了。↵

图 3-22　选取一个矩形文本块

矩形选取的方法有以下两种。

（1）按住“Alt”键，在要选取的开始位置按下鼠标左键，拖动鼠标即可拉出一个矩形的选取区域。

（2）将光标定位在要选取区域的开始位置，同时按住“Shift”键和“Alt”键，单击要选定区域的结束位置，同样可以选中一个矩形区域。

6. 全文选取

全文选取的方法有以下 3 种。

（1）按下“Ctrl+A”组合键即可选取全文。

（2）将光标定位在文档的开始位置，再按下“Shift+Ctrl+End”组合键选取全文。

（3）按住“Ctrl”键在左边的选取区域中单击即可选取全文。

7. 扩展选取

Word 还有一种扩展的选取状态。按下“F8”键，即可进入扩展选取状态；再按一次“F8”键，可选取光标所在处的一个词；再按选取整句；再按选取整段；再按选取全文。如果要退出扩展选取状态，按下“Esc”键即可。

扩展选取状态也可以同其他的选取方式结合起来使用，进入扩展选取状态，然后按住“Alt”键单击，可以选取一个矩形区域的范围。

3.3.2　文本的移动和复制

在编辑文档时，经常会遇到需要调整文本顺序或内容的情况，这时可以通过移动或复制文本来达到目的。

1. 文本的移动

文本可以把文本从一个位置调整到另一个位置。移动文本通常有以下 3 种方法。

（1）选中要移动的对象，然后按住鼠标左键并拖动，即可移动文本。

（2）选中要移动的对象，单击"开始"选项卡中的"剪贴板"｜"✂"（剪切）按钮，然后将光标移动至要插入文字的位置，再单击""（粘贴）按钮，即可移动文本。

（3）选中要移动的对象，按下"F2"键，光标变成了虚短线，按键盘上的方向键把光标移动至要插入文字的位置，按下"Enter"键，移动文本。

2. 文本的复制和粘贴

文本的复制是指在另一个位置建立选定文本的备份，适用于需要重复引用某段文本的情况。复制文本的方法如下。

（1）选中要复制的对象，按住"Ctrl"键和鼠标左键，拖动鼠标至插入点。

（2）选中要复制的对象，单击"开始"选项卡中的"剪贴板"｜""（复制）按钮，然后将光标移动至要插入的目标位置，再单击""（粘贴）按钮。

（3）选中要复制的对象，右键单击鼠标，从弹出的快捷菜单中选择"复制"选项，然后将光标移动至要插入的目标位置，再次右键单击鼠标，从弹出的快捷菜单中选择"粘贴"选项。

3.3.3 文本的剪切和删除

文本的剪切是指将文本从当前位置剪切下来，存放到剪贴板中，之后可将其粘贴到其他位置实现文本的移动。而文本的删除则是指将文本从文档中删除，不能再将其移动至其他位置。

剪切文本的方法我们前面已经介绍过了，删除文本的方法如下。

（1）选中要删除的对象，按下"Delete"键。

（2）选中要删除的对象，单击"✂"（剪切）按钮。

（3）按下"BackSpace"键，可删除光标前面的字符。

3.3.4 文本的查找和替换

查找和替换命令是 Word 2016 中非常实用的命令，使用该命令可以快速查找所需的内容或者批量修改文档的内容。

1. 查找

使用"查找"命令可以快速查找单词、词组或其他内容。在"开始"选项卡中单击"编辑"｜"🔍"（查找）按钮，窗口左侧将出现"导航"窗格，在搜索框中输入要查找的文字，按下"Enter"键，文档窗口中即会将被找到的文字以高亮显示，如图 3-23 所示。

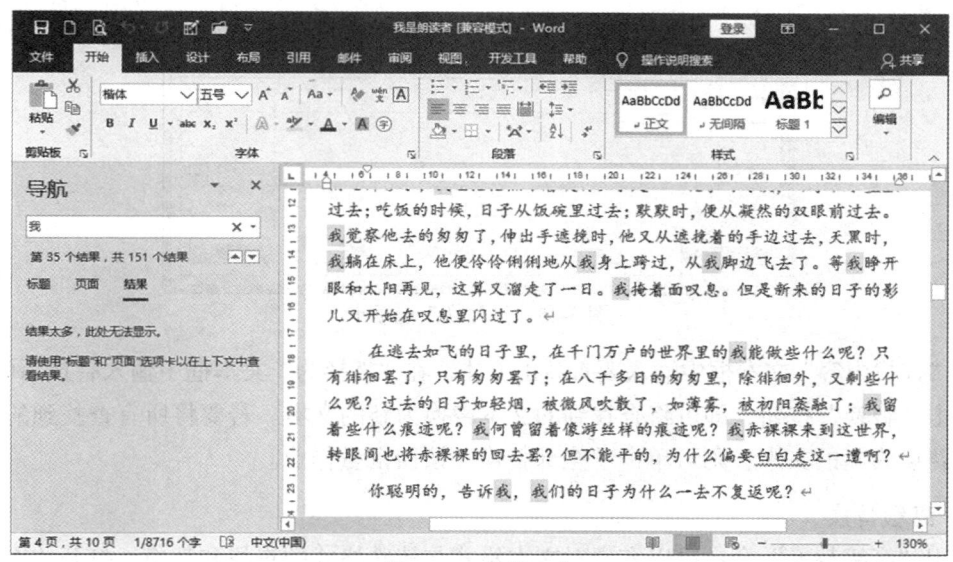

图 3-23　查找文本

2. 高级查找

若要查找特殊的字符，或特殊格式的单词和词组，可以使用"高级查找"命令来进行查找。在"开始"选项卡中单击"编辑"｜" "（查找）按钮右侧的下三角按钮，从弹出的下拉菜单中选择"高级查找"选项，打开"查找和替换"对话框，在"查找"选项卡中输入要查找的文字，并单击"阅读突出显示"按钮，从弹出的菜单中选择"全部突出显示"选项，然后单击"查找下一处"按钮，即可将被找到的内容突出显示，如图 3-24 所示。

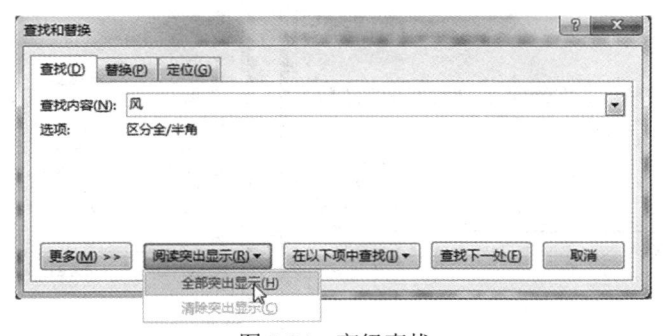

图 3-24　高级查找

3. 替换

使用"替换"命令可以将文档中需要批量修改的文字一次性或有选择地成批替换。单击"开始"选项卡中的"编辑"｜"替换"按钮，打开"查找和替换"对话框的"替换"选项卡，若已打开"查找和替换"对话框，可直接切换到"替换"选项卡，如图 3-25 所示。

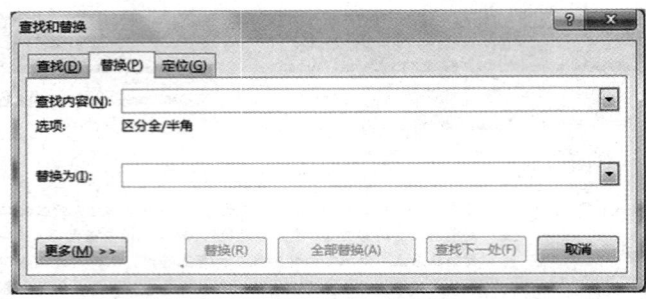

图 3-25 "替换"选项卡

在"查找内容"文本框中输入要查找的文本,在"替换为"文本框中输入替换后的文本,然后单击"替换"按钮,即可将查找到的文本替换为新的文本。若要将所有查找到的文本全部统一替换为新的文本,则可单击"全部替换"按钮批量作业。

4. 高级替换

使用"高级替换"命令可以实现对文本格式与特殊格式的查找和替换。打开"查找和替换"对话框的"替换"选项卡,在"查找内容"和"替换为"文本框中输入文本后,可单击"更多"按钮,展开更多选项,再单击"格式"下三角按钮,从弹出的下拉菜单中选择"字体"选项,打开"查找字体"对话框,在"字体"选项卡中设置文本的字体、字形、字号及效果等格式,如图 3-26 所示。

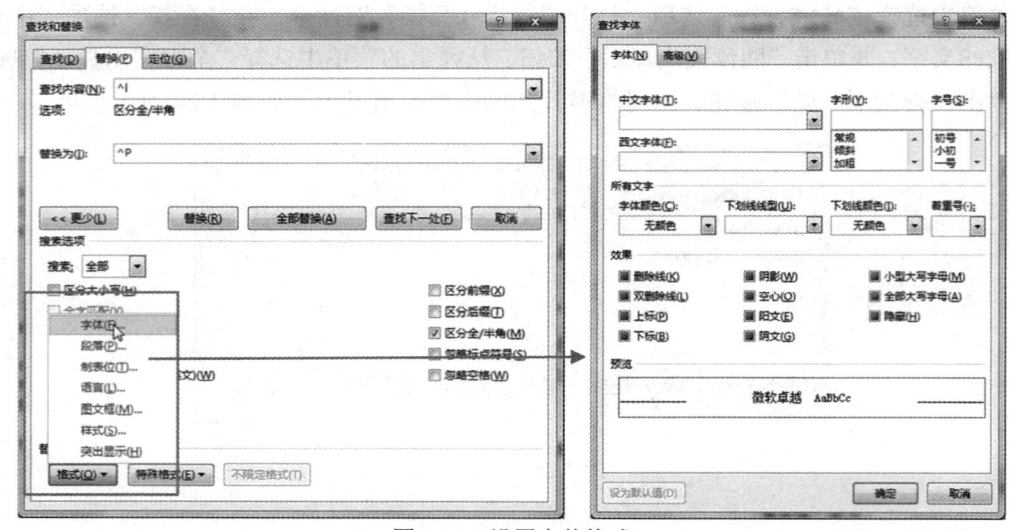

图 3-26 设置字体格式

设置完成后,单击"替换"或"全部替换"按钮,即可完成替换操作。例如,要把网上下载的文档中的手动换行符↓替换成段落标记↩,可打开"查找和替换"对话框的"替换"选项卡,在"查找内容"文本框中输入"^l",在"替换为"文本框中输入"^p",然后单击"全部替换"按钮,即可完成替换。此外,也可单击"特殊格式"按钮,选择下拉菜单中的"手动换行符"选项得到"^l",选择下拉菜单中的"段落标记"选项得到"^p"。

5. 搜索选项

在"查找和替换"对话框中单击"更多"按钮,展开对话框,可以看到有一个"搜索选项"选项组,使用这些选项可以完成查找条件、搜索范围等内容的设置,并利用取消选中或选中复选框的方法来设置搜索条件,如图 3-27 所示。

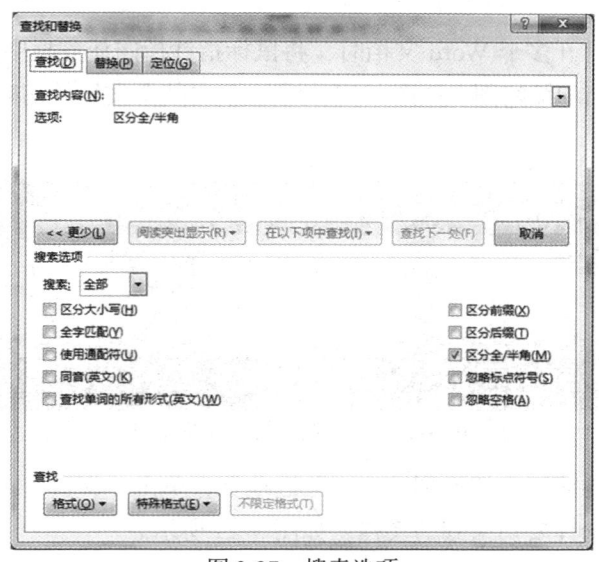

图 3-27　搜索选项

3.3.5　撤消与恢复

在文档的编辑过程中,如果对上一步操作不满意,或无意中删除了一些不应该删除的文本,可使用"撤消"命令取消对文本所做的各种操作。执行撤消操作后,还可以使用恢复操作来恢复撤消的内容。

1. 撤消操作

撤消操作通常有以下两种方法。

(1)单击"快速访问工具栏"中的" "(撤消)按钮。

(2)按下"Ctrl+Z"组合键。

如果要同时撤消多个操作,可单击"撤消"按钮右侧的下三角按钮,从弹出的列表中单击要撤消的操作,该操作之前的所有操作都会被撤消。

2. 恢复操作

恢复操作通常也有以下两种方法。

(1)单击"快速访问工具栏"中的" "(恢复)按钮。

(2)按下"Ctrl+Y"组合键。

3.3.6 多窗口和多文档编辑

Word 允许同时打开多个文档进行编辑,每个文档有一个文档窗口,用户可以在不同的文档窗口之间进行剪切、粘贴和复制操作,也可以将一个文档拆分成两个窗口。

1. 切换窗口

默认情况下,当打开多个 Word 文档时,将鼠标指针指向任务栏中的 Word 2016 程序图标,即会显示所有文档的缩略图,如图 3-28 所示。单击某个文档的缩略图,即可切换到该文档窗口。

图 3-28 任务栏中的文档缩略图

此外,也可以在功能区中切换到"视图"选项卡,单击"窗口"|"切换窗口"按钮,从弹出的下拉列表中选择要切换到的文档,如图 3-29 所示。

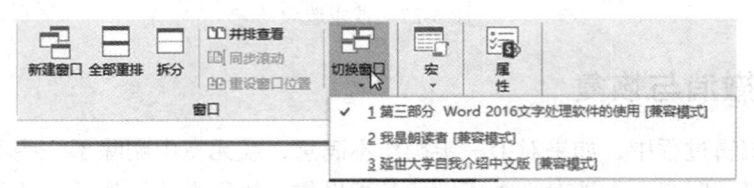

图 3-29 "切换窗口"弹出的下拉菜单

2. 排列窗口

有时候我们需要同时编辑多个 Word 文档,例如要在两个文档之间进行移动和复制文本的操作时,频繁切换窗口就显得很麻烦,这时可以通过排列窗口让它们同时显示在屏幕上,就可以方便操作了。

在任务栏的空白处右键单击,会弹出一个快捷菜单,其中包含 3 种排列窗口的方式,选择一种排列方式,即可在屏幕上同时显示所有打开的窗口,并按指定的方式进行排列,如图 3-30 所示。此外,在功能区中切换到"视图"选项卡,单击"窗口"|"全部重排"按钮,也可以在屏幕上同时显示所有打开的文档,如图 3-31 所示。

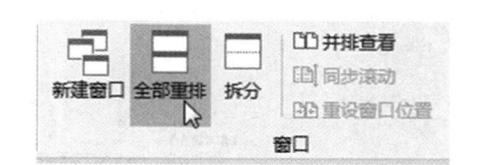

图 3-30　任务栏快捷菜单　　　　图 3-31　"视图"选项卡中的"全部重排"按钮

3．并排比较

选择一个需要进行并排查看的 Word 窗口，在"视图"选项卡中单击"窗口"｜"并排查看"按钮，打开如图 3-32 所示的"并排比较"对话框，选择要与当前窗口进行比较的窗口，单击"确定"按钮，即可在屏幕上并排显示这两个窗口。在并排比较的窗口模式下，拖动其中一个窗口的滚动条，即可同时滚动两个文档中的内容，以保证内容的同步。

4．拆分窗口与取消拆分窗口

当需要查看同一文档中不同部分的内容时，如果文档很长，而需要查看的内容又距离较远不易翻阅，可以

图 3-32　"并排比较"对话框

通过拆分文档窗口来解决问题。拆分文档窗口是文档浏览的一种方式，可以将当前窗口分为两个部分，不会对文档整体造成任何影响，将拆分窗口浏览完毕后，可以通过取消拆分窗口将其恢复原状。

1）拆分窗口。

拆分文档窗口有两种方法。

（1）在"视图"选项卡中单击"窗口"｜"拆分"按钮，文档窗口中会出现一条横线，用于选择要拆分的位置，单击鼠标左键，就可以将当前窗口拆分为两个子窗口。

（2）在窗口右侧滚动条上部的横线，鼠标呈现中间双线，并且有上下箭头，按住向下拖动即可。

拆分以后的两个窗口属于同一窗口的子窗口，各自独立工作，用户可以同时操作两个窗口，迅速地在文档的不同位置之间进行切换，如图 3-33 所示。

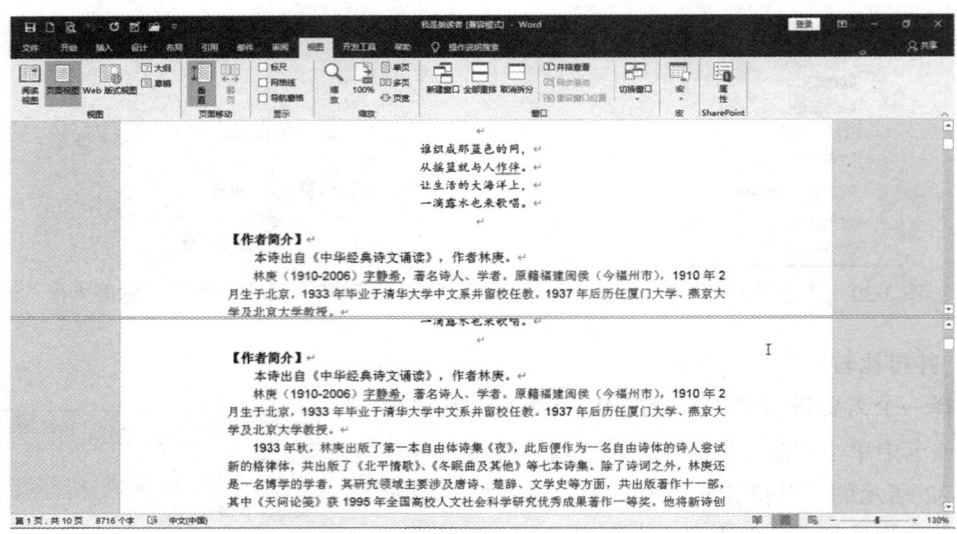

图3-33 拆分窗口

2）取消拆分窗口。

在Word文档中拆分窗口后，原来的"拆分"按钮会自动变成"取消拆分"按钮。取消拆分窗口有以下两种方法。

（1）在"视图"选项卡中单击"窗口"｜"取消拆分"按钮。

（2）在窗口拆分线上，按住鼠标拖动到窗口的最上面（即滚动条上部的横线上面）。

3.4 Word 2016 文档排版

文档的排版是Word文字处理的一项重要工作，通过对文档中的内容进行不同的字体、字号、颜色设置可以让一篇普通的文章从外观看起来主次分明。而且在生活和工作中我们常常需要面对很多约定俗成的具有特定格式的文字资料，这时学会排版就显得格外重要。

3.4.1 字符格式化

字符格式设置主要包括对各种字符的大小、字体、字形、颜色和字间距等进行定义。能对字符设置什么样的字体，取决于用户计算机中安装了什么字体库，默认情况下，Office会提供一些常用的字体。

字符格式是指对英文字母、汉字、数字和各种符号等进行的外观格式设置。字符格式一般都能在"开始"选项卡中的"字体"选项组中设置，也可以通过"字体"对话框进行设置。打开"字体"对话框的方法有以下两种。

（1）在"开始"选项卡中单击"字体"选项组右下角的"　"（字体）按钮，即可打开"字体"对话框。

（2）选择并右键单击文本对象，从弹出的快捷菜单中选择"字体"选项，即可打开"字体"对话框。

"字体"对话框包含"字体"和"高级"两个选项卡,在"字体"选项卡中可以设置字符的字体、字号、字形、字体颜色以及其他特殊效果等,如图 3-34 所示。在"高级"选项卡中可以设置字符横向缩放的比例、字符与字符之间的距离等,如图 3-35 所示。

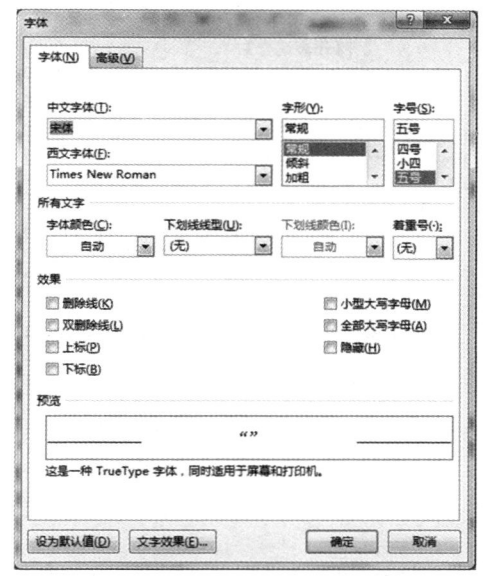

图 3-34 "字体"对话框的"字体"选项卡 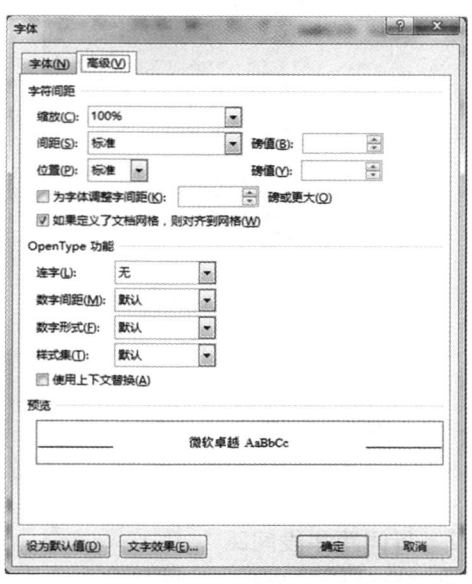　　图 3-35 "字体"对话框的"高级"选项卡

3.4.2 段落格式化

段落排版包括对齐方式、缩进、调整段间距和行间距等。这里所说的段落是指以回车键为结束的一段文字,也可以是任意的文本或图形。

1. 段落缩进

段落缩进包括首行缩进、悬挂缩进、左缩进和右缩进。首行缩进用于调整段落的第一行第一个字的起始位置;悬挂缩进用于调整段落除第一行外其他各行的起始位置;左缩进和右缩进用来改变段落距左、右边界的位置。设置段落缩进的方法有以下几种。

(1)在"开始"选项卡中单击"段落"选项组右下角的" "(段落)按钮,打开"段落"对话框,在"缩进和间距"选项卡中可以对常用的段落格式进行设置,如图 3-36 所示。

(2)在"视图"选项卡中选中"显示"|"标尺"复选框,显示标尺,然后选取需要进行缩进的段落,再拖动标尺上相应的缩进标志到适当的位置,即可完成段落的缩进,如图 3-37 所示。

图 3-36　"段落"对话框的"缩进和间距"选项卡 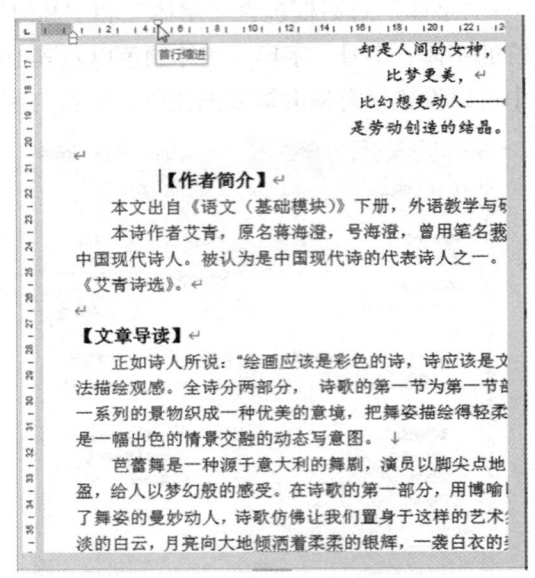　　　图 3-37　页边距上的标尺标志

2. 行间距和段间距

对段落的段间距及行间距进行设置，可以使段落的格式整齐美观，具体操作方法如下。

选取要排版的文本，在"开始"选项卡中单击"段落"选项组右下角的"　"（段落）按钮，打开"段落"对话框，在"缩进和间距"选项卡中的"间距"选项组中输入"段前"和"段后"的值，并在"行距"下拉菜单中选择需要的行间距或输入一定的值即可。

3. 对齐方式

对齐方式是指文本在页面的水平摆放位置，默认状态下采用两端对齐方式。

在"开始"选项卡的"段落"选项组中有 5 个段落对齐方式选项，分别是"左对齐""居中""右对齐""两端对齐"和"分散对齐"，选取段落文本，或者将插入指针定位在要设置对齐方式的段落中，然后选择某一选项即可为该段落应用相应的对齐方式。

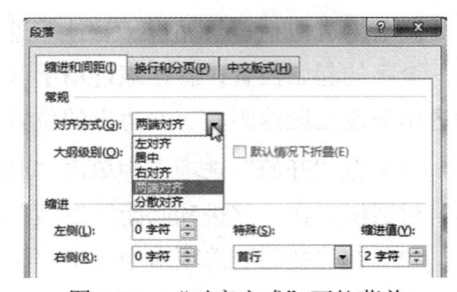

此外，也可打开"段落"对话框，在"缩进和间距"选项卡中的"对齐方式"下拉菜单中选择对齐方式，如图 3-38 所示。

图 3-38　"对齐方式"下拉菜单

3.4.3　添加边框和底纹

Word 能够为指定字符、段落或者整个页面设置边框和底纹，这样可以使文档看起来更加美观。

1. 字符边框、底纹的设置

为字符设置边框、底纹的方法主要有以下两种。

（1）选取要设置边框或底纹的字符，然后在"开始"选项卡中单击"字体"选项组中的"A"（字符边框）按钮，可为字符添加边框，单击"A"（字符底纹）按钮则可为字符添加底纹。

（2）选取要设置边框或底纹的字符，然后在"设计"选项卡中单击"页面背景"选项组中的"页面边框"按钮，打开"边框和底纹"对话框，切换到"边框"选项卡，在"应用于"下拉菜单中选择"文字"选项，然后在"设置"栏中选择边框样式，再在"样式""颜色""宽度"下拉菜单中分别选择边框的线条样式、颜色和宽度，即可为字符添加边框效果，如图 3-39 所示。切换到"底纹"选项卡，可以为字符指定底纹的颜色或图案，如图 3-40 所示。

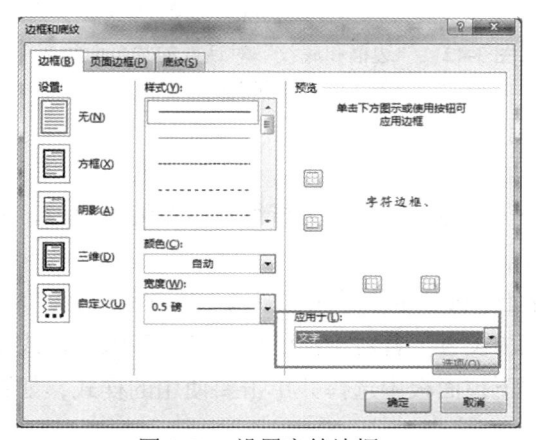

图 3-39　设置字符边框　　　　　　　图 3-40　设置字符底纹

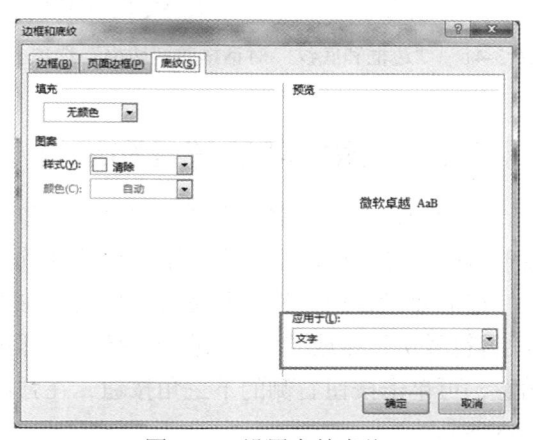

2. 段落边框、底纹的设置

设置段落边框或底纹的方法也有两种，一种是选取整个段落文字，在"开始"选项卡中单击"字体"选项组中的"A"（字符边框）按钮或"A"（字符底纹）按钮；另一种是将插入点置入要设置边框或底纹的段落中，然后单击"页面边框"按钮，打开"边框和底纹"对话框，在"边框"和"底纹"选项卡中选择"应用于"下拉菜单中的"段落"选项，并指定边框和底纹的样式、颜色或图案等，如图 3-41 所示。

3. 页面边框的设置

在 Word 中可以为整个页面设置边框，但不能设置底纹。页面边框可以应用于整篇文档或文档中的某一节，也可以仅应用于某一节的首页或除首页外的其他页面。

设置页面边框的操作要在"边框和底纹"对话框的"页面边框"选项卡中进行。在"设计"选项卡中单击"页面背景"选项组中的"页面边框"按钮，打开"边框和底纹"对话框，切换到"页面边框"选项卡，设置边框的线条样式、颜色、宽度或者艺术图案等。如果要将页面边框应用于某一节或该节中的页面，则要注意必须在"应用于"下拉菜单中选择要应用的范围，如图 3-42 所示。

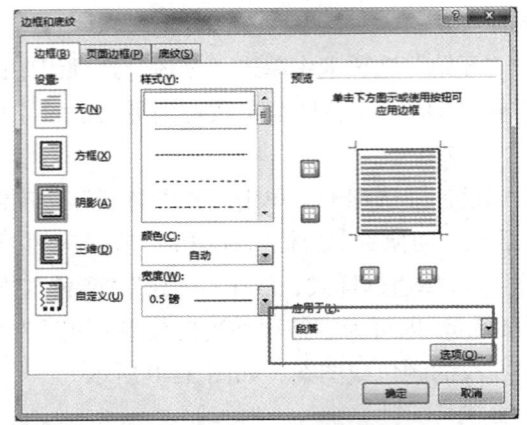

图 3-41 "边框和底纹"对话框的"边框"选项卡

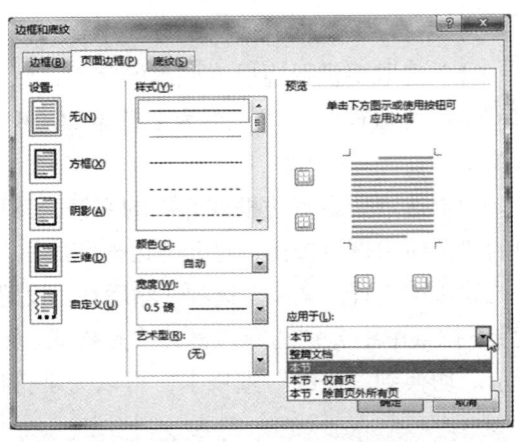

图 3-42 "边框和底纹"对话框的"页面边框"选项卡

3.4.4 添加项目符号和编号

在 Word 中，经常要用到"项目符号和编号"功能。编号分为行编号与段编号两种，项目符号则是在一些段落前面加上完全相同的符号。

选取要设置项目符号和编号的段落，在"开始"选项卡中单击"段落"选项组中的"≡"（项目符号）按钮或"≡"（编号）按钮，即可完成设置。若对当前的项目符号和编号样式不满意，可单击按钮右侧的下三角按钮，在弹出的下拉面板中选择并单击要使用的样式，如图 3-43 所示。

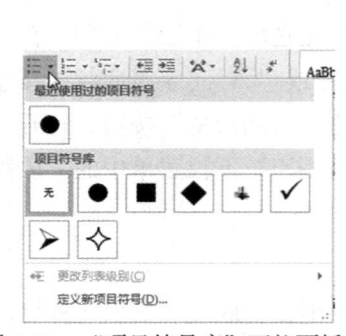

图 3-43 "项目符号库"下拉面板（左）和"编号库"下拉面板（右）

3.4.5 分栏排版

使用 Word 的分栏排版功能，可以在文档中建立不同数量或不同版式的栏。用户可以控制栏数、栏宽和栏间距，还可以设置分栏的长度。设置分栏后，Word 的正文将逐栏排列，分栏设置使排版的文档版面更美观、生动，且更具有可读性。

分栏排版的方法有以下两种。

（1）选取要分栏的段落，在"布局"选项卡中单击"页面设置"选项组中的"栏"按钮，在弹出的下拉面板中选择分栏数，如图3-44所示。

（2）选取要分栏的段落，在"布局"选项卡中单击"页面设置"选项组中的"栏"按钮，在弹出的下拉面板中选择"更多栏"选项，打开"栏"对话框，设置栏数、栏宽和栏间距等，如图3-45所示。

图3-44　"栏"下拉面板　　　　　　　　　图3-45　"栏"对话框

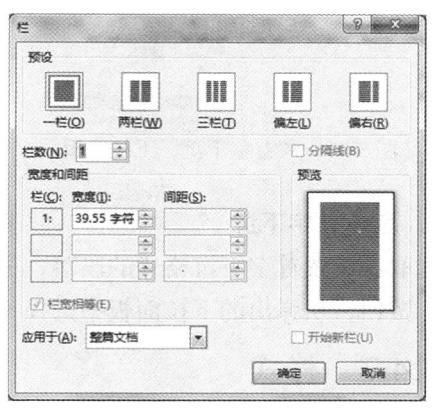

3.4.6　首字下沉

首字下沉通常用于文档的开始位置。在报刊文章上，经常看到某段文字的第一个字比较大，这就是使用了"首字下沉"的格式设置，首字下沉效果可以使文档显得充满活力，如图3-46所示。

图3-46　首字下沉效果

1. 创建首字下沉

选取要设置首字下沉的段落，然后在"插入"选项卡中单击"文本"选项组中的"首字下沉"按钮，从弹出的下拉面板中选择下沉方式，即可为段落的第一个字设置下沉效果，如图3-47所示。如果要具体设置字体、下沉行数、距正文距离等选项，可选择最下面的"首字下沉选项"选项，打开"首字下沉"对话框进行设置，如图3-48所示。

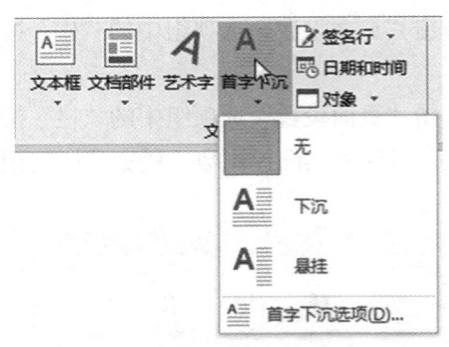

图 3-47 "首字下沉"下拉面板　　　　图 3-48 "首字下沉"对话框

2. 取消首字下沉

选取已设置首字下沉格式的段落，在"插入"选项卡中单击"文本"选项组中的"首字下沉"按钮，从弹出的下拉面板中选择"无"选项，即可取消首字下沉样式。

3.4.7　样式

样式是 Word 中功能强大的工具之一。使用样式可以简化排版操作，对于一个设计好的样式可以重复使用，尤其对于不同的文本和不同的段落要保持相同的风格，使用样式来操作既方便又简单。

1. 样式的概念

样式可分为字符样式和段落样式两种。只包含字符、字体、字符颜色等字符格式的样式称为字符样式；包含字体、段落格式、制表符、边框、图文框和编号等格式的样式则称为段落样式。

2. 样式应用

Word 2016 提供了大量的标准样式，并且允许用户自定义样式。应用样式的方法如下。

（1）将插入点置于要应用样式的文字或段落中，或者选取要应用样式的段落或字符，然后在"开始"选项卡的"样式"选项组中打开"样式"下拉面板，选择所需要的样式，如图 3-49 所示。

（2）选取要设置样式的文本，在"开始"选项卡中单击"样式"选项组右下角的" "按钮，打开"样式"窗口，在列表框中单击某种样式，指定样式就会应用到选取的字符或段落上，如图 3-50 所示。单击"样式"窗口右上角的" "（关闭）按钮可以将其关闭。

图 3-49　"样式"下拉面板　　　　　　　图 3-50　"样式"窗口

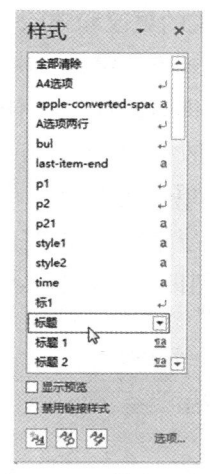

3. 创建样式

当 Word 2016 内置样式中没有所需要的样式时，用户可以创建新样式。新样式应包括创建字符类型样式和段落类型样式两种，具体操作步骤如下。

选取某一段文本，在"开始"选项卡中打开"样式"下拉面板，选择底部的"创建样式"选项，打开"根据格式化创建新样式"对话框，在"名称"文本框中输入新的样式名，然后单击"修改"按钮，在打开的对话框中即可重新设置段落、字符、编号等格式，如图 3-51 所示。设置完毕，单击"确定"按钮，即可保存新的样式。新建字符样式的方法和新建段落样式的方法一样，只要在"样式类型"下拉列表中选择"字符"选项即可。

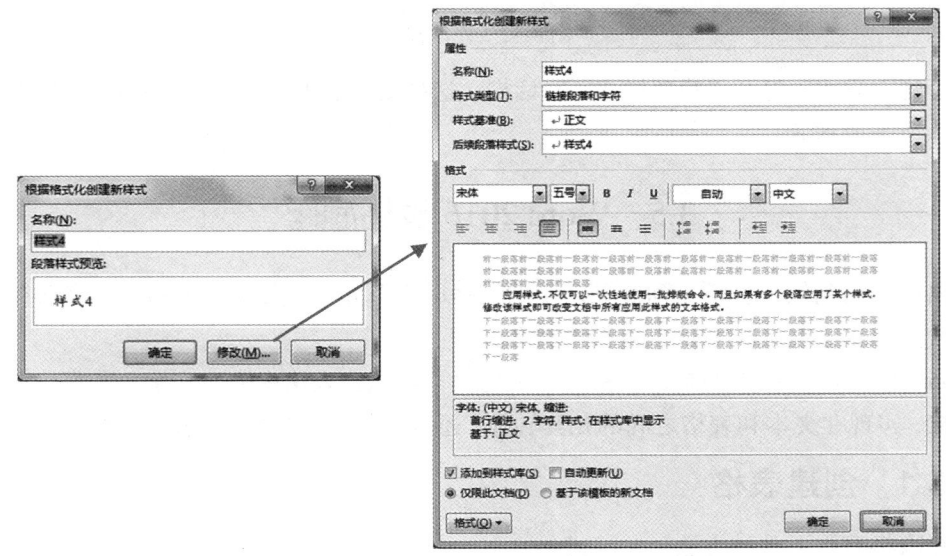

图 3-51　"根据格式化创建新样式"对话框

4. 样式的更改和删除

应用样式不仅可以一次性地使用一批排版命令，而且如果有多个段落应用了某个样式，修改该样式即可改变文档中所有应用此样式的文本格式。

（1）更改样式。在"开始"选项卡中单击"样式"选项组右下角的"🔲"按钮，打开"样式"窗口，单击底部的"🗗"（管理样式）按钮，打开"管理样式"对话框，在"编辑"选项卡中选择要编辑的样式，然后单击"修改"按钮，打开"修改样式"对话框，更改后单击"确定"按钮即可，如图 3-52 所示。

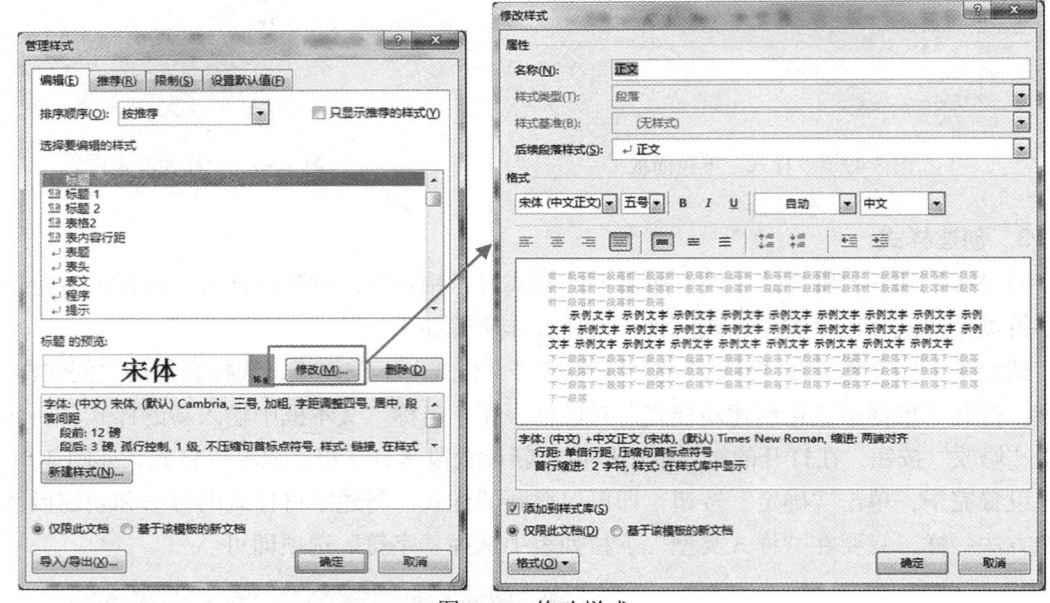

图 3-52　修改样式

（2）删除样式。打开"管理样式"对话框，选择要删除的样式名称，单击"删除"按钮，即可删除所选的样式。

3.5　Word 2016 表格制作

表格由行与列构成，行与列交叉产生的方格即为单元格。使用表格可以将各种信息简明扼要地表达出来，又便于对信息进行调整和处理。

Word 2016 具有强大的制作表格和编辑功能，可以在表格中输入文字、数据、图形或建立超链接，实现在文本和表格之间的相互转换，还可以对表格中的数据进行排序和统计处理。

3.5.1　创建表格

创建表格有以下几种方法。

1. 用可视方式创建表格

将光标移动到要插入表格的位置，在"插入"选项卡中单击"表格"|"表格"按钮，弹出下拉面板，按下鼠标左键并在"插入表格"栏中拖动，指针拖动的地方会高亮显示，并在标题栏中显示行列数，如图 3-53 所示。到达所需的行列数后，释放鼠标左键即可在文档中插入相应表格。

2. 在"插入表格"对话框中创建表格

将光标移动到要插入表格的位置，在"插入"选项卡中单击"表格"|"表格"按钮，从弹出的下拉面板中选择"插入表格"选项，打开"插入表格"对话框，指定表格的列数和行数，并在"'自动调整'操作"选项栏中选择调整方式，然后单击"确定"按钮，即可创建一个表格，如图 3-54 所示。

图 3-53　在"表格"下拉面板中拖动鼠标创建表格　　　图 3-54　"插入表格"对话框

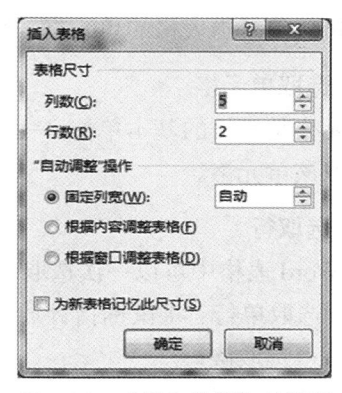

3. 绘制表格

使用"绘制表格"工具，可以很方便地绘制和修改表格，尤其是绘制一些不规则的表格，如图 3-55 所示。

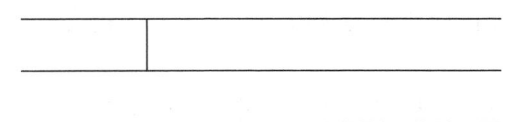

图 3-55　绘制表格

将光标移动到插入表格的位置，单击"插入"选项卡中的"表格"|"表格"按钮，在弹出的下拉面板中选择"绘制表格"选项，然后将鼠标指针移动到编辑区即可绘制表格外框、横竖线或斜线。在鼠标指针绘制表格的同时，在选项卡标签栏中会出现表格工具，其中包含"设计"和"布局"两个选项卡，如图 3-56 所示。表格绘制好后，再次单击"绘制表格"按钮，即可退出绘制表格的状态。对于绘制好的表格可以选择需要的"表格样式"选项，通过使用"设计"选项卡"边框"选项组中的工具可以绘制出更加复杂的表格。

图 3-56 表格工具

3.5.2 编辑表格

在文档中插入表格后，如果对创建的表格不满意，用户可以对表格进行编辑。表格操作同样具有"先选取后操作"的特点，必须先选择要操作的表格对象，然后对表格对象进行操作。

3.5.2.1 表格的选取

表格对象是指表格的单元格、行、列和整个表格等。

1. 选取单元格

单元格是表格的基本单位，一个单元格就相当于一个独立的文档。在某个单元格中单击，即可选取该单元格。

2. 选取行

在 Word 表格中可以一次选取一行，也可以同时选取多行。

（1）选取单行：将鼠标指针放在要选取行的左侧，当指针形状变成向右斜指的箭头时单击，即可选取该行。

（2）选取多行：将鼠标指针放在要选取行的起始行左侧，当指针形状变成向右斜指的箭头时，拖动鼠标即可选取多行。

3. 选取列

选取列的操作与选取行的操作类似，只不过需要将鼠标指针放在选取列的上方。

（1）选取单列：将鼠标指针放在要选取列的上方，当指针形状变成向下的黑色箭头时单击，即可选取该列。

（2）选取多列：将鼠标指针放在要选取列的起始列上方，当指针形状变成向下的黑色箭头时，拖动鼠标即可选取多列。

4. 选取整个表格

选取整个表格的方法有以下两种。

（1）在表格的任一单元格中单击，然后在表格工具的"布局"选项卡中单击"表"|"选择"按钮，从弹出的下拉菜单中选择"选择表格"选项，如图 3-57 所示。

（2）将鼠标移到表格的左上角，当出现制表符图标时，单击该制表符，即可选取整个表格，如图 3-58 所示。

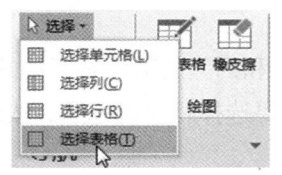

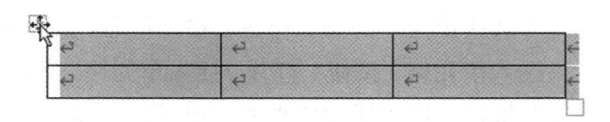

图 3-57　"选择"下拉菜单　　　　　　图 3-58　单击制表符选取表格

3.5.2.2　在表格中插入行和列

当需要在表格中插入行时，可以指定插入行相对于基准行的位置。基准行即插入行时插入点所在的行。

1. 插入行

将插入点定位于要插入行的位置，然后在表格工具的"布局"选项卡"行和列"选项组中单击"在上方插入"或"在下方插入"按钮，即可在插入点所在行的上方或下方插入一行，如图 3-59 所示。该操作可重复执行，以便插入多行。

2. 插入列

将插入点定位于要插入列的位置，然后在表格工具的"布局"选项卡"行和列"选项组中单击"在左侧插入"或"在右侧插入"按钮，即可在插入点所在列的左侧或右侧插入一列。该操作可重复执行，以便插入多列。

3.5.2.3　在表格中删除行和列

将插入点定位于要删除的行或列中，在表格工具的"布局"选项卡"行和列"选项组中单击"删除"按钮，从弹出的下拉菜单中选择"删除行"或"删除列"选项，即可删除插入点所在的行或列，如图 3-60 所示。

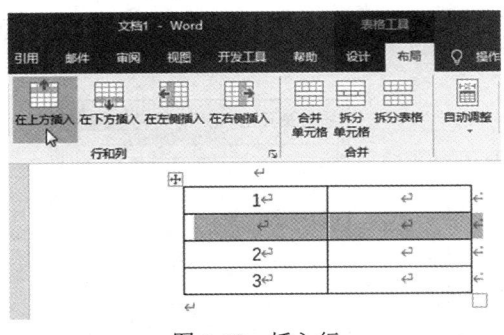

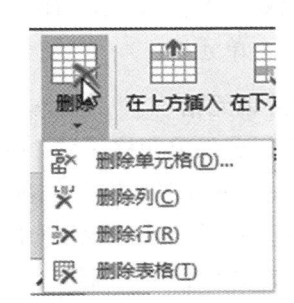

图 3-59　插入行　　　　　　　　　　图 3-60　"删除"下拉菜单

3.5.2.4　在表格中添加单元格或删除单元格

添加和删除单元格的操作需要打开相应的对话框进行操作。

1. 添加单元格

选择单元格的插入位置，在"布局"选项卡中单击"行和列"选项组右下角的"▣"（表格插入单元格）按钮，打开"插入单元格"对话框，根据需要选择相应的选项，然后单击"确定"按钮，即可添加所需要的单元格，如图3-61所示。

2. 删除单元格

在表格中选取要删除的单元格，在"布局"选项卡中单击"行和列"｜"删除"按钮，从弹出的下拉菜单中选择"删除单元格"选项，打开"删除单元格"对话框，根据需要选择相应的选项，然后单击"确定"按钮，即可删除选取的单元格，如图3-62所示。

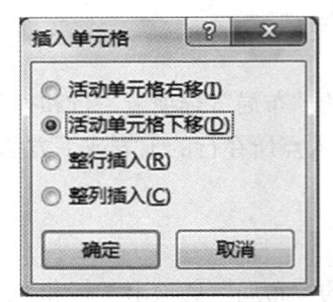

图3-61 "插入单元格"对话框

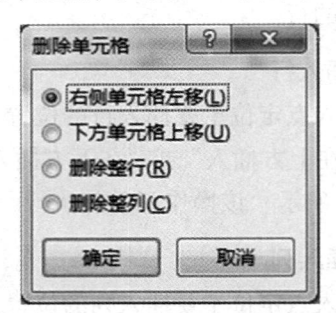

图3-62 "删除单元格"对话框

3.5.2.5 合并和拆分单元格

可以将相邻的两个单元格或者多个单元格组成的矩形区域合并为一个单元格，也可以将一个单元格拆分成两个或多个单元格。

1. 合并单元格

选取要合并的单元格区域，在"布局"选项卡中单击"合并"｜"合并单元格"按钮，或者单击鼠标右键，从弹出的快捷菜单中选择"合并单元格"选项，即可将选定的多个单元格合并为一个单元格。

2. 拆分单元格

选取要拆分的单元格区域，在"布局"选项卡中单击"合并"｜"拆分单元格"按钮，或者单击鼠标右键，从弹出的快捷菜单中选择"拆分单元格"选项，打开"拆分单元格"对话框，在"列数"和"行数"文本框中输入要拆分的数目，单击"确定"按钮，即可将选取的单元格拆分成多个单元格，如图3-63所示。

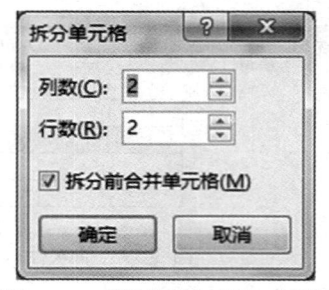

图3-63 "拆分单元格"对话框

3.5.3 表格格式设置

在 Word 中，为了使表格更加美观，有时要对整个表格进行格式设置，如设置表格的边框和底纹、表格中数据的外观格式、表格中数据的对齐等。

3.5.3.1 表格边框和底纹的设置

通过设置表格的边框和底纹效果，可以使表格变得更加美观。

1. 设置表格边框

设置表格边框的方法主要有两种，一种是通过表格的边框工具进行设置，一种是通过"边框和底纹"对话框进行设置。

（1）通过表格的边框工具设置表格边框。

切换到表格工具的"设计"选项卡，使用"边框"选项组中的"边框样式""边框粗细""笔样式""笔颜色"等设置线条的格式，然后单击"边框"|"边框刷"按钮，在表格边框上拖动，即可更改边框效果，如图 3-64 所示。

（2）通过"边框和底纹"对话框设置表格边框。

将插入点定位于要添加边框的表格中，如果只对单元格设置边框，则选取单元格，然后在表格工具的"设计"选项卡中单击"边框"选项组右下角的" "（边框和底纹）按钮，打开"边框和底纹"对话框，切换到"边框"选项卡，即可设置边框的样式、颜色、宽度及位置等，如图 3-65 所示。

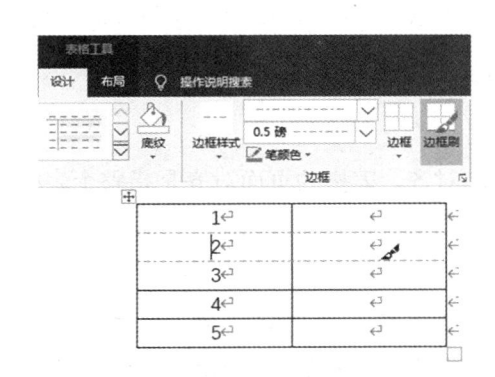

图 3-64　用边框工具设置表格边框 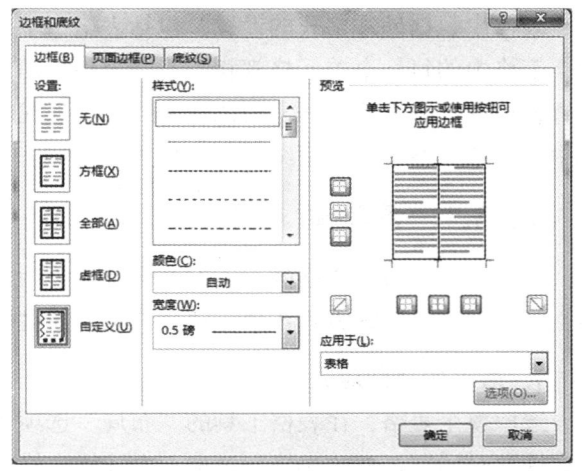　　图 3-65　"边框和底纹"对话框的"边框"选项卡

2. 设置表格底纹

设置表格底纹的方法也有两种，一种是通过表格的底纹工具进行设置，一种是通过"边框和底纹"对话框进行设置。

（1）通过表格的底纹工具设置表格底纹。

切换到表格工具的"设计"选项卡，单击"边框" | "底纹"按钮下方的下三角按钮，从弹出的下拉面板中选择底纹颜色，如图 3-66 所示。

（2）通过"边框和底纹"对话框设置表格底纹。

如果想要设置图案底纹，可将插入点定位于要添加底纹的表格中，如果只对单元格设置底纹，则选取单元格，然后在表格工具的"设计"选项卡中单击"边框"选项组右下角的" "（边框和底纹）按钮，打开"边框和底纹"对话框，切换到"底纹"选项卡，在"图案"选项栏中选择底纹的样式和颜色，即可设置图案底纹，如图 3-67 所示。

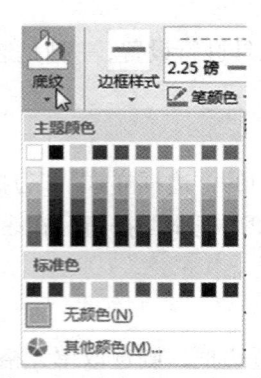

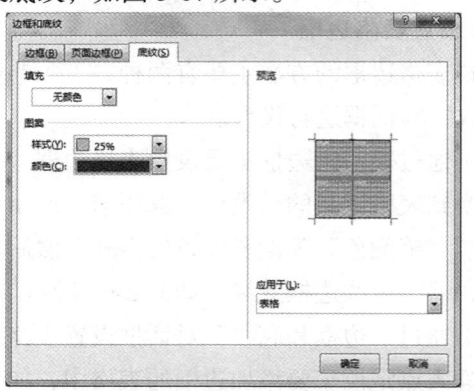

图 3-66　"底纹"下拉面板　　　　　图 3-67　"边框和底纹"对话框的"底纹"选项卡

3.5.3.2　表格中数据外观格式的设置

表格中数据外观格式的设置，包括表格中字体、字号、字形，以及颜色的设置。

表格中的每一个单元格都相当于一个独立的文档，其中数据的格式设置方法与在文档中设置普通文本的方法一样。当选取一行、一列或者整个表格时，可以对该行、该列或整个表格中所有单元格中的数据统一进行格式设置。

3.5.3.3　表格的对齐

表格的对齐包括表格的页面对齐和单元格中数据的对齐。表格的页面对齐是指整个表格在文档页面中的对齐方式；单元格中数据的对齐则是指数据在单元格中的对齐方式。

1. 表格的页面对齐

选取整个表格，在表格工具的"布局"选项卡中单击"表" | "属性"按钮，打开"表格属性"对话框，在"表格"选项卡中选择表格的对齐方式，然后单击"确定"按钮，即可将表格按指定方式在页面中对齐，如图 3-68 所示。

2. 单元格中数据的对齐

选取单元格，然后在表格工具的"布局"选项卡中单击"对齐方式"选项组的某个对齐方式工具按钮，即可将数据按指定方式在单元格中对齐，如图 3-69 所示。

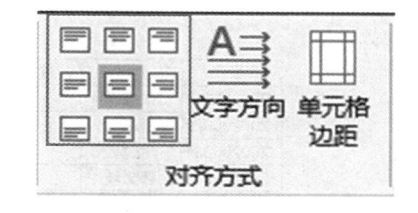

图 3-68　"表格属性"对话框的"表格"选项卡　　　图 3-69　"布局"选项卡中的对齐方式工具

3.5.4　表格的排序与计算

在 Word 中，可以按照递增或递减的顺序将表格中的内容按笔画、字母、数字或日期进行排序，而在单元格中插入公式则可以进行计算，并将结果显示在单元格中。

1. 表格的排序

在表格工具的"布局"选项卡中单击"数据"｜"排序"按钮，打开"排序"对话框，输入关键字、数据类型等排序条件，然后选中"升序"或"降序"单选按钮，即可按升序或降序对数据进行排序，如图 3-70 所示。

2. 表格的计算功能

Word 表格通过内置的函数功能，可以帮助用户完成常用的数学计算。表格中的列号的标识依次为 a，b，c，d，…，行号的标识依次为 1，2，3，4，…，因此对应的单元格的标识依次为 a1，b2，c3，d4，…。利用该单元格的标识可以对表格中的数据进行计算。

在 Word 2016 的表格中实现公式运算，需先将光标定位在需要计算数据的单元格，然后在表格工具的"布局"选项卡中单击"数据"｜"公式"按钮，打开"公式"对话框，输入正确的计算公式，单击"确定"按钮即可，如图 3-71 所示。

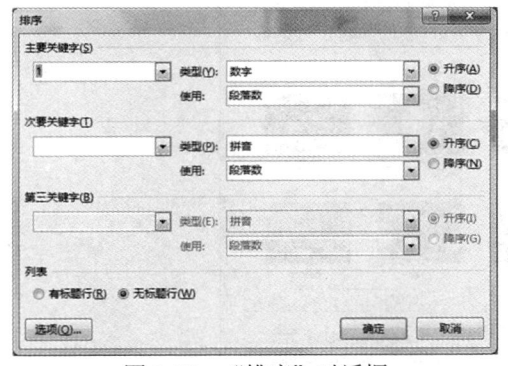

图 3-70　"排序"对话框　　　图 3-71　"公式"对话框

例如，要计算图 3-72 考试成绩统计表中学号为 20020601 的学生的总成绩，可在 G2 单元格（"总成绩"下方的单元格）中单击，然后单击"布局"选项卡中的"数据" | "公式"按钮，打开"公式"对话框，在"公式"框中输入"=SUM(LEFT)"，单击"确定"按钮，即可得出该学生的总成绩，如图 3-71 所示。

考试成绩统计表

学号	姓名	成绩1	成绩2	成绩3	成绩4	总成绩
20020601	张成祥	97	94	93	93	377
20020602	唐来云	80	73	69	87	
20020603	张雷	85	71	67	77	
20020604	韩文岐	88	81	73	81	

图 3-72　在表格中计算

3.6　Word 2016 的图形功能

图形处理是 Word 软件的重要功能之一。作为一款优秀的文字处理软件，Word 可以实现对多种图形的绘制、缩放、插入和修饰等操作，还可以实现图文混排。

3.6.1　插入图片

在 Word 2016 中，可以向文档中插入本机或连接到的其他计算机中的图片、各种联机来源中的图片或屏幕截图，其中屏幕截图是指桌面上任何已打开的窗口的快照，这项功能的添加使得用户有了更多的创作可能。

1. 插入本机图片

确定要插入图片的位置，在"插入"选项卡中单击"插图" | "图片"按钮，打开"插入图片"窗口，在左窗格中选择图片文件所在的位置，然后在图片列表中选中图片文件，单击"插入"按钮，即可将图片插入到指定的位置，如图 3-73 所示。

图 3-73　"插入图片"窗口

2. 插入联机图片

在"插入"选项卡中单击"插图"|"联机图片"按钮，打开如图 3-74 所示的"插入图片"对话框，在这里可以搜索联机图片，例如在"必应图像搜索"框中输入"马"，然后单击"搜索"按钮（放大镜图标），转到"联机图片"对话框，显示从网络中找到的各种马的图片，如图 3-75 所示。选择所需的图片，单击"插入"按钮即可将其插入到文档中。

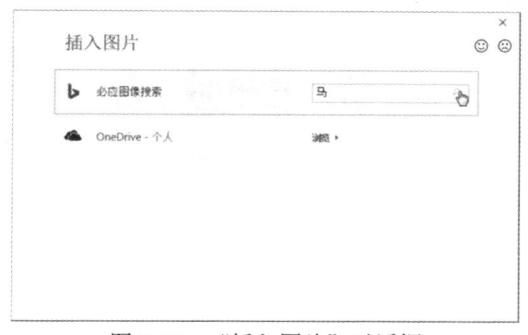

图 3-74　"插入图片"对话框　　　　　　图 3-75　"联机图片"对话框

3. 插入屏幕截图

如果用户正在编辑教程类文档，那么插入屏幕截图这个功能一定会大受欢迎。将插入点定位在要插入屏幕截图的位置，在"插入"选项卡中单击"插图"|"屏幕截图"按钮，从弹出的菜单中选择"屏幕剪辑"选项，即会以蒙版形式显示桌面及当前打开的窗口，拖动鼠标绘出截图区域，如图 3-76 所示。释放鼠标左键，即可完成截图，并插入到当前 Word 文档中。

图 3-76　屏幕截图

如果当前桌面上打开了多个窗口，那么在"屏幕截图"下拉菜单中会显示窗口缩略图，如图 3-77 所示。单击某个缩略图，即可抓取该窗口的截图，并插入到当前 Word 文档中。

3.6.2 绘制图形

世界上所有的物体都是由简单的点、线、面、体组成的，Word 提供了很多简单的几何图形，可供用户在文档中绘制，并组合成各种复杂的形状。

在"插入"选项卡中单击"插图"｜"形状"按钮，弹出"形状"下拉面板，单击其中的任意形状，在编辑区中鼠标指针变成十字形状后，拖动鼠标即可绘制出形状，如图 3-78 所示。

图 3-77　"屏幕截图"下拉菜单中的缩略图　　　　图 3-78　"形状"下拉面板

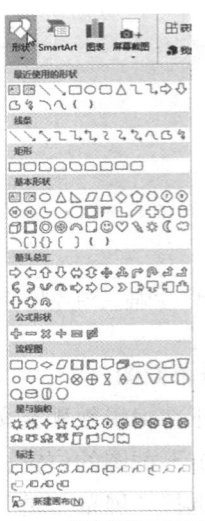

3.6.3 文本框

文本框也是一种图形，文本框中可以存放文本和图片，或者其他任何可以在页面中存放的对象。利用文本框可以将一些文本内容放在页面的任何位置。

3.6.3.1 插入文本框

选取要插入文本框的对象，在"插入"选项卡中单击"文本"｜"文本框"按钮，从弹出的下拉菜单中选择"绘制横排文本框"或"绘制竖排文本框"选项，即可插入一个包含所选文本的文本框，如图 3-79 所示。

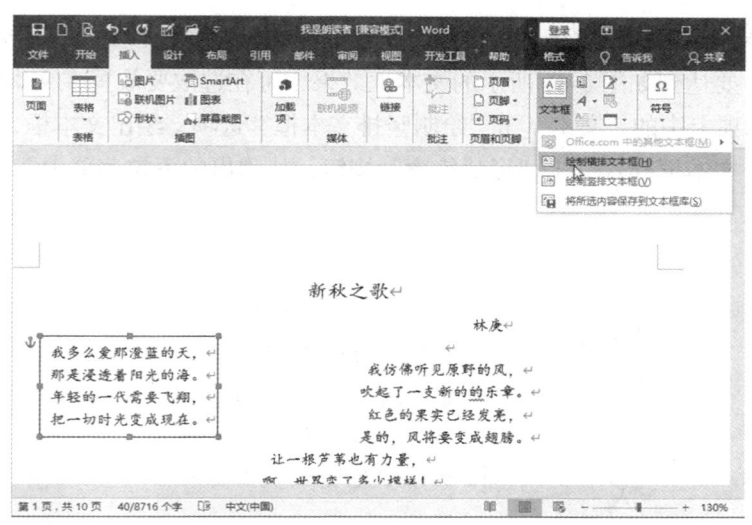

图 3-79　插入文本框

若要插入空白文本框，可直接选择"绘制横排文本框"或"绘制竖排文本框"选项，然后在页面上单击或者拖动，绘出空白文本框。

3.6.3.2　编辑文本框

文本框的编辑可以用常规的方法在文本框中输入文本，也可以进行选取、移动、复制和删除文本等编辑操作。

1. **在文本框中输入文字**

在文本框中输入文字时，文本会自动换行。当文字输入量超过文本框容纳量时，可能会导致输入的文本看不到，这时只要拖动文本框的边框改变它的大小，即可看到输入的内容。用户可以对文本框中的内容进行各种编辑操作。

2. **文本框的选取**

对文本框进行操作之前，首先要选取该文本框。单击文本框的边框即可选取该文本框。

3.6.3.3　设置文本框格式

在文本框的选取状态下，功能区会出现文本框工具，其中包含一个"格式"选项卡，如图 3-80 所示。

图 3-80　文本框工具

在"格式"选项卡中的"大小"选项组中可以设置文本框的大小，方法是在"高度"和"宽度"框中直接输入数值即可。

— 121 —

若要为文本框应用特殊效果，可使用"文本框样式""阴影效果""三维效果"等工具进行设置。例如，要达到如图 3-81 所示的文本框效果，可在选取要放置在文本框中的文字后，选择"格式"选项卡中的"文本"｜"绘制竖排文本框"选项，绘出文本框，然后在"格式"选项卡中单击"文本框样式"｜"形状轮廓"按钮，从弹出的下拉菜单中选择"无轮廓"选项即可完成。

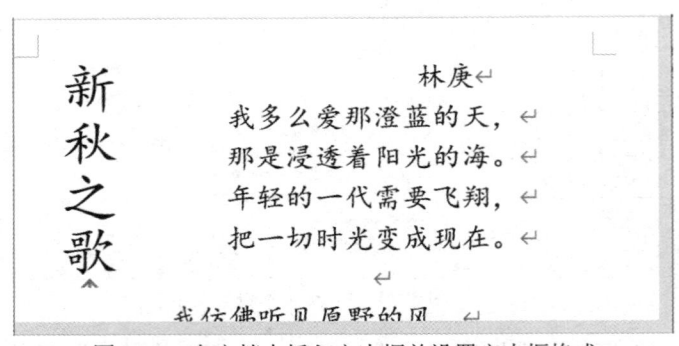

图 3-81　在文档中插入文本框并设置文本框格式

3.6.3.4　文本框版式

文本框版式包括文本框的环绕方式和相对于页面的对齐方式。在 Word 2016 中，文本框在文档中的位置有浮动式和嵌入式两种。浮动式文本框可以插入在图形层，在页面上精确定位，并可将其放在文本或其他对象的前面或后面；嵌入式文本框则直接放置在文本的插入点处，占据一个字符的位置，可随文本的移动而移动。

Word 2016 提供了五种环绕方式：嵌入型、四周型、环绕型、浮于文字上方、衬于文字下方。在文本框工具的"格式"选项卡中单击"排列"｜"环绕文字"按钮，即可从弹出的下拉菜单中选择环绕方式，如图 3-82 所示。如果要设置环绕型文本框在页面中的位置，则可单击"排列"｜"位置"按钮，从弹出的下拉面板中选择文本框的位置，如图 3-83 所示。

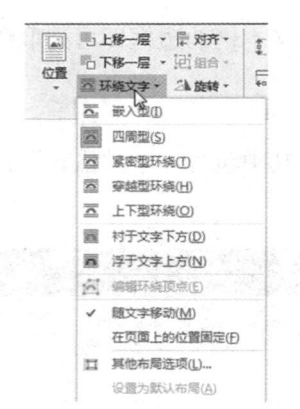

图 3-82　设置文字的环绕方式　　　　　图 3-83　设置文本框的位置

3.6.4 艺术字

在 Word 中可将字符设置成多种字体，但还不能满足文字处理中对字形艺术性的设计要求，Word 还提供了创建艺术字的工具，使用该工具可以创建各种文字的艺术效果。

1. 插入艺术字

在"插入"选项卡中单击"文本"|"艺术字"按钮，从弹出的下拉面板中选择某个艺术字样式，即可在页面中插入相应样式的艺术字占位符，如图 3-84 所示。按照提示在占位符中输入文字，即为艺术字。

图 3-84 插入艺术字

此外也可以将已有的文档内容变为艺术字，方法是先选取文档中要设置为艺术字的文字，然后单击"艺术字"按钮，从弹出的下拉面板中选择要应用的艺术字样式，所选文字即可变为艺术字。

2. 编辑艺术字

创建了艺术字后，功能区中会出现一个绘图工具，其中包含一个"格式"选项卡，利用它可以对艺术字进行各种格式的设置和编辑，如图 3-85 所示。

图 3-85 "绘图工具"|"格式"选项卡

在"格式"选项卡中可对艺术字进行以下的编辑操作。

（1）更改当前艺术字的样式：在"艺术字样式"选项组中展开艺术字样式列表，选择另一种样式。若只更改填充、轮廓或特殊效果，可单击"文本填充""文本轮廓"或"文本效果"按钮，从弹出的下拉面板中进行设置，这样将只更改艺术字的局部效果，而整体效果不变。

（2）更改当前艺术字的文字方向：单击"文本"|"文字方向"按钮，从弹出的下拉菜单中选择所需的选项。

（3）更改当前艺术字的排列方式：在"排列"选项组中进行设置。使用"排列"选项组中的工具可以更改当前艺术字的位置、环绕方式、堆叠顺序及在页面中的对齐方式等，并且可以对艺术字进行旋转，或者对多个艺术字对象进行组合或拆分组合。

此外，如果更改当前艺术字的内容和字体等常规设置，可以通过拖动的方式选取艺术字文字，然后选择"开始"选项卡中的字体设置等选项进行设置。

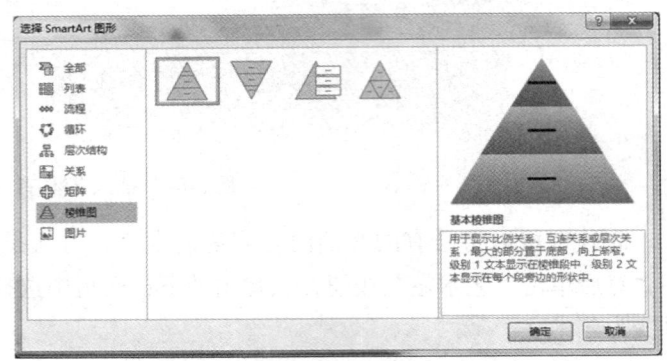

3.6.5 SmartArt图形

SmartArt 图形是信息和观点的视觉表现形式，用于展现特定类型的信息，可用于创建组织结构图或流程图一类的插图。在"插入"选项卡中单击"插图" | "SmartArt 图形"按钮，打开"选择 SmartArt 图形"对话框，即可选择并插入 SmartArt 图形。例如，要制作图 3-86 所示的企业数据中心结构图，可打开"选择 SmartArt 图形"对话框，从左窗格中选择"棱锥图"选项，然后在图形列表中选择"基本棱锥图"选项，单击"确定"按钮，在页面中插入基本棱锥图，如图 3-87 所示。

图 3-86　企业数据中心结构图　　　　图 3-87　"选择 SmartArt 图形"对话框

在图形上的文本框中输入文本，如图 3-88 所示。默认插入页面的棱锥图只有三层，显然不符合实际需要，此时可在"设计"选项卡中单击"创建图形" | "添加形状"按钮，从弹出的下拉菜单中选择"在后面添加形状"选项，在棱锥图下方添加形状，继续输入文本即可，如图 3-89 所示。

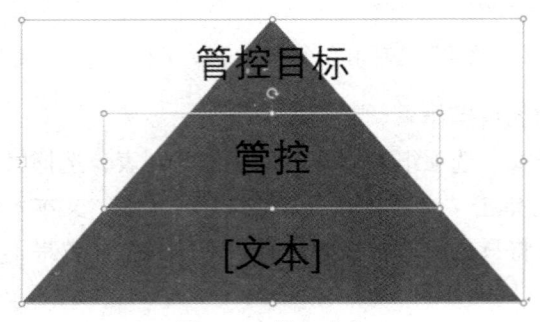

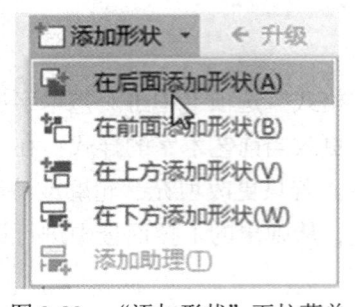

图 3-88　输入文本　　　　图 3-89　"添加形状"下拉菜单

完成 SmartArt 图形的基本编辑后，可拖动选择框上的控点更改 SmartArt 图形的大小和形状，拖动图形则可以更改 SmartArt 图形的位置。如果要更改 SmartArt 图形的颜色和样式，可在 SmartArt 工具的"设计"选项卡中单击"SmartArt 样式" | "更改颜色"按钮，从弹出的下

拉面板中选择所需的颜色方案,并展开样式工具,从中选择所需的样式,如图 3-90 所示。

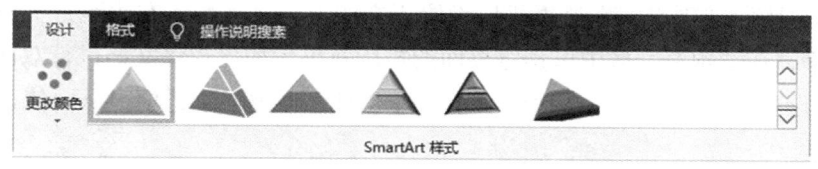

图 3-90　SmartArt 样式工具

3.7　页面设置与打印

Word 文档制作好后常常需要打印出来,如求职简历、答辩论文等。在打印文档之前,需要先进行页面设置,以符合打印要求。

3.7.1　页面设置

文档的页面设置通常包括定义纸张大小、方向及页边距等参数的设置(纸张大小、方向及页边距限制了可用的文本区域)。页面设置的方法主要有两种:一是使用"布局"选项卡"页面设置"选项组中的工具进行设置;二是使用"页面设置"对话框进行设置。

1. "页面设置"选项组

在功能区中切换到"布局"选项卡,可以看到"页面设置"选项组中包含"文字方向""页边距""纸张方向""纸张大小"等工具按钮,如图 3-91 所示。单击这些按钮都会弹出相应的下拉面板,选择所需的设置即可。

2. "页面设置"对话框

在"布局"选项卡中单击"页面设置"选项组右下角的" "(页面设置)按钮,打开"页面设置"对话框,可以进行更加细致的页面设置,如图 3-92 所示。

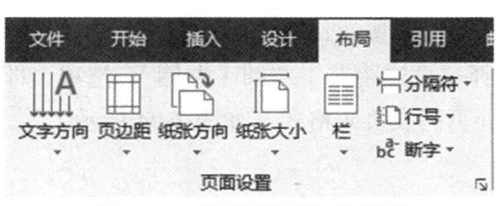

图 3-91　"页面设置"选项组　　　　图 3-92　"页面设置"对话框

— 125 —

"页面设置"对话框中各选项卡的功能如下。

（1）"页边距"选项卡：在这里可以设置正文的上、下、左、右边距，页眉、页脚与页边界的距离等，在"预览"区中可预览页面的排版效果。如果想将文档进行双面打印，可在"页码范围"选项区的"多页"下拉列表中选择"对称页边距"选项，从而使正反面文本区域相匹配。

（2）"纸张"选项卡：设置打印时纸张的进纸方式、供纸等选项。

（3）"布局"选项卡：设置页眉、页脚、对齐方式等。

（4）"文档网格"选项卡：设置文字排列方向、每页的行数、每行的字符数、是否应用网格等。

3.7.2　设置页眉和页脚

页眉和页脚分别位于文档页面的顶部或底部，页眉和页脚的内容可以包含图形、页码、日期、标志、文档标题、文件名等。

在"插入"选项卡中单击"页眉和页脚"选项组中的"页眉"或"页脚"按钮，在弹出的下拉面板中选择某种内置样式，即会进入"页眉"或"页脚"的编辑区，在编辑区中输入相关内容即可。

在进入"页眉和页脚"编辑状态时，功能区中会出现页眉和页脚工具，其中包含一个"设计"选项卡，可对页眉或页脚进行详细的选项设置，如页眉或页脚的内容、位置，以及在页眉和页脚之间切换等，如图 3-93 所示。编辑完毕，双击页面或者单击"设计"选项卡中的"关闭" | "关闭页眉和页脚"按钮即可退出页眉或页脚编辑状态。

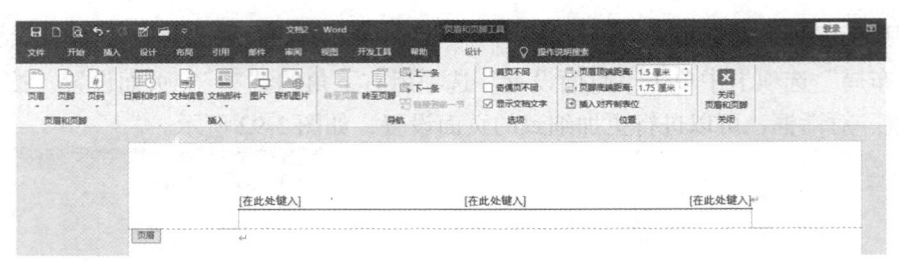

图 3-93　页眉编辑区和"设计"选项卡

3.7.3　插入页码

页码通常放置在页眉或页脚区域，也可以放置在页边距中。

在"插入"选项卡中单击"页眉和页脚" | "页码"按钮，在弹出的下拉菜单中选择页码位置，再在子菜单中选择页码的格式，例如选择"页边距" | "圆（左侧）"选项，即会进入"页眉"或"页脚"的编辑区，其中显示当前页码及页码格式，如图 3-94 所示。

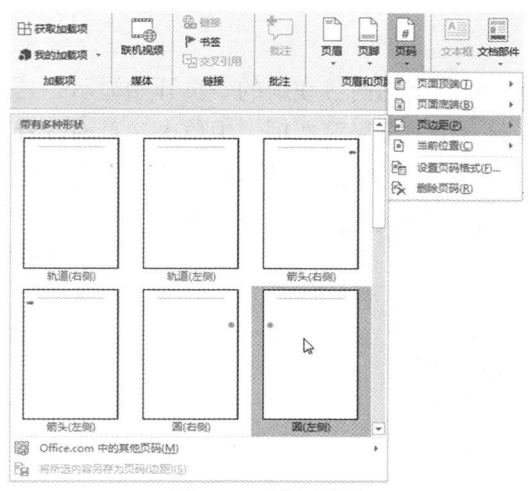

图 3-94　插入页码

在文档中插入页码后，可以通过双击页面或页码区域在页面或页码的编辑状态中切换。在页码的编辑状态下，会出现页眉和页脚工具，其中包含一个"设计"选项卡，使用该选项卡中的工具可以对页码进行各种常规设置，如图 3-95 所示。

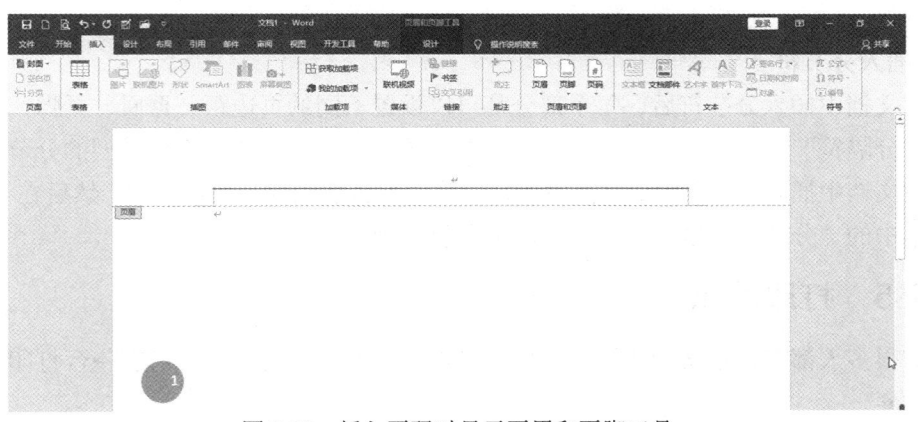

图 3-95　插入页码时显示页眉和页脚工具

若要更改页码的格式，可在"插入"选项卡或"设计"选项卡中单击"页眉和页脚"｜"页码"按钮，从弹出的下拉菜单中选择"设置页码格式"选项，打开"设置页码格式"对话框，在此可设置页码的编号格式和页码编号等，如图 3-96 所示。

3.7.4　插入分页符

在 Word 中编辑文档时，有时文章的某一章节未满页，但又必须在下一页开始，就需要插入分页符，如果需要将一篇文章分部分设置成不同的格式，则需要插入分节符将不同的部分分隔开来。

1. 插入分页符

分页符就是将插入点后面的文档内容在新的一页开始显示，具体操作方法是：将光标定位到准备插入分页符的位置，在"布局"选项卡中单击"页面设置" | "分隔符"按钮，从弹出的下拉菜单中选择"分页符"选项，如图 3-97 所示。此外，也可以在"插入"选项卡中单击"页面" | "分页"按钮来插入分页符。

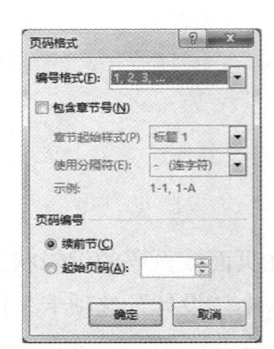

图 3-96 "页码格式"对话框　　　　图 3-97 "分隔符"下拉菜单

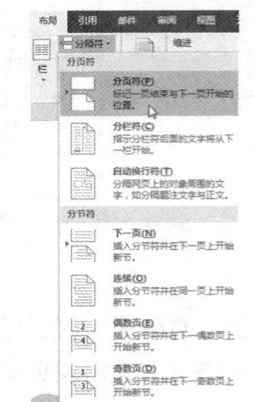

2. 插入分节符

当在文档中插入分节符后，每个部分都可以设置不同的页边距、页眉、页脚、纸张大小等。在"分隔符"下拉菜单中除了包含分页符选项外，还包括 4 种不同类型的分节符选项，当需要在文档中插入分节符时，只需将光标定位到准备插入分节符的位置，然后在"分隔符"下拉菜单中的"分节符"区域选择合适的分节符选项即可。

3.7.5 打印输出

相信很多人都有过在文印店打印文件的经历，其实，只要我们自己有一台打印机，打印会相当方便。

1. 打印预览

使用文件的打印预览功能，可以在打印前查看文档的打印效果，以便及时做出必要的调整和修改。

选择"文件" | "打印"选项，跳转到"打印"页面，在页面左面可以设置打印选项，在页面右面可以预览打印效果，如图 3-98 所示。

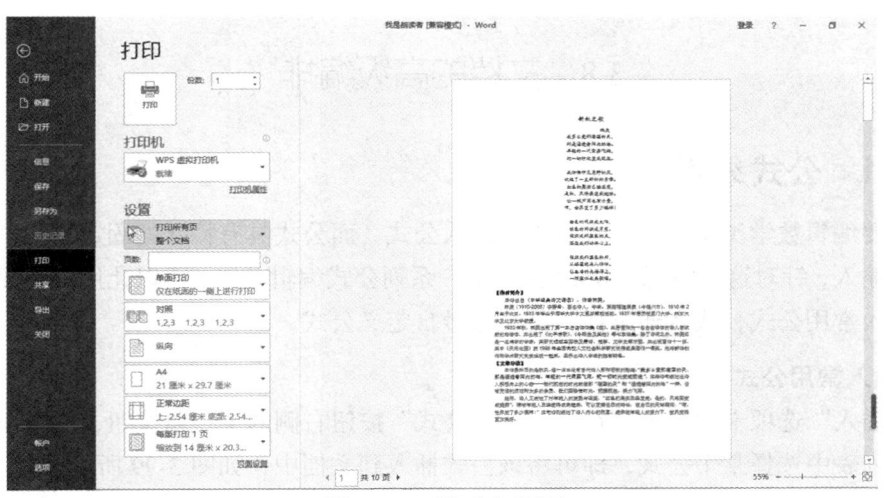

图 3-98 "打印"页面

2. 打印设置

在 Word 中有多种打印方式,用户可以按指定范围打印文档,还可以打印多份或多篇文档。此外,Word 2016 还提供了可缩放文件的打印方式。这些都可以通过设置打印选项来完成。

"打印"页面中提供的各种打印选项说明如下。

(1)"打印机"选项区:提供了打印机类型的选择及打印状态、位置等的说明。

(2)"页面范围"选项区:可选取和指定打印的范围,有全部、当前页、页码范围 3 个选项。

(3)"份数"选项区:确定打印的份数。

(4)"调整"选项区:确定打印的页码顺序。

(5)"页面方向"选项区:确定文档的打印方向是横向或纵向。

(6)"纸张大小"选项区:选择文档要打印的纸张尺寸。

(7)"页边距"选项区:设定文档正文离页边的距离。

(8)"页面缩放"选项区:选择文档打印在纸张上的页面数或缩放比例。

此外,如果在设置打印选项时需要重新设置页面格式,可以直接在"打印"页面的选项设置栏底部单击"页面设置"超链接文字,打开"页面设置"对话框进行设置,而不必在功能区中切换到"布局"选项卡。

3. 打印文档

设定好打印选项后,在"打印"页面的选项设置栏上方单击"打印机"按钮,从弹出的下拉菜单中选择已连接的打印机,然后单击"打印"按钮,即可启动打印机,开始打印。

3.8 文档的高级编排

3.8.1 公式编辑

当需要编辑数学类文档时，常常需要输入公式，而公式具有特殊的固定格式，按照常规方法较难输入，针对这一情况，Word 提供了一系列公式编辑功能，可以让用户轻而易举地向文档中插入常用公式，或者通过插入公式符号自定义公式。

1. 插入常用公式

在"插入"选项卡中单击"符号"｜"公式"按钮右侧的下三角按钮，从弹出的下拉面板的公式列表中选择某个公式，即可将该公式插入到文档中，如图 3-99 所示。

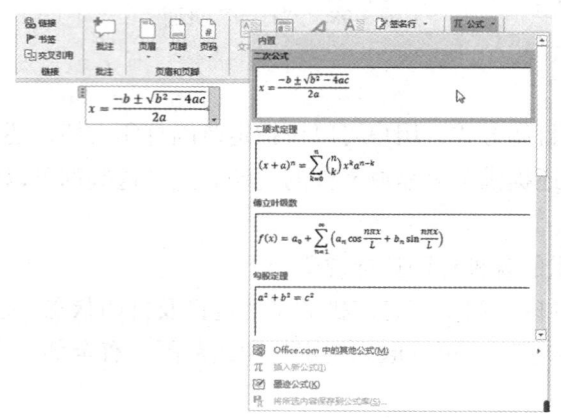

图 3-99 插入公式

2. 插入自定义公式

若要插入自定义公式，可直接在"插入"选项卡中单击"工具"｜"公式"按钮，文档编辑区中即会出现一个公式占位符，同时显示公式工具，如图 3-100 所示。

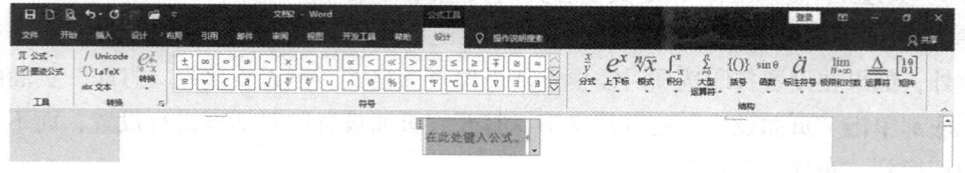

图 3-100 插入公式占位符

在公式工具的"格式"选项卡中选择所需的公式符号，相应的符号即会出现在公式占位符中，如图 3-101 所示。公式编辑完毕，按下"Enter"键或者单击公式占位符外的任意位置，即可退出公式编辑状态，完成公式的输入。

等差数列的通项公式

$$a_n = a_1 + (n-1)d = dn + a_1 - d \, (n \in N^*)$$

图 3-101　自定义公式

3.8.2　水印

水印是指文档背景中的文字或图片，颜色较淡，一般用于防伪，不会影响正文的阅读，如图 3-102 所示。

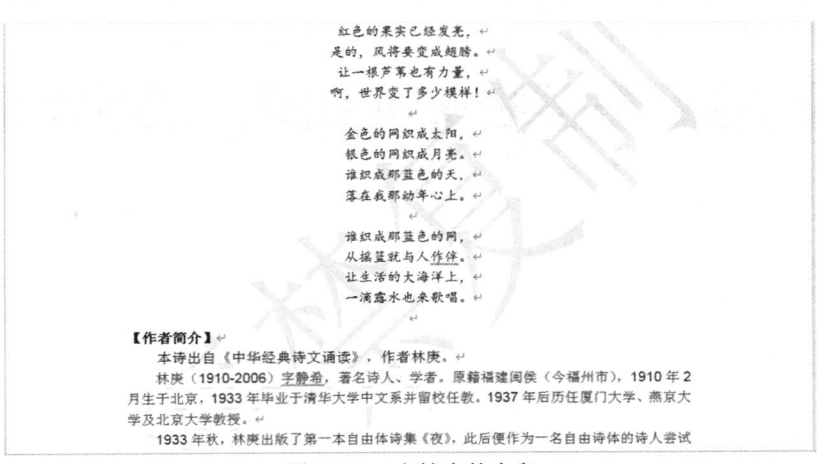

图 3-102　文档中的水印

要为文档添加水印，可在"设计"选项卡中单击"页面背景"｜"水印"按钮，从弹出的下拉面板中选择某个水印图标，即可在文档中添加相应的水印效果，如图 3-103 所示。用户也可以自定义水印内容，方法是在"水印"下拉面板中选择"自定义水印"选项，打开"水印"对话框，从中选择图片或者文字，并设置水印效果，如图 3-104 所示。

图 3-103　"水印"下拉面板　　　　　图 3-104　"水印"对话框

3.8.3 创建目录

目录是书籍中不可缺少的一部分内容。在目录中会列出书中的各级标题以及每个标题所在的页码,用户通过目录能快速查找到文档中所需阅读的内容。在 Word 2016 中有两种智能插入目录的方法,一种是手动创建,一种是自动创建。此外,用户也可以自定义目录。

1. 手动创建目录

手动创建目录时,要先将插入点定位在文档开始处,然后在"引用"选项卡中单击"目录"|"目录"按钮,从弹出的下拉面板中选择"手动目录"选项,即可在文档前面插入一个目录占位符,用户可以手动输入目录内容及页码,如图 3-105 所示。

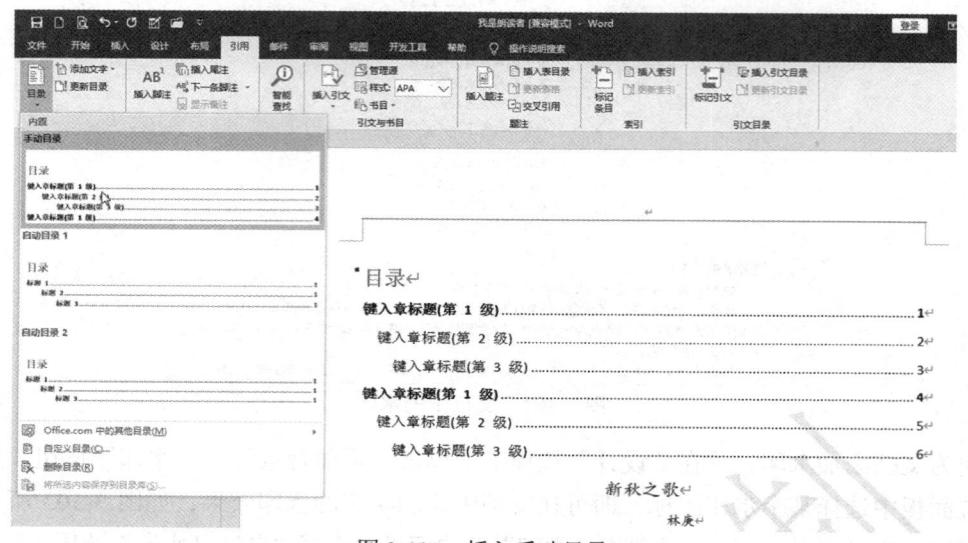

图 3-105 插入手动目录

2. 自动创建目录

若要自动创建目录,需要先为要作为目录的段落文字设置标题样式,然后在"引用"选项卡中单击"目录"|"目录"按钮,从弹出的下拉面板中选择"自动目录 1"或"自动目录 2"选项,即可在文档中插入自动目录,如图 3-106 所示。创建自动目录后,如果目录条目对应的标题所在的页码发生了改变,目录页码也会自动改变。

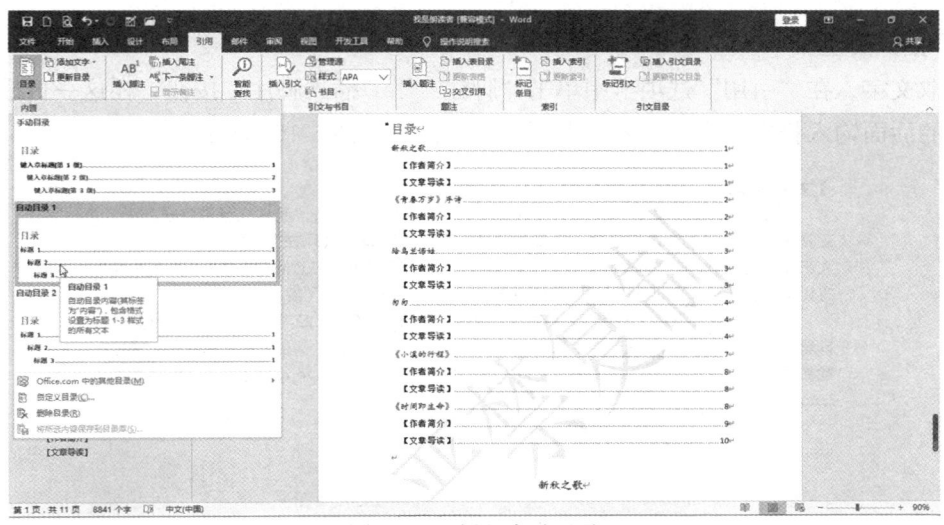

图 3-106　插入自动目录

3. 自定义目录

在"引用"选项卡中单击"目录"|"目录"按钮，从弹出的下拉面板中选择"自定义目录"选项，打开"目录"对话框，显示"目录"选项卡，在此可以设置目录的格式，如是否显示页码、页码的位置，以及显示级别等，如图 3-107 所示。设置完毕，单击"确定"按钮，即可在文档中插入目录。

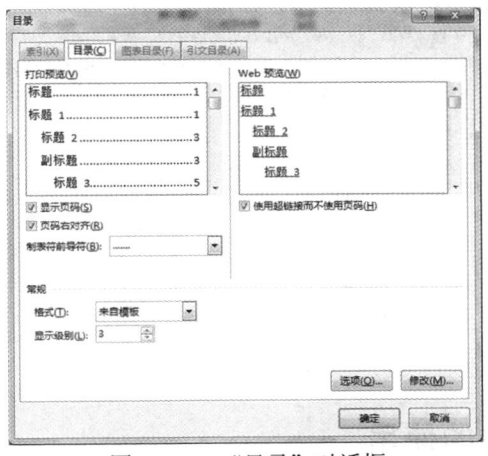

图 3-107　"目录"对话框

3.8.4　脚注和尾注

脚注指对单词或词语的解释或补充说明，放在每一页的底端。尾注指对文档中引用文献的来源，放在文档的结尾处。在一个文档中可以同时使用脚注和尾注两种形式。用户可用脚注作为详细说明，而用尾注作为引用文献的来源。

1. 插入脚注

选取文字，在"引用"选项卡中单击"脚注" | "插入脚注"按钮，在这一页最下面对应编号的后面输入相应的注释内容，即可插入脚注，如图 3-108 所示。

图 3-108　插入脚注

2. 插入尾注

选取文字，在"引用"选项卡中单击"脚注" | "插入尾注"按钮，在文档的末尾对应编号的后面输入相应的尾注内容，即可插入尾注，如图 3-109 所示。

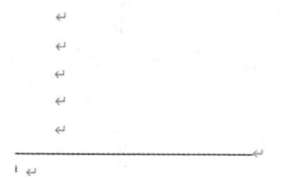

图 3-109　插入尾注

3.8.5　邮件合并的使用

当需要编辑或打印一系列大致雷同的文档时（如请柬、证书、准考证等），可通过邮件合并功能来进行编辑，这样只需使用 Word 编辑好共有的内容，将需要变换的部分设置成数据源，然后使用邮件合并功能在主文档中插入变化的信息，即可轻松地得到所有的文件。

1. 邮件合并的步骤

（1）创建主文档。主文档包含的文本和图形会用于合并文档的所有版本。例如，套用信函中的寄信人地址或称呼语。

（2）将文档连接到数据源。数据源是一个文件，它包含要合并到文档的信息。例如，信函收件人的姓名和地址。

（3）调整收件人列表或项列表。Word 为数据文件中的每一项（或记录）生成主文档的一个副本。如果数据文件为邮寄列表，这些项可能就是收件人；如果只希望为数据文件中的某些项生成副本，可以选择要包括的项（记录）。

（4）向文档添加占位符（称为邮件合并域）。执行邮件合并时，来自数据文件的信息会填充到邮件合并域中。

（5）预览并完成合并。打印整组文档之前可以预览每个文档副本。

2. 邮件合并

在 Word 2016 中进行邮件合并需要使用"邮件"选项卡中的"创建"选项组或"开始邮件合并"选项组中的工具，前者会打开向导提示，适合新手；后者则适合对邮件合并知识有些了解的用户。例如要批量制作一些信封，可在"邮件"选项卡中单击"开始邮件合并"|"开始邮件合并"按钮，在弹出的下拉菜单中选择"信封"选项，打开"信封选项"对话框，在"信封尺寸"下拉菜单中选择一种信封类型。一般选择"普通 5"选项，如图 3-110 所示。

单击"确定"按钮，关闭对话框，可以看到页面格式发生了改变。在此页面中使用绘图工具和文本框工具插入方框、横线和贴邮票框等信封元素，然后在"邮件"选项卡中单击"开始邮件合并"|"选择收件人"按钮，从弹出的菜单中选择要使用的收件人列表。选择"使用现有列表"选项可打开"选取数据源"对话框，在此可选择已有的列表文件作为数据源；若没有收件人列表，则可以选择"键入新列表"选项新建一个收件人列表。

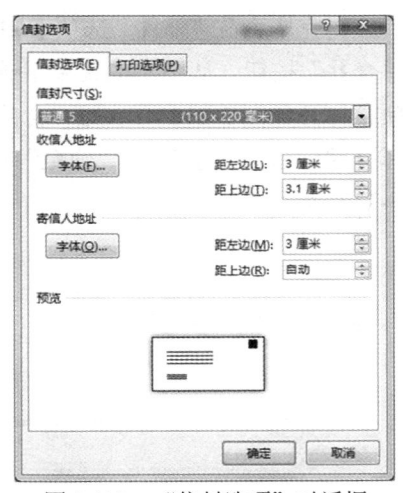

图 3-110　"信封选项"对话框

选好收件人后，在"邮件"选项卡中单击"编写和插入域"|"插入合并域"按钮，从弹出的菜单中选择相应选项，在文档的合适位置插入"姓名""邮政编码""通信地址"，如图 3-111 所示。

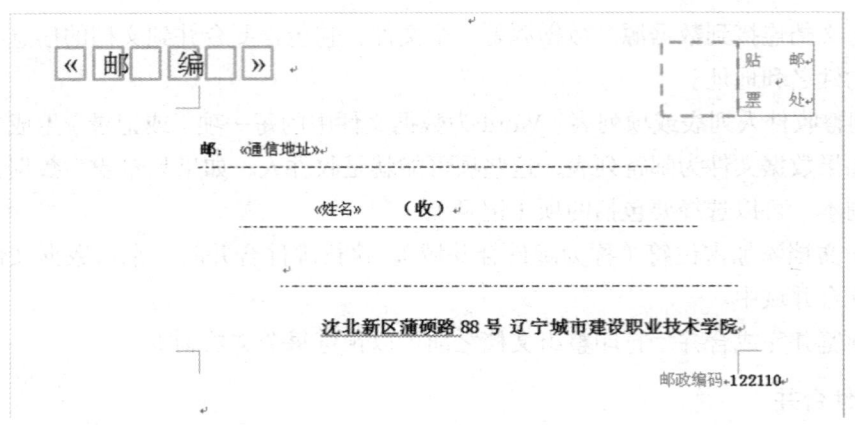

图 3-111 "信封"主文档

编辑完毕，在"邮件"选项卡中单击"完成"|"完成并合并"按钮，从弹出的菜单中选择"编辑单个文档"选项，打开如图 3-112 所示的"合并到新文档"对话框，选择合并记录，然后单击"确定"按钮，完成合并，如图 3-113 所示。

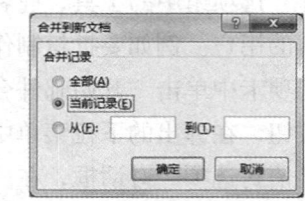

图 3-112 "合并到新文档"对话框

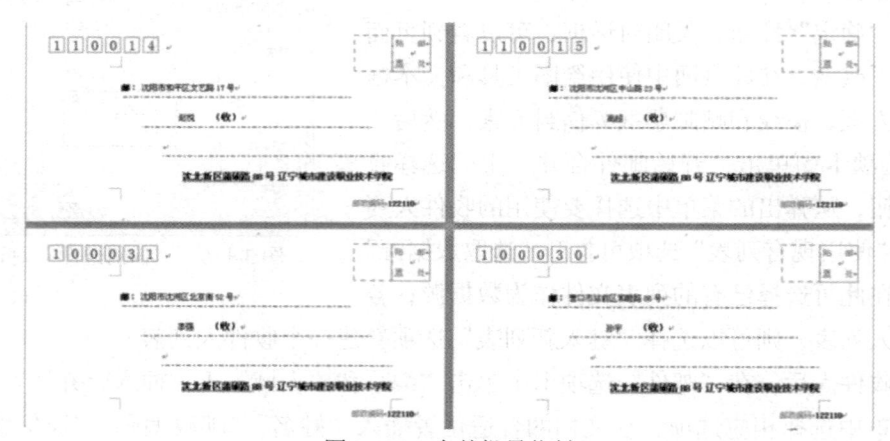

图 3-113 合并批量信封

3.8.6 长文档编排案例

在实际生活和学习中，常常需要制作一些长文档，如实验报告、毕业论文、图书出版等。下面以毕业论文为例，以实例的方法梳理一下长文档的编排方法。

1. 要求

（1）编辑文档：可以从网上搜索现成的资料后复制粘贴，也可以使用模板创建论文后修改内容。

（2）页面设置：将纸张设置为"A4"，上下页边距为"2.3厘米"，左右页边距为"2.5厘米"，装订线为"0.5厘米"，装订线位置为"靠左"，页眉为"1.2厘米"，页脚为"1.5厘米"。

（3）字体和段落格式设置：正文字体格式设置为中文"小四号宋体"，西文"小四号Times New Roman"，全文统一；段落格式设置为"1.25倍行距"，段前、段后均为"0行"，首行缩进"2字符"。

（4）标题格式：论文标题设置为三级标题，要求如下。

一级标题：黑体、三号字、加粗、居中对齐、段间距为段前段后各1行、1.5倍行间距。

二级标题：黑体、小三号字、左对齐、段间距为段前段后各0.5行、1.25倍行间距。

三级标题：黑体、四号字、左对齐、段间距为段前段后各0.5行、1.25倍行间距。

（5）生成目录：在封面页和正文页之间生成目录，目录独立成一页。

（6）页眉和页脚：为论文插入页眉和页脚，要求如下。

页眉：插入页眉文字，字体格式为宋体、小五。

页脚：在页脚处插入页码，其中，封皮不需插入页码，目录页页码从1开始，正文处页码依然从1开始。

（7）保存文档。

2. 实施步骤

（1）编辑文档。

（2）页面设置。

在"布局"选项卡中单击"页面设置"组右下角的" "（页面设置）按钮，打开如图3-114所示的"页面设置"对话框，在"纸张"选项卡中的"纸张大小"列表框中，选择"A4"；在"页边距"选项卡中设置：上为"2.3厘米"，下为"2.3厘米"，左为"2.5厘米"，右为"2.5厘米"，装订线为"0.5厘米"；在"布局"选项卡中设置：页眉为"1.2厘米"，页脚为"1.5厘米"。

（3）字体和段落设置。

① 选取正文所有文字，在"开始"选项卡中单击"字体"选项组右下角的" "（字体控件）按钮，打开"字体"对话框，设置中文字体为"宋体"，西文字体为"Times New Roman"，字号为"小四"。

② 在"开始"选项卡中单击"段落"选项组右下角的" "（段落控件）按钮，打开"段落"对话框，在"特殊"下拉列表中选择"首行"选项，并在"缩进值"框中输入"2字符"；在"行距"的列表框中选择"多倍行距"选项，并在"设置值"中输入"1.25"，然后单击"确定"按钮。

（4）定义标题样式。

在"开始"选项卡中右键单击"样式"列表框中的"标题1"按钮，在弹出的快捷菜单中选择"修改"选项，打开"修改样式"对话框，如图3-115所示。将"标题1"字体设置为"黑体"，字号设置为"三号"，单击" B "（加粗）按钮，再单击" "（水平居中）按钮；

— 137 —

然后单击左下角的"格式"按钮，在弹出的下拉菜单中选择"段落"选项，进入"段落"对话框，设置段间距为段前、段后各 1 行、1.5 倍行间距。利用同样的方法修改"标题 2"的样式为黑体、小三、左对齐，段间距为段前、段后各 0.5 行、1.25 倍行间距；"标题 3"的样式为黑体、四号字、左对齐，段间距为段前、段后各 0.5 行、1.25 倍行间距。

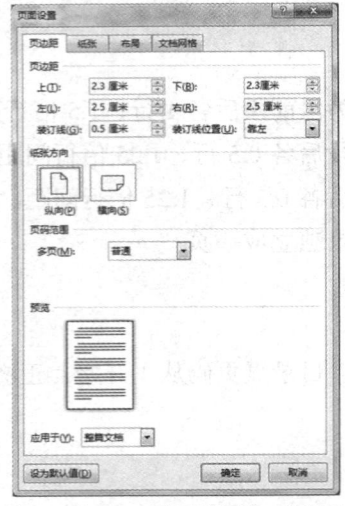

图 3-114　"页面设置"对话框　　　　　图 3-115　"修改样式"对话框

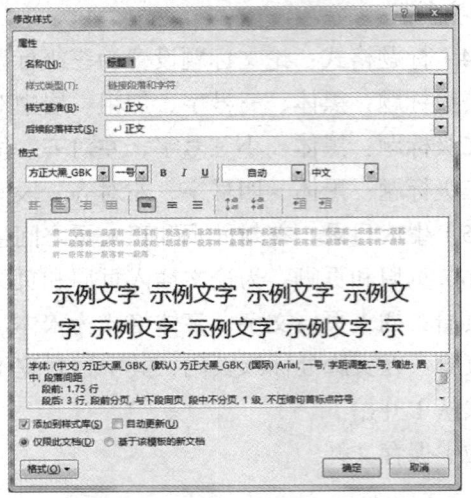

（5）生成目录。

① 把光标移动到封面页日期后面，在"布局"选项卡中单击"页面设置"｜"分隔符"按钮，弹出如图 3-116 所示的下拉菜单，选择"下一页"选项，目录页与正文中间出现了一张空白页。

② 在空白页输入"目录"二字，设置为"居中对齐"，按下"Enter"键进入下一行。

③ 在"引用"选项卡中单击"目录"｜"目录"按钮，在弹出的下拉菜单中选择"自定义目录"选项，打开"目录"对话框，如图 3-117 所示。使用默认设置，单击"确定"按钮，可以看到目录自动生成。选择目录文本，与设置正文相同，可以设置目录文本的字体、字号、颜色、行间距等基本格式。

（6）页眉和页脚设置。

① 在封面页眉处双击鼠标左键编辑页眉，输入文字"桥梁基础钻孔灌注桩施工技术研究"。在"开始"选项卡的"字体"选项组中设置页眉文字字体为"宋体"，字号为"小宋"。

② 在目录页页脚处双击编辑页脚，在页眉和页脚工具的"设计"选项卡中取消对"导航"｜"链接到前一节"选项的应用，然后单击"页眉和页脚"｜"页码"按钮，在弹出的菜单中选择"页面底端"｜"普通数字 2"选项。

再次单击"页眉和页脚"｜"页码"按钮，在弹出的菜单中选择"设置页码格式"选项，打开"页码格式"对话框，在"起始页码"列表框中输入"1"。

③ 将光标移动到正文页页码处，选中页码，同上，取消"链接到前一节"，将"起始页码"设置为"1"。

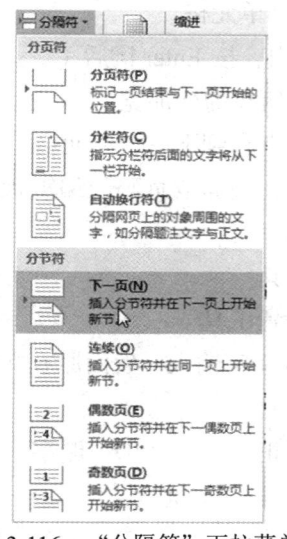

图 3-116 "分隔符"下拉菜单   图 3-117 "目录"对话框

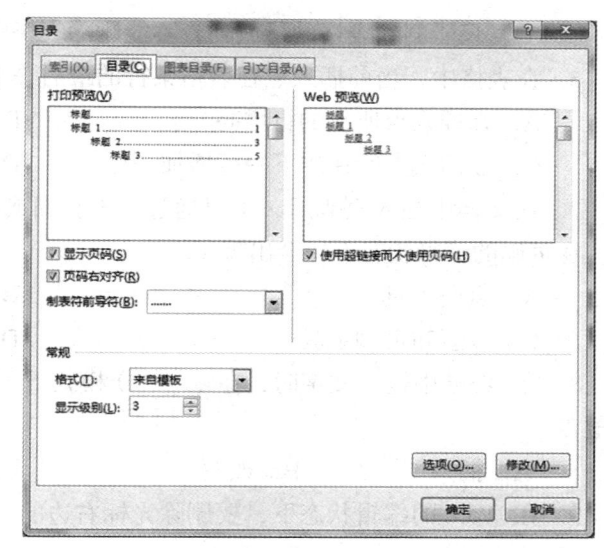

（7）保存文档。

将完成的文档保存在 D 盘中，文件名为"论文.docx"。

第 3 章章末练习题

一、单项选择题（知识强化补充练习题）

1. 在 Word 中，段落标记是在文本输入时按下（　　）键形成的。

　　A．Shift　　　　　　B．Enter　　　　　　C．Alt　　　　　　D．Esc

2. 将光标定位在要选取文字的开始位置，按下（　　）键，可以选取光标所在位置到行尾的文字。

　　A．Shift+End　　　B．Shift+Home　　　C．Shift　　　　　D．End

3. 在 Word 的编辑状态下，进行"粘贴"操作的组合键是（　　）。

　　A．Ctrl+X　　　　　B．Ctrl+C　　　　　　C．Ctrl+V　　　　　D．Ctrl+A

4. 在 Word 的编辑状态下，执行菜单中的"复制"命令后（　　）。

　　A．被选中的内容被复制到插入点处

　　B．被选中的内容被复制到剪贴板

　　C．插入点所在的段落内容被复制到剪贴板

　　D．插入点所在的段落内容被移动到剪贴板

5. 关于 Word 表格的表述，正确的是（　　）。

　　A．选定表格后，按下"Delete"键，可以删除表格及其内容

　　B．选定表格后，单击"剪切"按钮，不能删除表格及其内容

　　C．选定表格后，选择"表格"菜单中的"删除"命令，可以删除表格及其内容

D．只能删除表格的行或列，不能删除表格中的某一个单元格

6．在表格中，当前插入点在表格某行的最后一个单元格内，按 Enter 键后（　　）。

A．在插入点所在的行增高　　　　　　B．插入点所在的列加宽

C．在插入点所在的下一行增加一行　　D．将插入点移到下一个单元格

7．在文档中插入页码后，可以通过双击页面或页码区域在页面或页码的编辑状态中切换。在页码的编辑状态下，会出现（　　）。

A．页码工具　　　　　　　　　　　　B．页眉工具

C．页眉和页脚工具　　　　　　　　　D．页面设置工具

8．在 Word 中输入文字时，在（　　）模式下，随着新的文字输入，后面原有文字将会被覆盖。

A．插入　　　　B．改写　　　　C．自动更正　　　　D．断字

9．在 Word 的编辑状态下，要删除光标右边的文字，按（　　）键。

A．Delete　　　　B．Ctrl　　　　C．BackSpace　　　　D．Alt

10．在设置打印"页面范围"选项区时，可选取和指定打印的范围，其中不包括（　　）。

A．全部　　　　　　　　　　　　　　B．当前页

C．页码范围　　　　　　　　　　　　D．页面内容范围

二、填空题（知识强化补充练习题）

1．在 Word 环境下，文件中用于插入/改写功能的按键为_____。

2．在 Word 环境下，将选定文本移动的操作是：将鼠标移到文本块内，这时鼠标变为箭头形状，再按住_____不放拖动，直到目标位置后松手。

3．Word 中，如果要选定文档中的某个段落，可将光标移到该段落的左侧，待光标形状改变后，再_____。

4．首行缩进用于调整段落的_____的起始位置。

5．在 Word 文档中，撤消操作的组合键为_____。

6．_____是表格的基本单位。

7．当在文档中插入_____后，每个部分都可以设置不同的页边距、页眉、页脚、纸张大小等。

8．按下"Backspace"（退格）键，可每次删除光标_____边的一个字符。

三、操作题（一级考试模拟练习题）

1．输入下列文档，具体如下：

【文稿开始】

1995 年，Oracle 公司提出了网络计算机（Network Computer，NC）这一崭新的概念，在计算机界和通信界引起了极大的反响，随后，Sun、IBM、DEC 等公司都宣布了这方面的研究开发计划，甚至推出了原理样机。网路计算机现在已成为信息产业界的热门话题，但是，遗憾的是，网路计算机迄今为止给关心信息产业的大多数人的印象是十分混乱的首先，关于

网路计算机这一名词。IBM 公司称之为以网路为中心的计算机，Wyes 公司称之为网路终端，也有称为 Internet 机、500 美元以下的计算机，可谓五花八门。其次，关于风中计算机的功能组成。Oracle 公司最近公布的网路计算机包含 CPU、8MB 内存、以太网卡（或 Modem）、键盘及鼠标，但没有显示器及硬盘；IBM 最近交付测试的网路计算机包括监视器、键盘鼠标和网路连接器，但没有硬盘；Sun 公司在 Demo'96 展览会上展示的网路计算机有*MB 内存，使用 Sparc 微处理器，可与任何一种外部键盘、鼠标及显示器协同工作。显然，不配置硬盘是这些样机的共同特点。再次，关于其价格。Oracle 将其定位在 500 美元以下，IBM 定位在 1000 美元以下，Sun 公司则至今未作任何承诺，日本的一些公司还设计出了 200 美元左右的网路计算机。

最后，对于网路计算机的态度，拥护者欢呼网路计算机吹响了信息网路社会到来的第一号角，使得比尔·盖茨所宣扬"信息在你指尖"即将成为现实；反对者认为网路计算机正在酝酿着一场悲剧，这是一个市场为零的产业。

按下列要求完成对其编辑和排版，并以文件名 netcomp 保存编排后的结果：

（1）在正文前加一标题"网络计算机"，字体设置为：宋体、加粗、倾斜、三号，段后间隔 1 行，标题段居中。

（2）将正文中所有"网路"一词更正替换为"网络"。

（3）正文文字字体：中文设置为宋体；西文设置为 Arial,常规、10.5；各段首行缩进 2 字符，1.5 倍行距，两端对齐。将正文全文分为等宽 2 栏，中间加分栏线。

（4）加页眉"Word 操作练习题结果"和页脚"操作者：某某某　　日期 yyyy 年 mm 月 dd 日"。

（5）正文档下方插入一张如下形式的 5 行 5 列的表格。

设置列宽为 2.5 厘米，行高 0.2 厘米；表格中粗实线为 1.5 磅，细实线为 0.75 磅；单元格中文字的水平和垂直均居中；整张表格居中。

姓名	各科成绩			平均成绩
	数学	外语	计算机	

2. 按下列要求对所列文稿进行编辑、排版，并以文件名 airplan 保存结果。

【文稿开始】

未来 20 年小的是美丽的

进入客机迅猛发展的世纪末，是客机引领着都市人文明精神，还是超越现代的人文明精神在指引着客机航向？客机可以把人送上月球、送入太空，也可以把大众更迅速地从一个城市带到另一个城市。

10 月 11 日，第 8 届北京国际航空展刚刚闭幕的时候，播音公司最新型的支线喷气机 717-200 集 21 世纪最新科技于一身，专为短程支线航空市场设计，不需要长跑道和大型空港设备，预计全世界在今后 20 年内将需要 2600 架这样的"小"飞机。播音中国公司总裁博说："我们的飞机是最好的。"

播音 717 飞机数据如下：

播音 717 飞机数据表

飞机总长　　　　37.81 米

翼展　　　　　　28.45 米

最大起飞重量　　51.7 吨

乘客　　　　　　106 名

（1）将全文中的"客机"一词改为"科技"、将"播音"一词改为"波音"。

（2）标题段文字"未来 20 年小的是美丽的"设置为加粗、黑体、小一号，居中并加"灰色—20%"底纹；与第一段正文之间的段间距设为 1 行。

（3）各段落的左、右各缩进 4 字符，第一段首字下沉 2 行，其余各段首行缩进 2 字符。

（4）将文中提供的数据转换成一张 4 行 2 列的表格，表格每列的宽度为 3.0 厘米，行高自动设置；每个单元格中的文字用 5 号宋体字，左对齐；表格的四周框线和第一列的右框线用 1.5 磅的粗实线，其余为默认的细实线，整个表格居中。

（5）表格标题"播音 717 飞机数据表"居中，用加粗、小三号宋体字。

第 3 章章末练习题参考答案

第 4 章　Excel 2016 电子表格软件

Excel 2016 是一款非常出色的电子表格处理软件。它是 Office 2016 办公系列软件中的重要组成部分。在电子表格处理过程中不用笔和纸就可以组织、计算、分析各种表格数据，并制作出各种图表。

4.1　Excel 2016 的基本知识

Excel 在问世之后一直在不断改进和升级，Excel 2016 正是在继承了以前版本的优点之上经过完善的又一新作，它保留了以前版本的经典功能，同时提供一些建议来更好地格式化、分析、呈现数据等，功能更加人性化，视图也更加亲和易用。

4.1.1　Excel 2016的启动、退出和主窗口组成

同样作为 Office 2016 的组件，Excel 2016 的启动、退出的方法和主窗口的组成都与 Word 2016 十分相似。

1. Excel 2016的启动

在 Windows 中，用户可以通过多种方法启动 Excel 2016。下面介绍几种常用的启动 Excel 的方法。

（1）通过"开始"菜单启动。通过"开始"菜单启动是最基本的启动方法，即单击"开始"按钮，从弹出的菜单中选择"所有程序"选项，展开"所有程序"菜单，选择其中的"Excel"选项，即可启动 Excel 2016，如图 4-1 所示。

（2）通过桌面快捷图标启动。如果在桌面放置了 Excel 2016 的快捷方式，在桌面上双击"Excel"快捷图标即可启动 Excel 2016，进入 Excel 2016 的主界面。

（3）通过打开 Excel 文件启动。对于已有的 Excel 文件，可通过"资源管理器"或其他方式找到，打开该文件，即可启动 Excel。

图 4-1　启动 Excel 2016

（4）通过其他方法启动。除了以上常用的方法，还有多种其他方法也可以启动 Excel。如选择"开始"菜单下的"运行"选项启动等。

2. Excel 2016的主窗口

启动 Excel 2016 后，最先显示的是 Excel 2016 的"开始"页面，如图 4-2 所示。

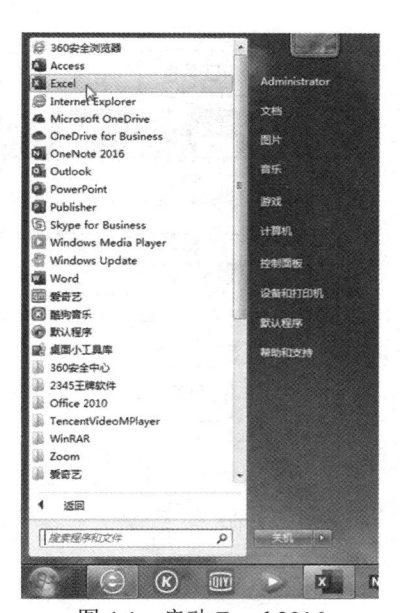

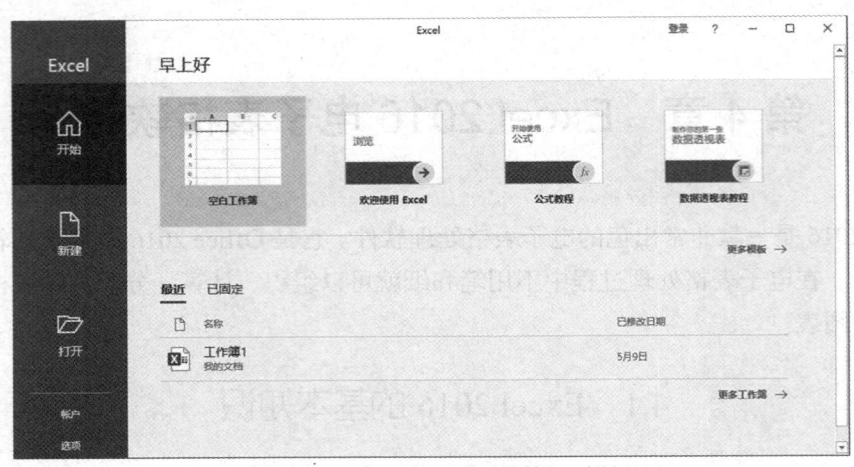

图 4-2　Excel 2016 的"开始"页面

在"开始"页面中单击"空白工作簿"图标，即可创建一个空白工作簿，显示 Excel 2016 的主窗口，其中包含标题栏、快速访问工具栏、选项卡标签栏、功能区、工作表区、工作表标签、行标、列标及状态栏等，如图 4-3 所示。

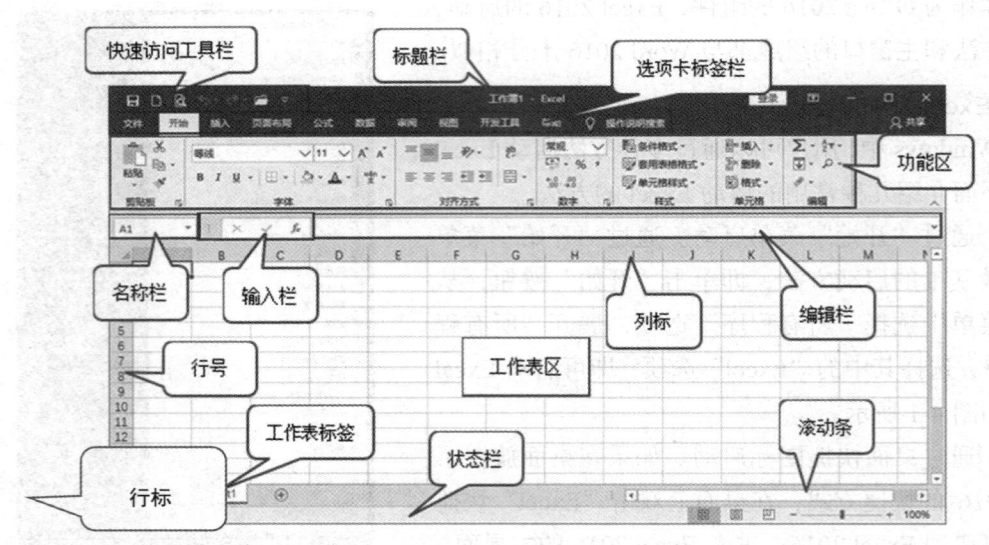

图 4-3　Excel 2016 主窗口

3. Excel 2016的退出

如果想退出 Excel，可选择下列任意一种方法。

（1）选择"文件"｜"关闭"选项。

（2）单击 Excel 窗口右上角的"✖"（关闭）按钮。

（3）按下"Alt+F4"组合键。

在退出 Excel 时，如果没保存当前的工作表，会弹出一个提示对话框，询问是否保存所做的更改，单击"保存"按钮即可保存工作簿并退出 Excel 2016；单击"不保存"按钮，则不保存工作簿直接退出 Excel 2016；单击"取消"按钮继续留在当前工作簿，如图 4-4 所示。

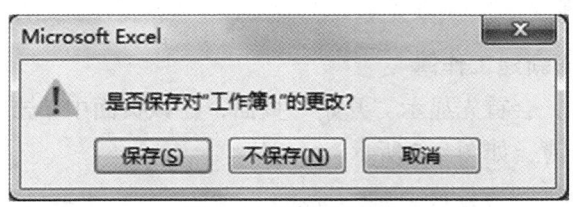

图 4-4　提示对话框

4.1.2　Excel 2016的基本概念

在 Excel 中，单元格是基本的编辑单位，工作表是由单元格构成的，而工作表又构成了 Excel 工作簿。

（1）工作簿。工作簿是指 Excel 中用来存储并处理数据信息的文件。在一个工作簿中，可以拥有多个不同类型的工作表，可打开的工作表个数受可用内存和系统资源的限制。

（2）工作表。Excel 2016 中的工作表是由 104.8 万行和 1.6 万列构成的一个表格。行的编号自上而下为 1，2，3，…，列的编号为 A，B，……，AA，AB，……，IV。行和列的坐标所指定的矩形框称为单元格。在一个工作簿中，无论有多少个工作表，保存时都将保存在该工作簿中。

（3）单元格。单元格是基本的"存储单元"，可输入或编辑任何数据，如字符串、数据、公式、图形或声音等。

（4）单元格地址。每一个单元格都有一个固定的地址，用行、列号（即行标和列标）表示，例如"A3"，表示第 A 列、第 3 行的单元格，而且一个地址唯一地表示一个单元格。一个工作簿往往有多个工作表，为了区分不同工作表的单元格，常在地址的前面添加工作表名称，例如"Sheet2!A4"表示工作表"Sheet2"中的"A4"单元格。

（5）活动单元格。活动单元格是指正在使用的单元格，外边框显示为绿色。这时，输入的数据被保存在该单元格中。按下"Shift"键拖动鼠标可选定多个连续的单元格，称为单元格区域；若要选定多个不连续的单元格或单元格区域，可在按下"Ctrl"键的同时单击所需的单元格，或者拖出单元格区域。

4.2　Excel 2016 的基本操作

Excel 的基本操作主要是工作表的操作，如数据的输入、工作表的管理与编辑、工作表与数据的格式设置等。

4.2.1 工作簿的基本操作

在 Excel 中新建工作簿的方法有多种，而 Excel 2016 又为用户提供了一种新的选择：从"开始"页面新建工作簿。

1. 从"开始"页面新建工作簿

启动 Excel 2016 后，会首先显示"开始"页面，在该页面中单击"空白工作簿"图标，即可新建一个空白工作簿，如图 4-5 所示。

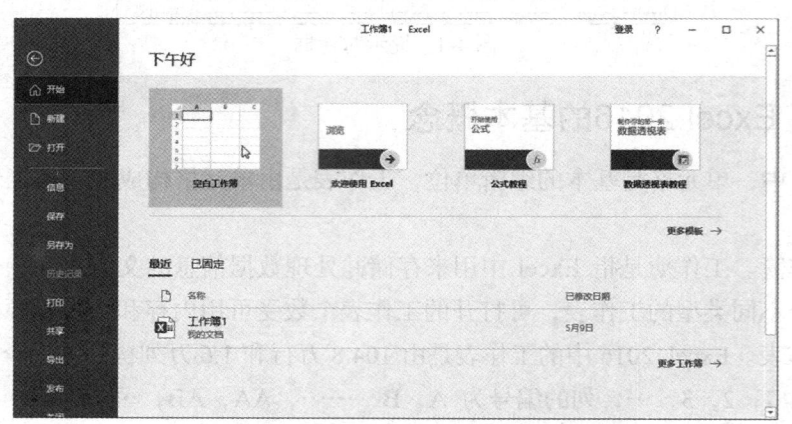

图 4-5　从"开始"页面新建工作簿

2. 从"新建"页面新建工作簿

如果已经进入了 Excel 2016 程序主界面，可选择"文件"｜"新建"选项，跳转到"新建"页面，单击"空白工作簿"图标，即可新建一个空白工作簿，如图 4-6 所示。

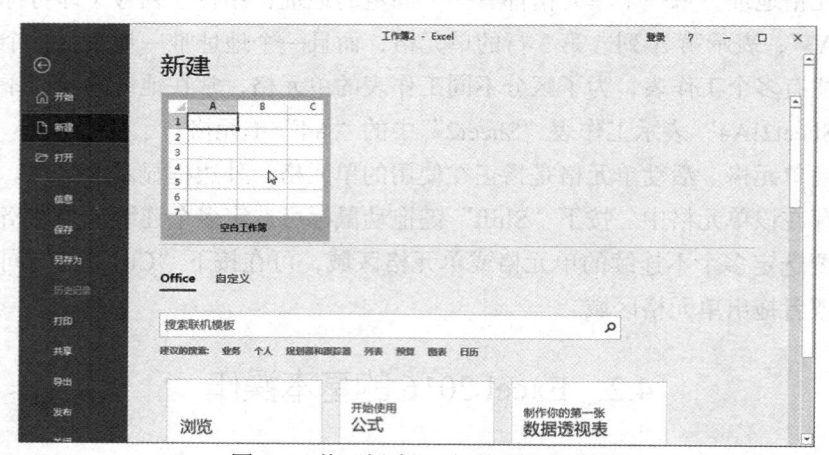

图 4-6　从"新建"页面新建工作簿

3. 使用快捷键新建工作簿

按下"Ctrl+N"组合键，可快速新建一个空白工作簿。

4. 使用模板新建工作簿

Excel 2016 提供了多种模板，可以让用户轻松使用模板创建具有一定格式和内容提示的工作簿。在"开始"页面中单击"更多模板"超链接文字，可跳转到"新建"页面，向下拖动窗口右侧的滚动条，即可看到各种 Excel 模板，如图 4-7 所示。

图 4-7 "新建"页面中的 Excel 模板

选择并单击某个模板图标，打开该模板窗口，单击其中的"创建"按钮，即可新建一个空白工作簿，如图 4-8 所示。

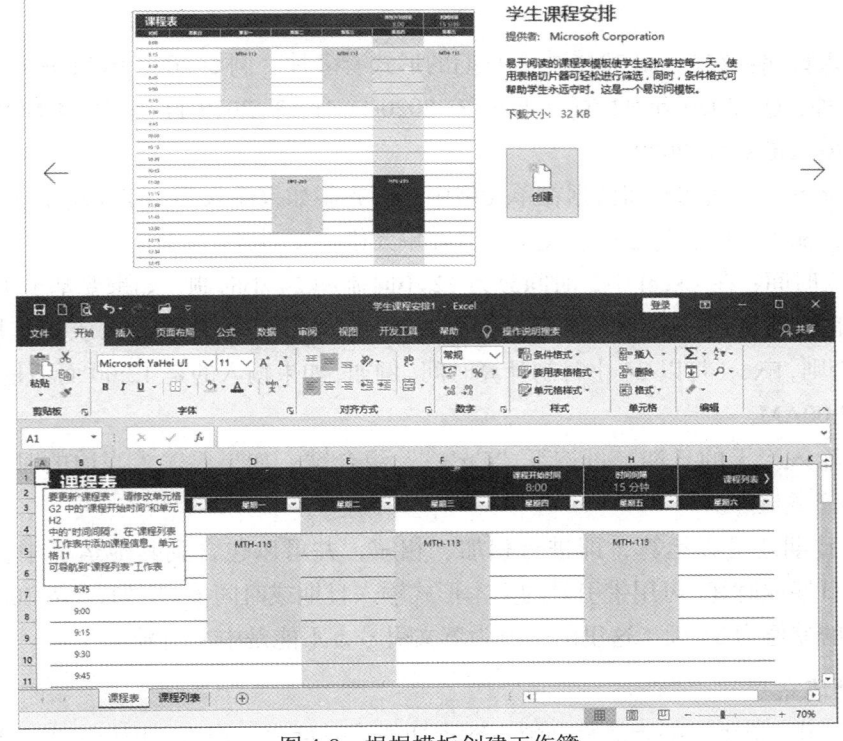

图 4-8 根据模板创建工作簿

4.2.2 工作表的数据输入

当用户在工作表中选定某个单元格后，可直接在其中输入内容。对于一些序列数据，如序号、连续的日期等，还可以设置自动输入。

1. 键盘输入

（1）输入文字：在 Excel 中，系统将汉字、数字、字母、空格、连接符等 ASCII 字符的组合统称为文字。在 Excel 中输入文字与在 Word 中输入文字一样。其具体的操作步骤如下：选定单元格；直接输入文字；输入完成后，按下"Enter"键，确认输入的内容。在 Excel 2016 中，一个单元格中最多能输入 32 000 个字符。

（2）输入数字：输入数字与输入文字的方法相同。输入数字时需要注意下面几点。

① 输入分数时，应先输入一个 0 和一个空格，之后再输入分数。否则系统会将其视为日期处理。如输入"4/9（九分之四）"，应输入"0 4/9"，不输入 0，则表示 9 月 4 日。

② 当输入一个负数时，可以通过两种方法来完成：在数字前面加上一个负号或将数字用双括号括起来。例如要输入"负 9"，可输入"-9"或"（9）"。

③ 输入百分数时，先输入数字，再输入百分号即可。

在 Excel 2016 中可以输入以下数值："0～9""+（加号）""-（减号）""()（双括号）"",（逗号）""/（斜线）"" $（货币符号）""%（百分号）"".（英文句号）""E 和 e（科学计数符）"。

在 Excel 2016 中，E 或 e 是乘方符号，En 表示 10 的 n 次方。例如 2.46E-2 表示"$2.46×10^{-2}$"，值为 0.0246。

（3）输入日期：在 Excel 2016 中，日期的形式有多种。例如 2020 年 11 月 4 日的表示方法有以下 6 种：① 2020 年 11 月 4 日；② 2020/11/4；③ 2020-11-4；④ 4-NOV-2020；⑤ 11-4-2020；⑥ NOV 4，2020。

默认情况下，日期和时间数据在单元格中右对齐。如果输入的是 Excel 不能识别的日期或时间格式，输入的内容将被视为文字，并在单元格中左对齐。

（4）输入时间：在 Excel 中，时间分为 12 小时制和 24 小时制，如果要基于 12 小时制输入时间，则在时间后输入一个空格，然后输入 AM 或 PM（也可简写为 A 或 P），用来表示上午或下午。否则，Excel 将以 24 小时制计算时间。例如，如果输入的是 12:00 而不是 12:00 PM，将被视为 12:00AM。

如果要输入当天的日期，可按下"Ctrl+；"组合键；如果要输入当前的时间，可按下"Ctrl+Shift+；"组合键。

时间和日期还可以运算，即进行相加、相减，并可以包含到其他运算中。如果要在公式中使用日期或时间，可用带引号的文本形式输入日期或时间值。例如，" 2020/11/4 " 与 " 2005/10/1 " 的差值为 34 天（这里的引号为英文引号，不能是中文引号）。

2. 自动填充

Excel 为用户提供了强大的自动填充数据功能，通过这一功能，用户可以非常方便地填充数据。自动填充数据是指在一个单元格内输入数据后，与其相邻的单元格可以自动地输入一定规则的数据。它们可以是相同的数据，也可以是一组数据（等差或等比）。自动填充数据的方法有两种：使用菜单命令和使用鼠标拖动。

（1）使用菜单命令填充数据。可以单击"开始"选项卡中的"编辑"|"填充"按钮来自动填充数据，例如，要在 A1:A7 单元格区域输入星期一到星期日，应先在具有序列特性的第一个单元格中输入"星期一"，并选定序列所使用的单元格区域"A1:A7"，然后在"开始"选项卡中单击"编辑"|"填充"按钮，从弹出的下拉菜单中选择"序列"选项，打开"序列"对话框，在"类型"选项组中选中"自动填充"单选按钮，如图 4-9 所示。设置完毕，单击"确定"按钮，即可在选定的区域内显示从星期一到星期日的数据序列，如图 4-10 所示。

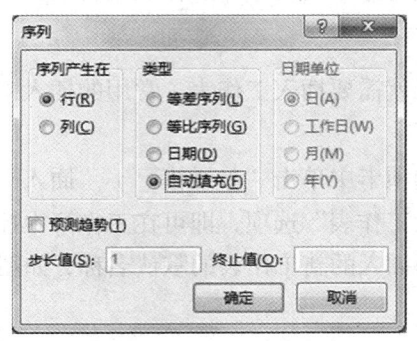

图 4-9　"序列"对话框

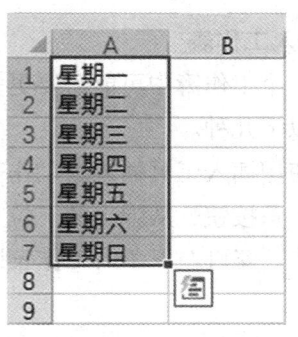

图 4-10　自动填充后的效果

（2）使用鼠标拖动填充数据。用户可以通过鼠标拖动的方法来输入相同的数值（在只选定一个单元格的情况下）。如果选定了多个单元格并且各单元格的值存在等差或等比的规则，则可以填充一组等差或等比数据。例如，在起始单元格中输入数值"9"，然后将鼠标放到单元格右下角的实心方块上，当鼠标变成实心十字形状时拖动鼠标，即可在选定范围内的单元格内输入相同的数值，如图 4-11 所示。

3. 记忆输入法

在一个工作表内，经常需要在一个单元格里输入已经输入过的数据，此时可以使用"记忆输入法"来快速输入数据，即在工作表中输入一个数据段时，如果该数据是表中已有的数据，那么当输入数据的首字符时，单元格中即会出现完整的数据段，按下"Enter"键即可输入全部的数据，如图 4-12 所示。这种方法只适用于字符串数据项的输入。

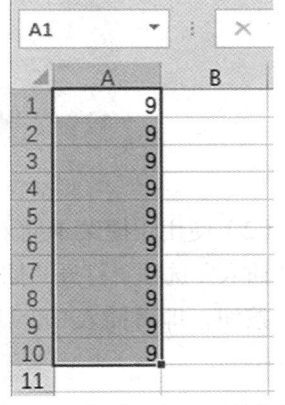

图 4-11　拖动输入相同的数值

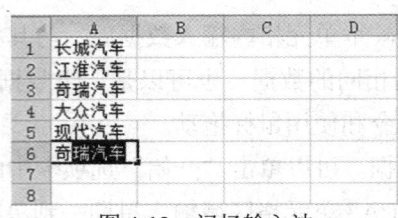

图 4-12　记忆输入法

4.2.3　工作表的管理

在 Excel 工作簿中，主要是工作表的管理和编辑，一个工作簿中可以包含多个工作表，以保存不同类别的数据。要使一个工作簿看起来井然有序，就要做好工作表的管理。

1. 插入工作表

有时一个工作簿中可能需要更多的工作表，这时就需要插入工作表。常用的插入工作表的方法有以下几种。

（1）使用插入工具插入新工作表。在"开始"选项卡中单击"单元格"｜"插入"按钮下方的下三角按钮，从弹出的下拉菜单中选择"插入工作表"选项，即可在工作簿中插入一个新工作表，窗口左下角的工作表标签栏中会看到刚插入的新工作表的默认名称，如图 4-13 所示。

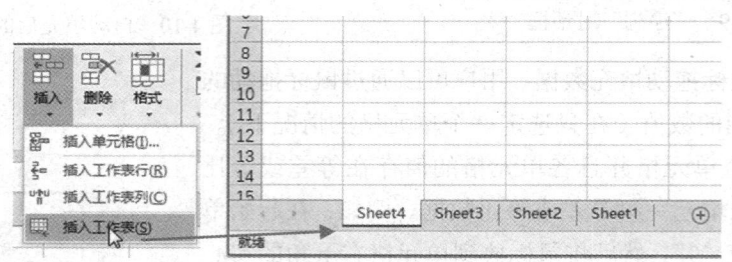

图 4-13　插入新工作表

（2）使用快捷菜单插入工作表。在工作表标签上单击鼠标右键，从弹出的快捷菜单中选择"插入"选项，打开"插入"对话框，在"常用"选项卡中单击"工作表"图标，单击"确定"按钮，即可插入一个新工作表，如图 4-14 所示。

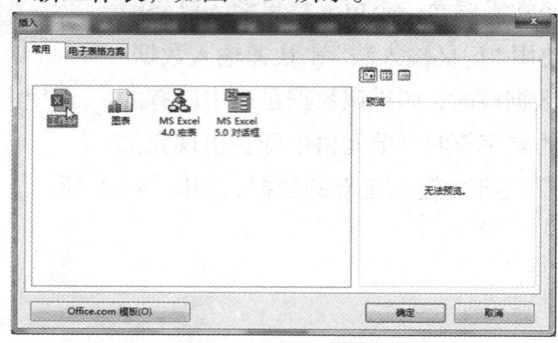

图 4-14　"插入"对话框

（3）单击"新工作表"按钮插入工作表。在工作簿右下角的工作表标签右端有一个"⊕"（新工作表）按钮，单击该按钮可快捷插入一个新工作表。

2. 删除工作表

当不再需要某个工作表时，可以随时把它删除。删除工作表的方法：选定要删除的一个或多个工作表，在"开始"选项卡中单击"单元格"｜"删除"按钮下方的下三角按钮，从弹出的下拉菜单中选择"删除工作表"选项，即可将选定的工作表删除。此外，也可以右键单击要删除的工作表的标签，从弹出的快捷菜单中选择"删除"选项来删除工作表。

3. 重命名工作表

为了使工作表一看就知道其中包含了什么内容，可以为工作表重新命名，例如将系统默认的名称"Sheet1"重命名为"成绩表"。

重命名工作表的方法有以下几种。

（1）选定要重命名的工作表标签，在"开始"选项卡中单击"单元格"｜"格式"按钮右侧的下三角按钮，从弹出的下拉菜单中选择"重命名工作表"选项，这时工作表名称以高亮显示，直接输入新的名称即可，如图4-15所示。

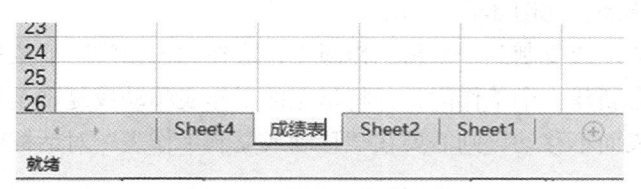

图4-15　更改工作表名称

（2）右键单击要重命名的工作表标签，从弹出的快捷菜单中选择"重命名"选项，然后输入新工作表名称。

（3）双击工作表标签，直接输入新名称。

4. 移动和复制工作表

移动和复制工作表在Excel中的应用相当广泛，用户可以在同一个工作簿上移动或复制工作表，也可以将工作表移动到另一个工作簿中。在移动或复制工作表时要特别注意，因为工作表移动后，与其相关的计算结果或图表可能都会受到影响。

（1）在同一工作簿中移动和复制工作表。

当需要在同一工作簿中移动工作表时，可直接在工作表标签栏中拖动要移动的工作表标签，这时标签栏上方会显示一个指示箭头，如图4-16所示。当指示箭头移动到合适的位置时释放鼠标左键，即可完成工作表的移动。

若要复制工作表，需要按住"Ctrl"键，同时移动工作表标签，释放鼠标左键后，即会在指示的位置复制出一个工作表的副本，如图4-17所示。

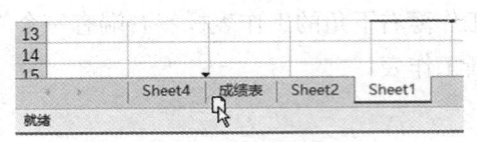

图 4-16　移动工作表 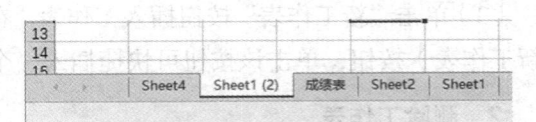　　　　　图 4-17　复制工作表

（2）在不同的工作簿之间移动和复制工作表。

若要将一个工作表从一个工作簿移动或复制到另一个工作簿中，需要同时打开原始工作簿和目标工作簿两个文件窗口，然后在原始工作簿中选定要移动或复制的工作表，单击"开始"选项卡中的"单元格"｜"格式"按钮右侧的下三角按钮，从弹出的下拉菜单中选择"移动或复制工作表"选项，打开"移动或复制工作表"对话框，在"工作簿"下拉菜单中选择目标工作簿，并在"下列选定工作表之前"列表框中选择与之相邻的工作表，单击"确定"按钮，即可完成工作表的跨工作簿移动，如图 4-18 所示。

图 4-18　"移动或复制工作表"对话框

若要将工作表移动或复制到一个新工作簿中，应在"工作簿"下拉菜单中选择"新工作簿"选项，这样就会新建一个工作簿，并将指定的工作表移动或复制至其中。

若要复制工作表而不移动，则需要在"移动或复制工作表"对话框中选中"建立副本"复选框。

5. 隐藏工作表

如果不想让别人看到工作表的内容，可以将工作表隐藏起来，使用时也可以随时将其显示出来。另外，隐藏工作表还可以减少屏幕上显示的工作表数量。

（1）隐藏工作表。选定要隐藏的工作表，在"开始"选项卡中单击"单元格"｜"格式"按钮，从弹出的下拉菜单中选择"隐藏或取消隐藏"｜"隐藏工作表"选项，被选定的工作表即在窗口中隐藏不见。

（2）显示隐藏的工作表。在"开始"选项卡中单击"单元格"｜"格式"按钮，从弹出的下拉菜单中选择"隐藏或取消隐藏"｜"取消隐藏工作表"选项，打开"取消隐藏"对话框，在"取消隐藏工作表"列表框中选择要显示的工作表，然后单击"确定"按钮，即可显示已隐藏的工作表，如图 4-19 所示。

图 4-19　"取消隐藏"对话框

6. 拆分工作表

拆分工作表窗口是把工作表当前活动的窗口拆分成若干窗格，并且在每个被拆分的窗格中都可以通过滚动条来显示工作表的每一个部分。所以，使用拆分窗口功能可以在一个文档窗口中查看工作表不同部分的内容。

（1）拆分工作表。选定拆分分隔处的单元格，然后在"视图"选项卡中单击"窗口"｜"拆分"按钮，工作表窗口即以选定单元格的左上角为分隔点拆分为几个部分，如图 4-20 所示。若要按行或按列拆分窗口，可选定行标或者列标，这样拆分后的窗口将分为上下或者左右两部分。

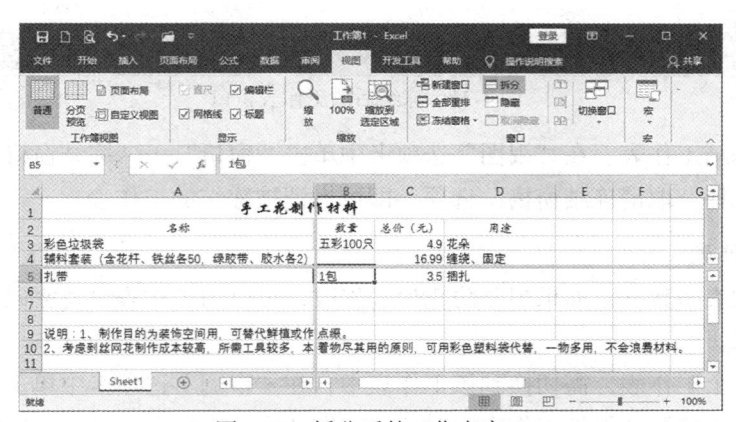

图 4-20　拆分后的工作表窗口

（2）取消拆分。选定拆分窗口的任一单元格，再在"视图"选项卡中单击"窗口"｜"拆分"按钮，即可取消窗口的拆分。

7. 冻结工作表

对于比较大的工作表，屏幕无法在一页里同时显示标题和数据，冻结工作表窗口功能也是将当前工作表活动窗口拆分成窗格。所不同的是，在冻结工作表窗口时，活动工作表的上方和左边窗格将被冻结，即当垂直滚动时，冻结点上方的全部单元格不参与滚动；当水平滚动时，冻结点左边的全部单元格不参与滚动。通常情况下，冻结行标题和列标题，然后通过滚动条来查看工作表的内容。使用冻结工作表窗口功能不影响打印。

（1）冻结工作表。选定一个单元格作为冻结点，在"视图"选项卡中单击"窗口"｜"冻结窗格"按钮，从弹出的下拉菜单中选择"冻结窗格"选项，冻结点上方和左边的所有单元格都将被冻结，并保留在屏幕上，拖动垂直/水平滚动条可保持显示冻结区域中行/列的数据，如图 4-21 所示。

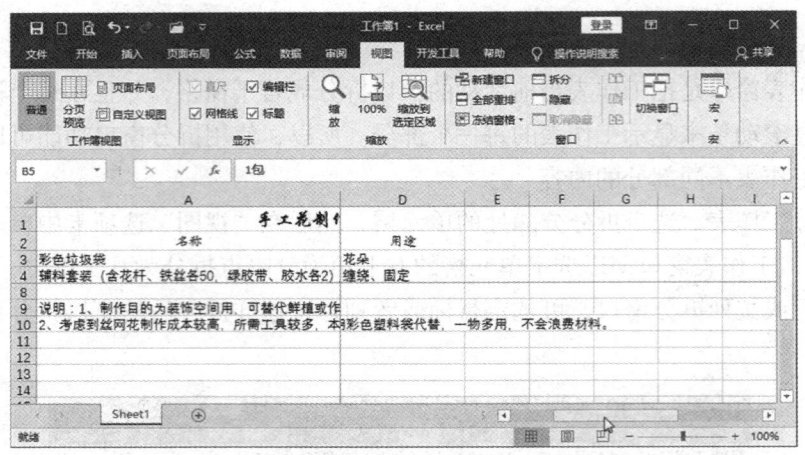

图 4-21　冻结后的工作表窗口

（2）解除冻结工作表。在"视图"选项卡中单击"窗口" |"冻结窗格"按钮，从弹出的下拉菜单中选择"取消冻结窗格"选项，即可撤消被冻结的工作表。

8. 保护工作表

对于重要的表格数据，如果想要防止他人修改，可以为工作表设置密码，以起到保护工作表数据的目的。

若要保护某个工作表，需切换到该工作表中，在"审阅"选项卡中单击"保护" |"保护工作表"按钮，打开"保护工作表"对话框，在"取消工作表保护时使用的密码"文本框中输入密码，如图 4-22 所示。输入密码后单击"确定"按钮，打开"确认密码"对话框，重新输入密码，单击"确定"按钮，完成密码设置，如图 4-23 所示。

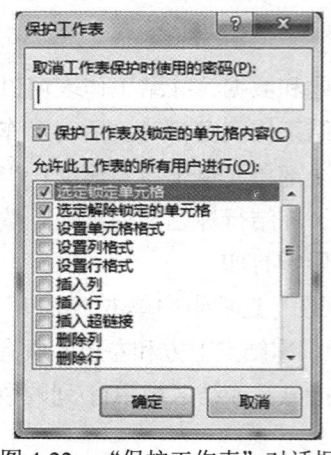

图 4-22　"保护工作表"对话框　　　　图 4-23　"确认密码"对话框

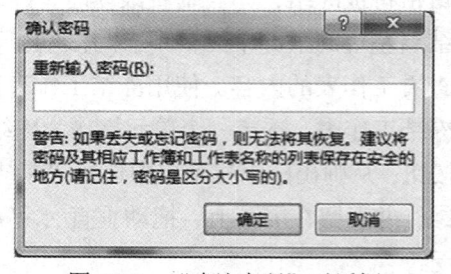

设置了工作表保护密码后，若再对工作表进行修改，就会弹出提示对话框，告知用户该工作表位于保护之中，如图 4-24 所示。这时用户可单击"确定"按钮关闭提示对话框，然后在"审阅"选项卡中单击"保护" |"撤消工作表保护"按钮，打开"撤消工作表保护"对

话框，在"密码"文本框中输入设定的密码，单击"确定"按钮，即可解除密码保护，如图 4-25 所示。

图 4-24　提示对话框　　　　图 4-25　"撤消工作表保护"对话框

9. 保护工作表中的部分内容

如果希望保护整个工作表，但也希望能够在工作表上启用保护后更改部分单元格，那么在启用密码保护之前，需要先解锁工作表中的需要修改的单元格，当完成修改后，再锁定这些单元格。

要锁定工作表中的部分单元格，需先选定这些单元格，然后在"开始"选项卡中单击"单元格"|"格式"按钮，从弹出的下拉菜单中选择"设置单元格格式"选项，打开"设置单元格格式"对话框，切换到"保护"选项卡，选中"锁定"复选框，单击"确定"按钮，如图 4-26 所示。设置完毕，在"审阅"选项卡中单击"更改"|"保护工作表"或"保护工作簿"按钮，重新应用保护，即可保护选定的单元格。

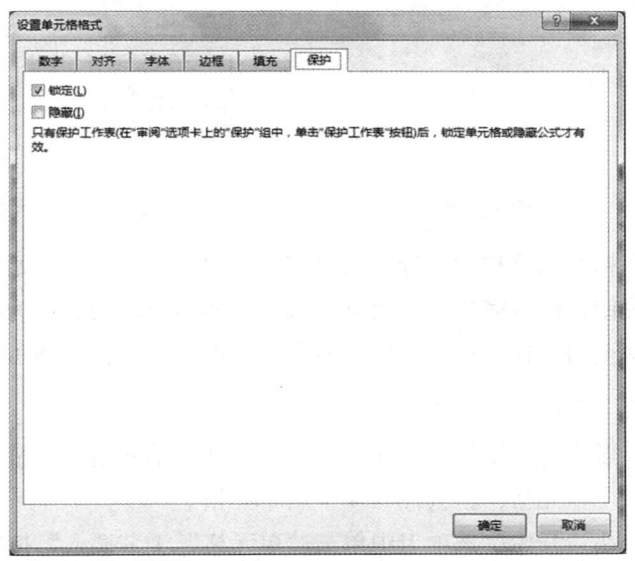

图 4-26　"设置单元格格式"对话框的"保护"选项卡

4.2.4　工作表的编辑

工作表是由单元格组成的。工作表中的单元格、行或列可以根据实际需要自行插入或删除，并可以调整其大小，以匹配其中所包含的数据。

1. 选定单元格

选定单元格的方法如下。

（1）选定一个单元格：在单元格上单击。

（2）选定单元格区域：在起始单元格中按下鼠标左键并拖动，到结束单元格中时释放鼠标左键。

（3）选定一行或一列：单击行标或列标。

（4）选定整个工作表：单击行标、列标交汇处的"　"（全选）按钮。

（5）选定多个不连续的单元格：先选定一个单元格，然后按住"Ctrl"键，再选定其他单元格，如图 4-27 所示。

2. 移动单元格

移动单元格就是将一个单元格或若干个单元格中的数据或图表从一个位置移至另一个位置。移动单元格的方法主要有两种：一种是通过鼠标拖动进行移动；一种是使用剪切和粘贴工具进行移动。

（1）通过鼠标拖动移动。选定要移动的单元格，然后将鼠标指针放到该单元格的边框位置上，当指针变成十字形箭头状时，按下鼠标左键并拖动，即可移动单元格，如图 4-28 所示。

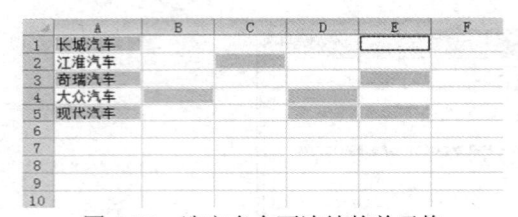

图 4-27　选定多个不连续的单元格　　　　图 4-28　移动单元格

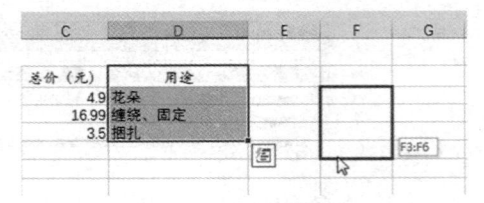

（2）使用剪切和粘贴工具移动。选定所要移动的单元格，在"开始"选项卡中单击"剪贴板"｜"剪切"按钮，执行完毕后，所选区域的单元格边框会显示为滚动的水波浪线，这时用鼠标单击所要移至的位置，单击"剪贴板"｜"粘贴"按钮，即可完成移动。

3. 插入单元格、行或列

插入单元格时，需要先选定与其相邻的单元格，选定单元格的数量即是插入单元格的数量，例如，选定了 4 个单元格，就会插入 4 个新单元格。

选定单元格后，在"开始"选项卡中单击"单元格"｜"插入"按钮，即可插入与选定单元格数目相等的单元格。若要指定插入后其他单元格的位置，可单击"插入"按钮下方的下三角按钮，从弹出的下拉菜单中选择"插入单元格"选项，打开如图 4-29 所示的"插入"对话框，选择当前选定的单元格的位置，然后单击"确定"按钮，即可插入单元格。

如果只选定了某个单元格却想要插入整行或整列，可在"插入"对话框中选中"整行"或"整列"单选按钮，也可以在"开始"选项卡中单击"单元格"｜"插入"按钮，从弹出的下拉菜单中选择"插入工作表行"或"插入工作表列"选项。

4. 删除单元格、行或列

选定要删除的单元格、行或列，在"开始"选项卡单击"单元格"｜"删除"按钮，即可将其删除。若要指定删除后其他单元格的位置，可单击"删除"按钮下方的下三角按钮，从弹出的下拉菜单中选择"删除单元格"选项，打开如图 4-30 所示的"删除"对话框，选择相邻单元格的位置，然后单击"确定"按钮，即可删除单元格。

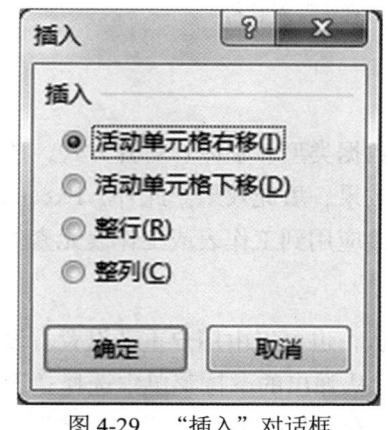

图 4-29　"插入"对话框　　　　　图 4-30　"删除"对话框

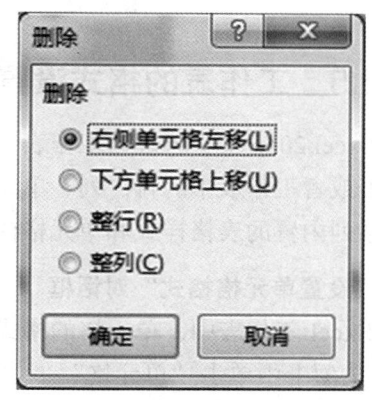

若在选定某个单元格后却想要删除整行或整列，可在"删除"对话框中选中"整行"或"整列"单选按钮，也可以直接在"单元格"｜"删除"下拉菜单中选择"删除工作表行"或"删除工作表列"选项。

5. 调整行高和列宽

系统默认的行高和列宽有时并不能满足需要，这时用户可以自定义调整行高和列宽。调整行高和列宽的方法主要有两种。

（1）鼠标拖动。将鼠标放到两个行标或列标之间，当鼠标变成十字形状时，按住鼠标左键并拖动，即可调整行高或列宽，如图 4-31 所示。

图 4-31　调整列宽

（2）精确调整行高和列宽。选定整行或整列，在"开始"选项卡中单击"单元格"｜"格式"按钮，从弹出的下拉菜单中选择"单元格大小"｜"行高"或"列宽"选项，打开"行高"或"列宽"对话框,在"行高"或"列宽"文本框中输入数值。单击"确定"按钮,即可精确调整行高或列宽,如图 4-32 所示。

图 4-32　"行高"对话框和"列宽"对话框

4.2.5　工作表的格式设置

在 Excel 2016 中,可以为工作表中的数据设置数据类型、字体、对齐方式,还可以为整张工作表或者工作表中的行、列、单元格设置边框效果、填充效果。此外,Excel 2016 还提供了一系列内置的表格样式和单元格样式,可以直接应用到工作表或工作表元素上。

1. "设置单元格格式"对话框

在 Excel 工作表中,单元格的格式可由系统默认,也可以由用户重新设置。设置时,在"开始"选项卡中单击"单元格"|"格式"按钮,从弹出的下拉菜单中选择"设置单元格格式"选项,打开"设置单元格格式"对话框,可以看到其中有"数字""对齐""字体""边框""填充""保护"6 个选项卡,用于设置不同的格式选项。

(1)设置数字格式

在"设置单元格格式"对话框中选择"数字"选项卡,可以设置单元格中数值的格式,如图 4-33 所示。在"分类"列表框中选择数据分类,可将所选数据设置为相应的格式。

(2)设置对齐方式

在"设置单元格格式"对话框中选择"对齐"选项卡,可在所选单元格或区域中,对数据进行左对齐、右对齐、居中、两端对齐、跨列居中、竖排文本等设置,如图 4-34 所示。

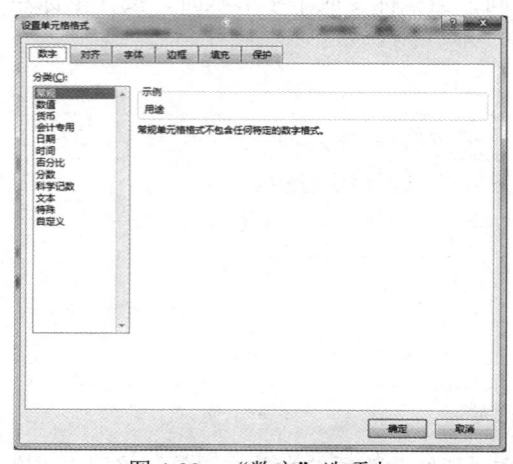

图 4-33　"数字"选项卡　　　　　　　图 4-34　"对齐"选项卡

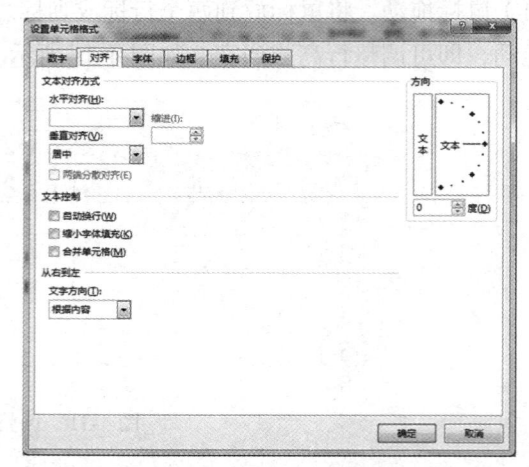

(3)设置字体格式

在"设置单元格格式"对话框中选择"字体"选项卡，可对所选单元格中文字的字体、字号、颜色、字形，以及下画线等进行设置，具体操作与 Word 相同，如图 4-35 所示。

（4）设置边框样式

在"设置单元格格式"对话框中选择"边框"选项卡，可对所选单元格或区域进行边框或线条设置，可以选择线型、线宽及颜色，其操作类似于在 Word 中设置表格边框，如图 4-36 所示。

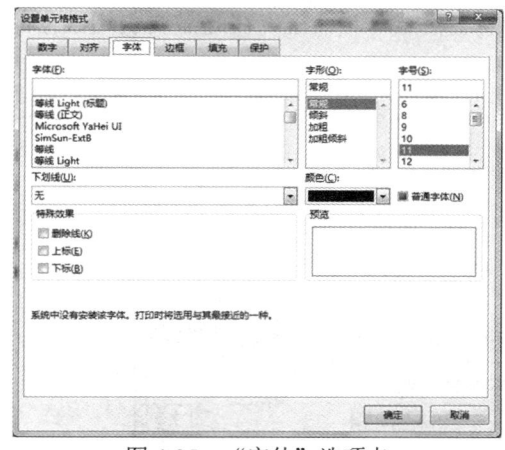

图 4-35 "字体"选项卡   图 4-36 "边框"选项卡

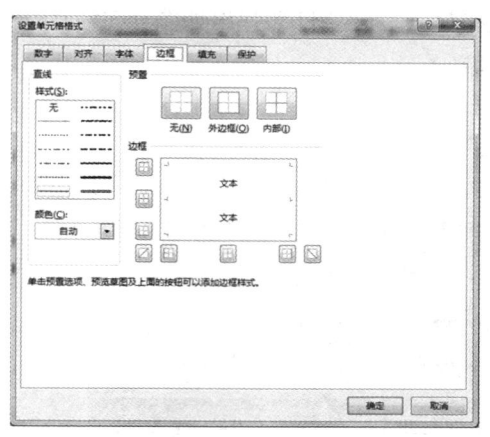

（5）设置填充效果

在"设置单元格格式"对话框中选择"填充"选项卡，可设置单元格或区域的底纹颜色。单击"图案样式"下三角按钮，还可选择底纹图案，如图 4-37 所示。

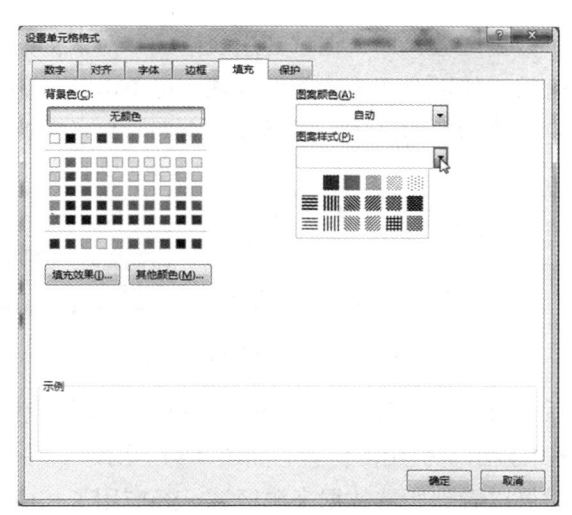

图 4-37 "填充"选项卡

2. 套用表格格式

Excel 2016 的自动套用格式功能提供了多种表格样式，用户可以选择需要的样式快速美化工作表。套用表格格式的操作方法大致可以分为 5 个步骤：选择表格样式；设置表数据的来源；引用数据的来源区域；设置表包含标题；显示套用表格格式后的效果。

首先，打开工作表，选定任意数据单元格，在"开始"选项卡中单击"样式"｜"套用表格格式"按钮，展开表格格式下拉面板，从中选择需要的表格格式，如图 4-38 所示。选择某种表格格式后，会自动弹出如图 4-39 所示的"套用表格式"对话框，在此需要引用数据的来源区域。

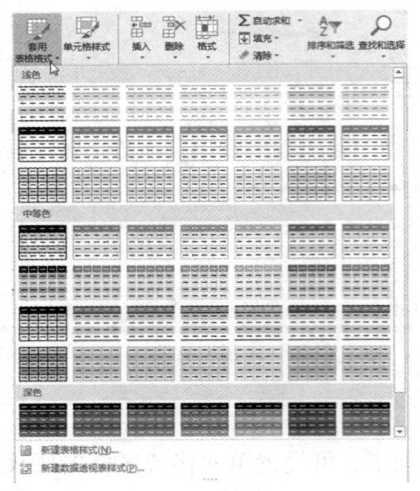

图 4-38 "套用表格格式"下拉面板　　　　图 4-39 "套用表格式"对话框

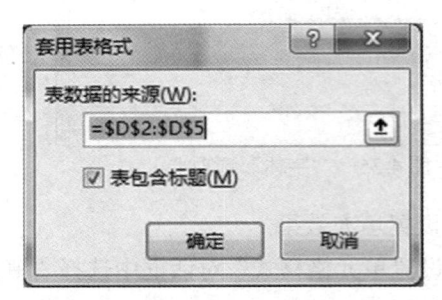

如果一开始就选定了数据区域，那么在"套用表格式"对话框的"表数据的来源"框中即会显示相应的单元格区域；如果需要更改数据区域，可单击其右侧的折叠按钮，折叠对话框，重新在工作表中选定正确的数据区域，对话框中会即时显示更改，如图 4-40 所示。

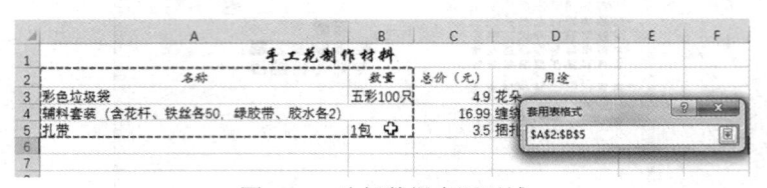

图 4-40 选择数据来源区域

选定数据来源区域后，再次单击对话框中的折叠按钮，此时对话框的标题会变成"创建表"，"表数据的来源"框中显示了引用的位置，如图 4-41 所示。选中"表包含标题"复选框，单击"确定"按钮。此时可以看到所选数据来源区域已经应用了相应的表格格式，并出现表格工具的"设计"选项卡，如图 4-42 所示。

第 4 章　Excel 2016 电子表格软件

图 4-41　"创建表"对话框

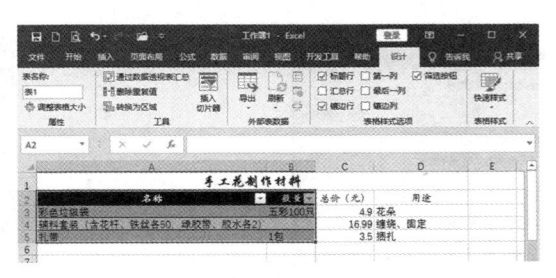

图 4-42　套用样式效果

3. 使用单元格样式

Excel 2016 提供了单元格样式，可以对单元格格式进行快速设置，以使单元格更加美观，显示效果更好。用户可以使用系统提供的现有样式，也可以自定义单元格样式，以方便对表格进行各类设置。

（1）使用单元格样式

选定要使用单元格样式的表格区域，在"开始"选项卡中单击"样式" | "单元格样式"按钮，从弹出的下拉面板中选择一种样式并单击，被选定的区域即使用了该样式，如图 4-43 所示。

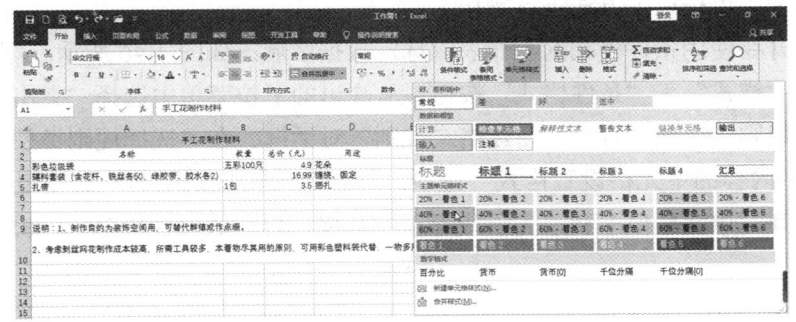

图 4-43　使用单元格样式

（2）新建单元格样式

如果系统内置的单元格样式不符合需要，也可以自行创建新的单元格样式。

在"开始"选项卡中单击"样式" | "单元格样式"按钮，从弹出的下拉面板中选择"新建单元格样式"选项，打开如图 4-44 所示的"样式"对话框，在"样式名"文本框中输入要定义的样式名称，单击"格式"按钮，打开"设置单元格格式"对话框，从中设置数字格式、对齐方式、字体、边框和填充效果等选项。设置完毕，单击"确定"按钮，完成单元格样式的自定义。此时再次单击"单元格样式"按钮，在单元格样式列表中会看到自定义的样式，如图 4-45 所示。

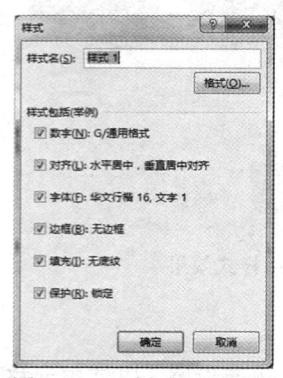

图 4-44 "样式"对话框

图 4-45 新建的单元格样式

4. 使用条件格式

条件格式是指当指定条件为真时，Excel 自动应用于单元格的格式，例如，单元格底纹或字体颜色。如果想为某些符合条件的单元格应用某种特殊格式，使用条件格式功能就可以轻松实现；如果再结合使用公式，条件格式就会变得更加有用。

例如，要将一个名为"考试成绩统计表"的工作表中各门功课成绩大于等于 85 分的数据突出显示出来，可按以下方法进行操作。

首先，打开要使用条件格式的工作表，选定数据区域，如图 4-46 所示。然后在"开始"选项卡中单击"样式" | "条件格式"按钮，从弹出的下拉菜单中选择"突出显示单元格规则" | "其他规则"选项，打开"新建格式规则"对话框，在"选择规则类型"列表中选择"只为包含以下内容的单元格设置格式"选项，并在"编辑规则说明"选项组中的前两个选项组中依次选择"单元格值"和"大于或等于"选项，再在数值栏中输入"85"，如图 4-47 所示。

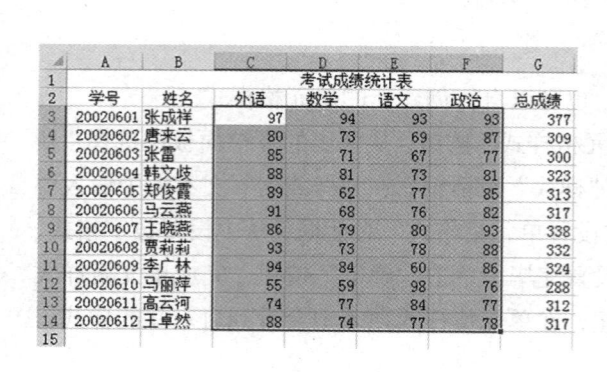

图 4-46 选定数据区域

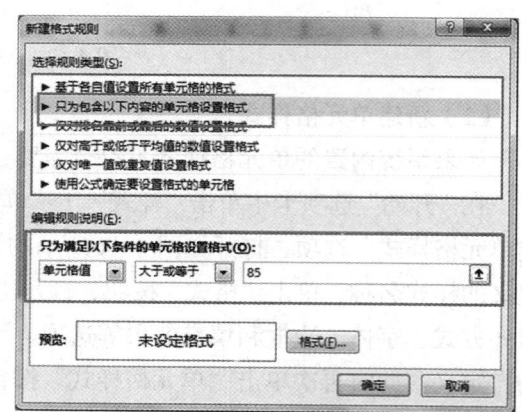

图 4-47 "新建格式规则"对话框

接下来，单击"新建格式规则"对话框中的"格式"按钮，打开"设置单元格格式"对话框，设置要突出显示的数值的数字格式、字体、边框及填充等选项，完成后单击"确定"

按钮返回"新建格式规则"对话框。单击"确定"按钮完成设置，此时在工作表中符合条件的数值已经按上面设置的格式突出显示，如图 4-48 所示。

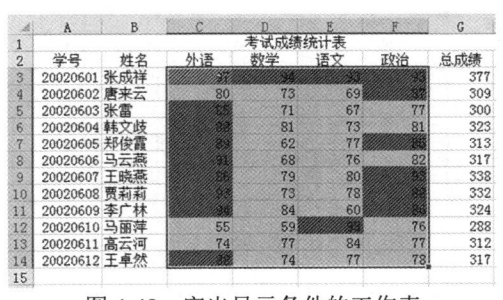

图 4-48　突出显示条件的工作表

4.3　Excel 2016 公式与函数的使用

电子表格与普通表格的区别就是能够进行复杂的数值计算。在 Excel 2016 中提供了可以实现多种运算的数学公式。这些公式可以使工作表的功能增强，变成能进行数据处理的有效工具。可以说，公式是电子表格功能的集中体现，是电子表格的灵魂。当改变了工作表内与公式有关的数据，Excel 会自动更新计算结果。输入公式的操作类似于输入文本。不同之处在于，输入公式时要以等号（=）开头。

4.3.1　创建公式

使用公式有助于分析工作表中的数据。公式可用来执行各种运算，如加、减、乘、除、比较、求平均值和最大值等。当向工作表中输入数值时就可以使用公式。其操作类似于输入文字。但是，要以等号（=）开头，然后输入公式表达式。在一个公式中，可以包含各种算术运算符、常量、变量、函数、单元格地址等。例如：

=30*2+10-50 //常量运算
=A2*100-B6　　　　　　　//使用单元格地址（变量）
=SQRT（B3+C7）　　　　//使用函数

输入公式时，首先要选定输入公式的单元格，然后在编辑栏中输入一个"="，其后输入公式。输入完毕，按下"Enter"键或者单击编辑栏左边的"✓"（确认）按钮即可得出结果。

例如：学生成绩表中语文、数学、英语三门课的总分，可以在 I3 单元格中输入"=C3+E3+F3"，如图 4-49 所示。完成后单击输入按钮，即可计算出第一个同学的语文、数学和英语三门课的总分。

图 4-49　输入公式

若要取消输入的公式，单击编辑栏左边的"✖"（取消）按钮即可。

4.3.2　复制公式

在 Excel 工作表中，可以将已有的公式复制到其他的单元格中。在工作表中复制单元格一般有 3 种方法：一是使用鼠标拖动，这种方法适合近距离复制公式；二是使用"复制"和"粘贴"工具，这种方法适合远距离复制公式；此外还可以使用"填充"工具来复制公式。

（1）使用鼠标拖动方式复制公式。

在工作表中输入公式，按下"Enter"键得出计算结果，然后将鼠标指针放置到需要复制公式单元格右下角的控点上，当鼠标指针变为十字形时按住鼠标左键并拖动鼠标，到最后一个单元格时释放鼠标左键，即可将公式复制到鼠标拖动过的单元格中并显示计算结果，如图 4-50 所示。

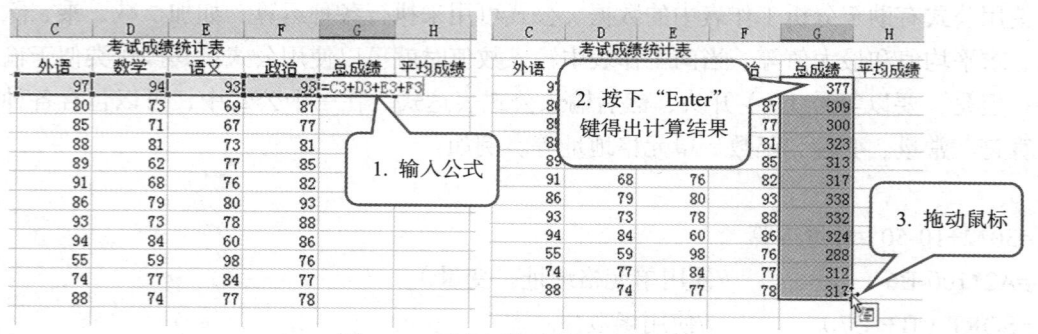

图 4-50　用鼠标拖动的方式复制公式

（2）使用"复制"和"粘贴"工具复制公式。

在工作表中选择已输入公式的源单元格，在"开始"选项卡中单击"剪贴板"｜"复制"按钮，然后选定目标单元格，单击"剪贴板"｜"粘贴"按钮下方的下三角按钮，在弹出的下拉面板中指向"公式"图标，此时选定单元格将能预览公式粘贴后的计算结果，如图 4-51 所示。单击"公式"图标，公式将被粘贴到指定的单元格中，并显示运算结果。

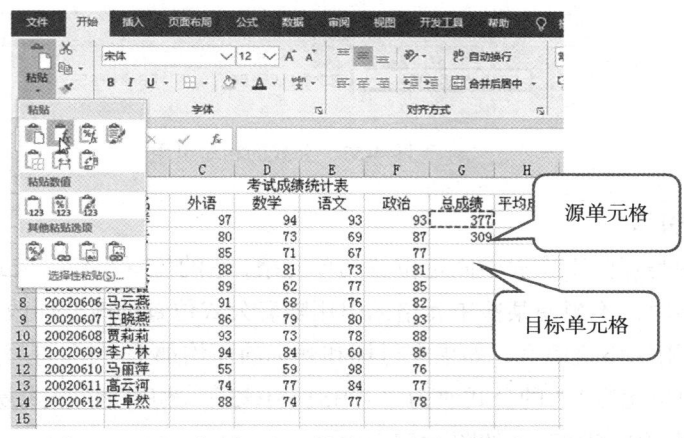

图 4-51 用"复制"和"粘贴"工具复制公式

（3）使用"填充"工具复制公式。

选定单元格区域，该区域第一个单元格要包含公式。然后在"开始"选项卡中单击"编辑"｜"填充"按钮，从弹出的下拉菜单中选择"向下"选项，公式即会向下填充到所选的每个单元格中，并显示计算结果，如图 4-52 所示。

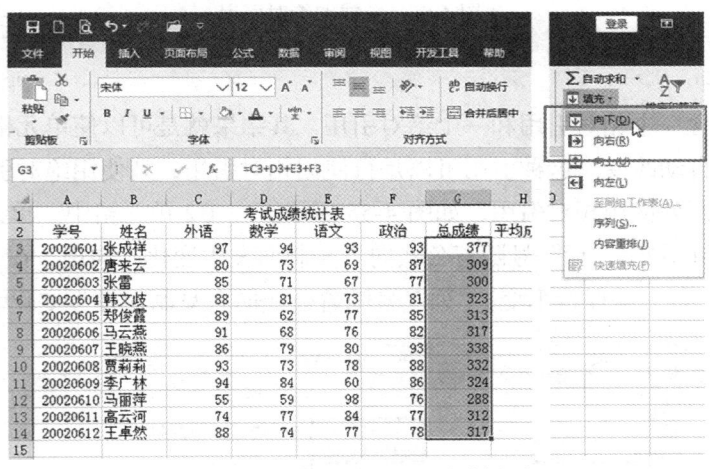

图 4-52 用"填充"工具复制公式

4.3.3 单元格的引用

Excel 把单元格的引用分成了 3 种类型：相对引用、绝对引用和混合引用。

1. 相对引用

单元格相对引用是指相对于公式所在单元格相应位置的单元格。当此公式被复制到别处时，Excel 能够根据移动的位置调节引用单元格。例如将 A1 这一单元格中的公式"=D3+D4+D5+D6"复制到 B1、C1 中，则其公式内容也将自动变为"=E3+E4+E5+E6"和"=F3+F4+F5+F6"，如图 4-53 所示。

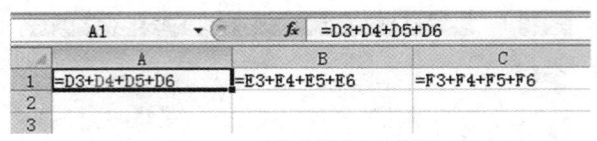

图 4-53　公式的相对引用

2. 绝对引用

绝对引用是指向工作表中固定位置的单元格，它的位置与包含公式的单元格无关。例如，当复制单元格时，不想使某些单元格的引用随着公式位置的改变而改变，则需要使用绝对引用。对于 B1 引用格式而言，如果在行标和列标前面均加上"$"符号，则代表绝对引用单元格。例如，把单元格 B3 的公式改为"=$B$1+$B$2"，然后将该公式复制到单元格 C3 时，公式仍然为"=$B$1+$B$2"，如图 4-54 所示。

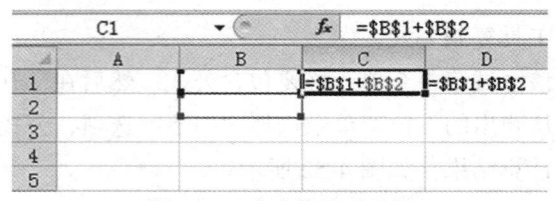

图 4-54　公式的绝对引用

3. 混合引用

混合引用包含一个相对引用和一个绝对引用。其结果就是可以使单元格引用的一部分固定不变，一部分自动改变。这种引用可以是行使用相对引用，列使用绝对引用，也可以是行使用绝对引用，而列使用相对引用，如图 4-55 所示。在 B2 单元格中，单元格地址"$A5"表示"列"号保持不变，"行"号随着公式向下复制而发生变化。同理，在 C2 单元格中，地址"A$5"表示"行"号保持不变，"列"号随着公式向右复制而发生变化。

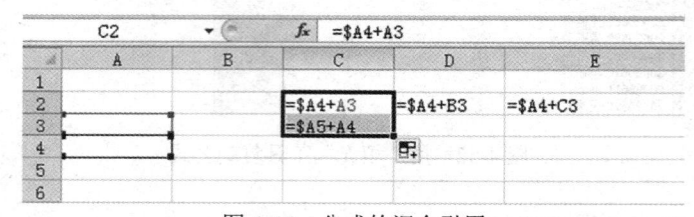

图 4-55　公式的混合引用

4.3.4　自动求和按钮的使用

自动求和是经常用到的公式，为此 Excel 提供了一个强大的工具——自动求和工具。自动求和的具体操作方法如下。选定要自动求和的区域，单击"格式"选项卡中的"编辑" | "Σ"（自动求和）按钮，即可在当前单元格中自动插入求和函数，并自动对相邻的数据单元格进行求和计算，如图 4-56 所示。

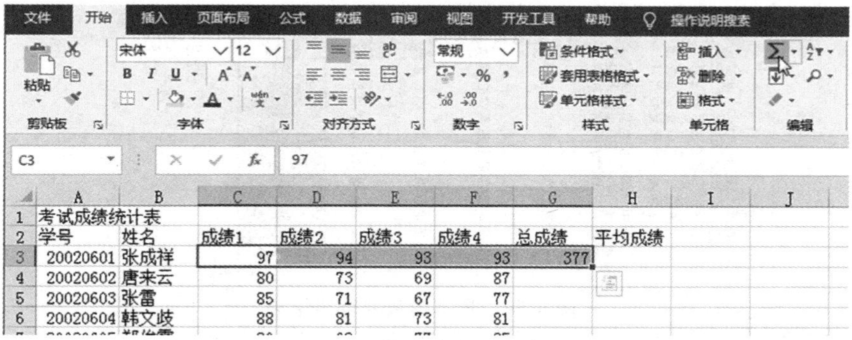

图 4-56　对单元格中的数字求和

4.3.5　函数的使用

Excel 中的函数，实际上是一些预定了某项功能的公式，一般由 3 部分组成，即函数名、参数和括号。括号表示参数从哪里开始到哪里结束，括号前后不能有空格。参数可以有多个，其间用逗号隔开。参数可以是数字、文本、逻辑值或应用，也可以是常数、公式或其他函数。当函数的参数是其他函数时，称为嵌套。

1. 手工输入函数

手工输入函数的方法如同在单元格中输入公式一样，先输入“=”，再输入函数。例如，要对如图 4-57 所示的考试成绩统计表中的数据进行常用函数操作，可按下列方法操作。

	A	B	C	D	E	F	G	H
1			考试成绩统计表					
2	学号	姓名	成绩1	成绩2	成绩3	成绩4	总成绩	平均成绩
3	20020601	张成祥	97	94	93	93		
4	20020602	唐来云	80	73	69	87		
5	20020603	张雷	85	71	67	77		
6	20020604	韩文歧	88	81	73	81		
7	20020605	郑俊霞	89	62	77	85		
8	20020606	马云燕	91	68	76	82		
9	20020607	王晓燕	86	79	80	93		
10	20020608	贾莉莉	93	73	78	88		
11	20020609	李广林	94	84	60	86		
12	20020610	马丽萍	55	59	98	76		
13	20020611	高云河	74	77	84	77		
14	20020612	王卓然	88	74	77	78		
15								

图 4-57　考试成绩统计表

（1）求和——计算学生的总成绩。求和函数是 SUM。在结果单元格 G3 中输入“=SUM(C3:F3)”，然后按下“Enter”键，即可得出工作表第 3 行学生的总成绩，如图 4-58 所示。选定 G3 单元格，将鼠标指针放在该单元格右下角的控点上，当鼠标指针变成十字形时，向下拖动至 G14 单元格，即可复制函数并得出各位学生的总成绩，如图 4-59 所示。

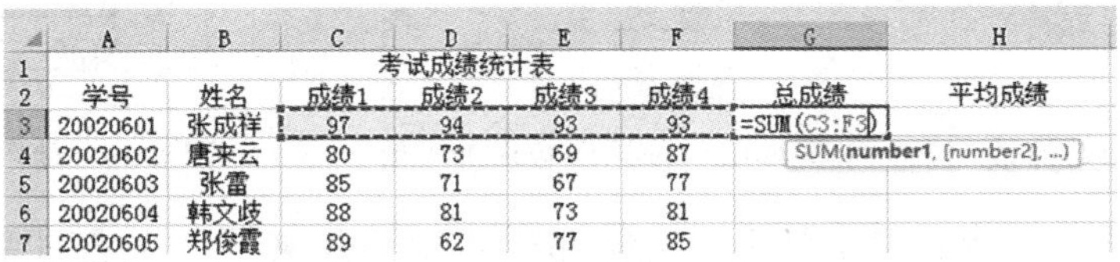

图 4-58　使用函数求和

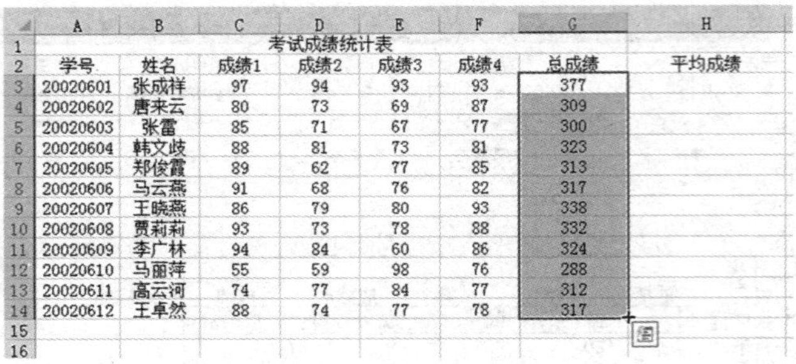

	A	B	C	D	E	F	G	H
1				考试成绩统计表				
2	学号	姓名	成绩1	成绩2	成绩3	成绩4	总成绩	平均成绩
3	20020601	张成祥	97	94	93	93	377	
4	20020602	唐来云	80	73	69	87	309	
5	20020603	张雷	85	71	67	77	300	
6	20020604	韩文歧	88	81	73	81	323	
7	20020605	郑俊霞	89	62	77	85	313	
8	20020606	马云燕	91	68	76	82	317	
9	20020607	王晓燕	86	79	80	93	338	
10	20020608	贾莉莉	93	73	78	88	332	
11	20020609	李广林	94	84	60	86	324	
12	20020610	马丽萍	55	59	98	76	288	
13	20020611	高云河	74	77	84	77	312	
14	20020612	王卓然	88	74	77	78	317	
15								
16								

图 4-59　复制函数并得出结果

（2）求平均值——计算学生的平均成绩。平均值函数是 AVERAGE。在结果单元格 H3 中输入“=AVERAGE(C3:F3)”，按下“Enter”键，得出第 3 行学生的平均成绩，如图 4-60 所示。选定 H3 单元格，将鼠标指针放在该单元格右下角的控点上，当鼠标指针变成十字形时，向下拖动至 H14 单元格，即可复制函数并得出各位学生的平均成绩。

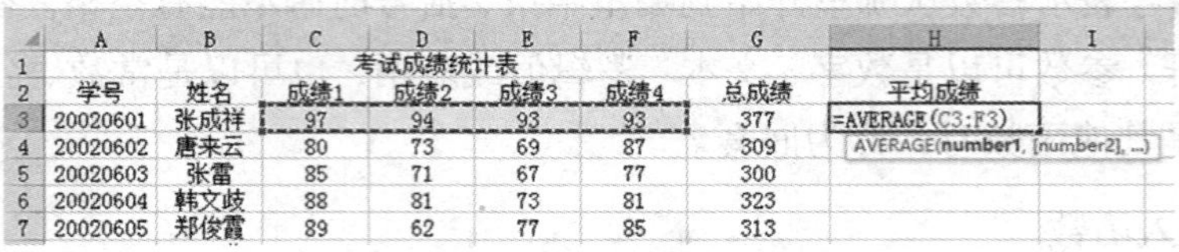

	A	B	C	D	E	F	G	H	I
1				考试成绩统计表					
2	学号	姓名	成绩1	成绩2	成绩3	成绩4	总成绩	平均成绩	
3	20020601	张成祥	97	94	93	93	377	=AVERAGE(C3:F3)	
4	20020602	唐来云	80	73	69	87	309	AVERAGE(number1, [number2], ...)	
5	20020603	张雷	85	71	67	77	300		
6	20020604	韩文歧	88	81	73	81	323		
7	20020605	郑俊霞	89	62	77	85	313		

图 4-60　使用函数求平均值

（3）计数——统计学生人数。统计学生人数要使用计数函数 COUNT，该函数只统计数字数据而忽略其他类型的数据，所以在此可以按学号（A 列）进行统计：在准备要存放结果的空单元格中单击（如 A17），输入“=COUNT(A1:A14)”，按下“Enter”键，即可得出计数值“12”，如图 4-61 所示。

（4）求最大值和最小值——查找总成绩的最高分和最低分。查找最高分和最低分要使用到最大值函数 MAX 和最小值函数 MIN。在结果单元格 G17 中单击，输入“=MAX(A3:A14)”，按下“Enter”键，即可求出总成绩的最高分，如图 4-62 所示。在结果单元格 G16 中单击，输入“=MIN(A3:A14)”，按下“Enter”键，求出最低分，如图 4-63 所示。

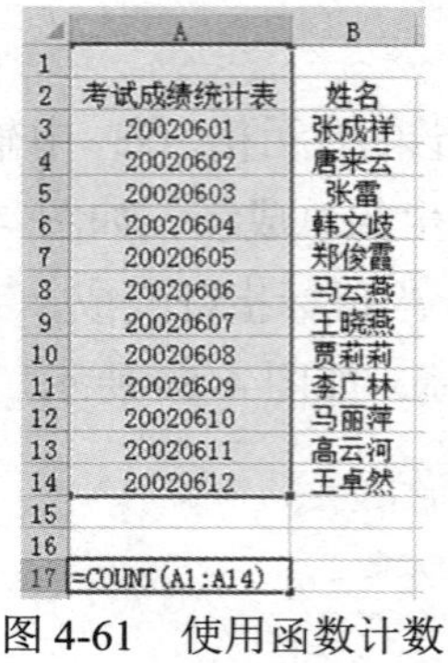

	A	B
1		
2	考试成绩统计表	姓名
3	20020601	张成祥
4	20020602	唐来云
5	20020603	张雷
6	20020604	韩文歧
7	20020605	郑俊霞
8	20020606	马云燕
9	20020607	王晓燕
10	20020608	贾莉莉
11	20020609	李广林
12	20020610	马丽萍
13	20020611	高云河
14	20020612	王卓然
15		
16		
17	=COUNT(A1:A14)	

图 4-61　使用函数计数

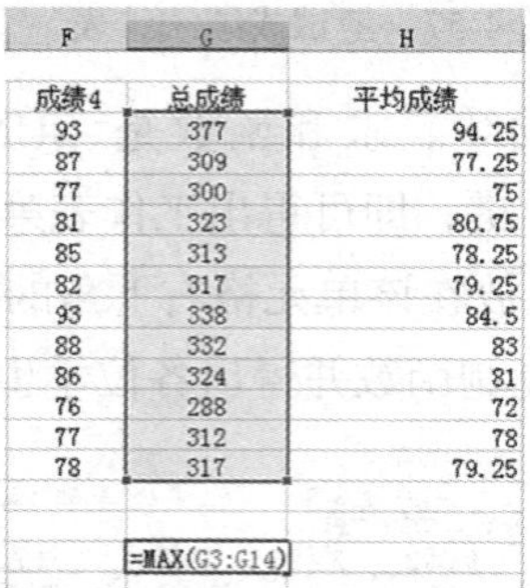

F	G	H
成绩4	总成绩	平均成绩
93	377	94.25
87	309	77.25
77	300	75
81	323	80.75
85	313	78.25
82	317	79.25
93	338	84.5
88	332	83
86	324	81
76	288	72
77	312	78
78	317	79.25
	=MAX(G3:G14)	

图 4-62　使用函数求最大值

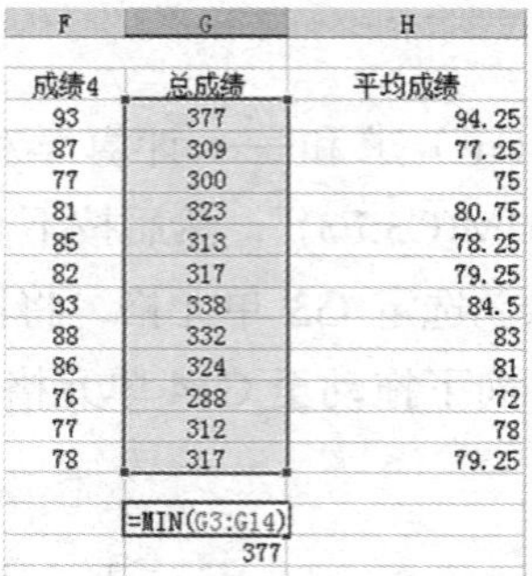

F	G	H
成绩4	总成绩	平均成绩
93	377	94.25
87	309	77.25
77	300	75
81	323	80.75
85	313	78.25
82	317	79.25
93	338	84.5
88	332	83
86	324	81
76	288	72
77	312	78
78	317	79.25
	=MIN(G3:G14)	
	377	

图 4-63　使用函数求最小值

（5）条件求和——求各学生单科成绩在 90 分以上（含 90 分）的各科总分。这是一个条件求和项，具体的解释就是将每个学生单科成绩在 90 分以上（含 90 分）的各科分数相加，低于 90 分的不计分。此处需要使用条件求和函数 SUMIF。首先对第一位学生进行计算：在结果单元格 J3 中单击，输入“=SUMIF (C3:F3, ″>=90″)”，按下“Enter”键，求出该学生 90 分以上各科的总分，如图 4-64 所示。在 J3 单元格中单击，将鼠标指针放在该单元格右下角的控点上，当鼠标指针变成十字形时，向下拖动至 J14 单元格，即可复制函数并得出各位学生 90 分以上各科的总分，如图 4-65 所示。

	A	B	C	D	E	F	G	H	I	J
1				考试成绩统计表						
2	学号	姓名	成绩1	成绩2	成绩3	成绩4	总成绩	平均成绩		90分以上成绩之和
3	20020601	张成祥	97	94	93	93	377	94.25		=SUMIF(C3:F3,">=90")
4	20020602	唐来云	80	73	69	87	309	77.25		
5	20020603	张雷	85	71	67	77	300	75		

图 4-64 条件求和

	A	B	C	D	E	F	G	H	I	J
1				考试成绩统计表						
2	学号	姓名	成绩1	成绩2	成绩3	成绩4	总成绩	平均成绩		90分以上成绩之和
3	20020601	张成祥	97	94	93	93	377	94.25		377
4	20020602	唐来云	80	73	69	87	309	77.25		0
5	20020603	张雷	85	71	67	77	300	75		0
6	20020604	韩文歧	88	81	73	81	323	80.75		0
7	20020605	郑俊霞	89	62	77	85	313	78.25		0
8	20020606	马云燕	91	68	76	82	317	79.25		91
9	20020607	王晓燕	86	79	80	93	338	84.5		93
10	20020608	贾莉莉	93	73	78	88	332	83		93
11	20020609	李广林	94	84	60	86	324	81		94
12	20020610	马丽萍	55	59	98	76	288	72		98
13	20020611	高云河	74	77	84	77	312	78		0
14	20020612	王卓然	88	74	77	78	317	79.25		0
15										
16							288			

图 4-65 复制条件求和函数并得出结果

（6）条件计数——求平均成绩在 80 分以下（含 80 分）和 80~90 分之间（含 90 分）的学生人数。这里要用到 COUNTIF 和 COUNTIFS 函数。COUNTIF 函数用于计算某个区域中满足给定条件的单元格数目；COUNTIFS 函数则用于统计一组给定条件所指定的单元格数。首先，求 80 分以下（含 80 分）的人数：在结果单元格中单击，输入“=COUNTIF (H3:H14, ″<=80″)”，按下“Enter”键，得出结果，如图 4-66 所示。然后求 80~90 分之间（含 90 分）的人数：在结果单元格中单击，输入“=COUNTIFS (H3:H14, ″>80″, H3:H14, ″<=90″)”，按下“Enter”键，得出结果，如图 4-67 所示。

（7）IF 函数——判定成绩 1 是否及格。IF 函数的语法结构 IF(条件, 结果 1, 结果 2)，它可以对满足条件的数据进行处理，条件满足，则输出结果 1；条件不满足，则输出结果 2。可以省略结果 1 或结果 2，但不能同时省略。

例如，将 60 分以上（含）认定为及格，60 分以下认定为不及格，以此为条件判定学生的成绩 1 是否及格，操作方法如下。

图 4-66 求 80 分以下（含 80 分）的人数　　图 4-67 求 80～90 分之间（含 90 分）的人数

在考试成绩统计表的 C 列和 D 列之间插入一个空列，在 D2 单元格中输入"等级"，在 D3 单元格中输入 IF 函数"=IF(B2>=60,″及格″,″不及格″)"，按下"Enter"键，即可得出结果，如图 4-68 所示。在 D3 单元格中单击，将鼠标指针放在该单元格右下角的控点上，当鼠标指针变成十字形时，向下拖动至 D14 单元格，即可复制函数并得出各位学生的成绩 1 是否及格，如图 4-69 所示。

图 4-68 用 IF 函数判定成绩是否及格　　图 4-69 复制 IF 函数并得出结果

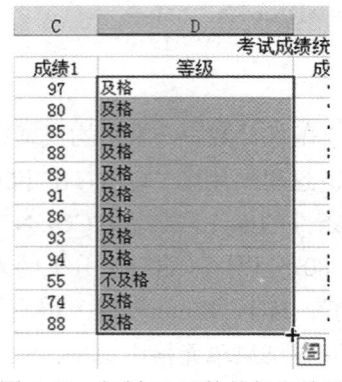

（8）IF 函数的嵌套——为学生成绩评价等级。

如果有多重条件，可以通过嵌套函数来进行计算。IF 函数嵌套的含义是：第一个判断条件判断成功，即返回数据；若第一个判断条件判断失败，则执行第二个判断条件。以此类推，可以进行多重嵌套。

例如，为考试成绩统计表的平均成绩设定判断条件：90 分以上为"优"，80 分以上为"良"，60 分以上为"及格"。如果满足第一个条件（90 分以上），则判断成功返回数据；若不满足此条件，则进行二次判断，对满足第二个条件的（80 分以上）判断为良；若此条件也不满足，则进行第三次判断。具体操作方法为：在结果单元格（如 J3）中输入"=IF(I3>=90,″优″,IF(I3>=80,″良″,IF(D4>=60,″及格″,″不及格″)))"，按下"Enter"键，即可得出结果，如图 4-70

所示。在 I3 单元格中单击，将鼠标指针放在该单元格右下角的控点上，当鼠标指针变成十字形时，向下拖动至 I14 单元格，即可复制函数并得出各位学生平均成绩的等级，如图 4-71 所示。

图 4-70　使用 IF 函数判定成绩是否及格

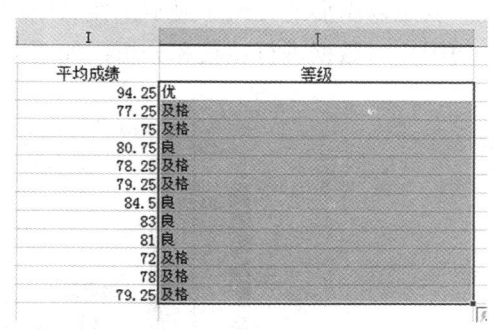

图 4-71　复制 IF 函数并得出结果

2. 从函数库中插入函数

从函数库中插入函数是经常使用的输入方法，适合对函数不十分熟悉的用户。

选定要输入函数的单元格，然后在"公式"选项卡中单击"函数库"｜"插入函数"按钮，打开"插入函数"对话框，在"或选择类别"下拉菜单中选择函数的类别，然后在"选择函数"列表框中选择要使用的函数，如图 4-72 所示。设置完成后单击"确定"按钮，打开"函数参数"对话框，在"Number1"文本框中显示了默认的参数，也可以单击其右端的折叠按钮进行引用，如图 4-73 所示。设置完毕，单击"确定"按钮，即会在目标单元格中显示计算的结果。

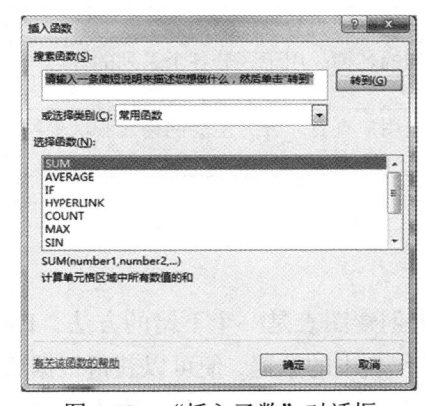

图 4-72　"插入函数"对话框

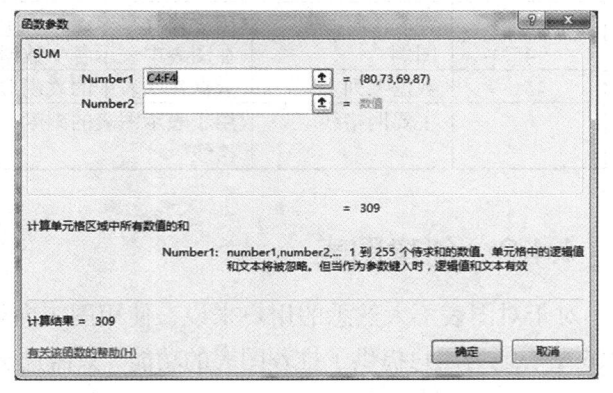

图 4-73　"函数参数"对话框

4.4　Excel 2016 图表的使用

图表的应用范围非常广泛，它可以使数据更加直观、易懂，例如人口统计图、股票价格波动图、学生成绩对比图等，都可以用图表来进行表达，从而使人一目了然。Excel 提供了强大的图表功能,可以创建系统已定义的图表,同时还可以自定义图表类型。

4.4.1 图表基本概念

图表是以图形的方式来显示工作表中的数据的,它可以使表格中的数据关系更加直观,以方便用户对数据进行比较和分析,如图 4-74 所示。

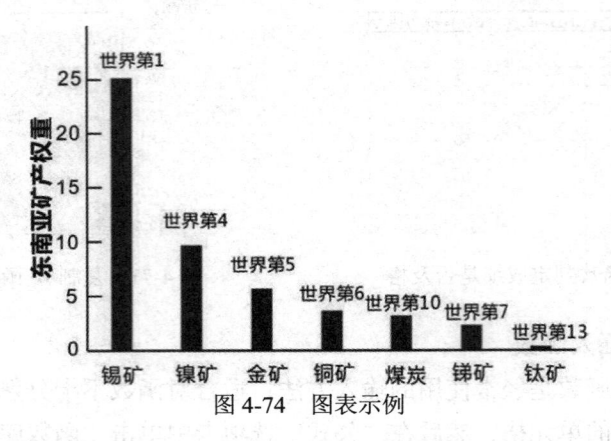

图 4-74 图表示例

图表与数据是相互联系的,当数据发生变化时,图表也相应地发生变化。图表的组成及作用如表 4-2 所示。

表 4-2 图表的组成及作用

项 目	名 称	作 用
1	图表标题	图表的名称,如图中"学生成绩图表"就是该图表的标题
2	数值(Y)轴	用于表示数据大小的坐标轴
3	分类(X)轴	用于比较对象。如图中每个姓名即为分类轴的内容
4	图例	在图表中表示各个数据系列的名称,用于区分各个系列的标志
5	数据系列	数据在图表中的表现形式
6	主要网格线	用于表示图表的刻度,方便用户查看。分为主要网格线和次要网格线

4.4.2 创建图表

对于对图表不太熟悉的用户来说,使用图表向导来创建图表是一个不错的方法,Excel 2016 贴心地为用户提供了推荐图表的功能,只需选定工作表中的数据,便可以获得根据所选数据量身定制的图表集。此外,对图表有一定了解的用户也可以根据自己的需要自行创建图表,并可以随时修改图表的类型。

1. 使用推荐的图表

在工作表中选定要创建图表的数据区域。该数据区域可以是相邻的单元格区域,也可以是不相邻的单元格区域,如图 4-75 所示。在"插入"选项卡中单击"图表"|"推荐的图表"按钮,打开"插入图表"对话框,系统会推荐合适的图表,如图 4-76 所示。

图 4-75　选定图表数据区域

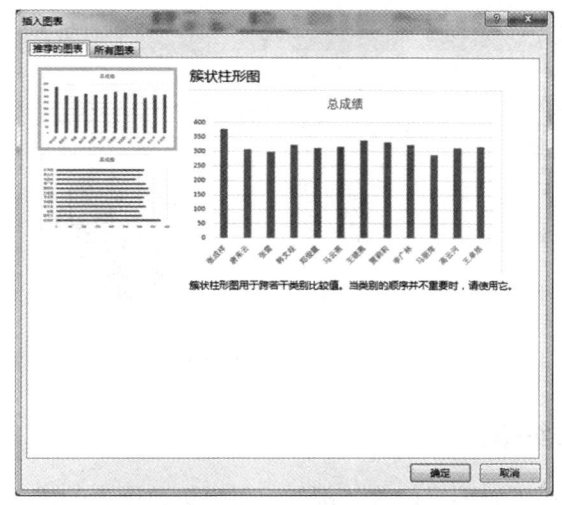

图 4-76　"插入图表"对话框

在"推荐的图表"选项卡中选择想要使用的图表类型。如果需要，也可以切换到"所有图表"选项卡选择其他图表类型。选择好图表类型后，单击"确定"按钮，即可在工作表中插入一个与所选数据对应的图表，并显示包含"设计"和"格式"两个选项卡的图表工具。该图表浮于文字上方，可以通过鼠标拖动将其移动到页面中的任何位置，如图 4-77 所示。

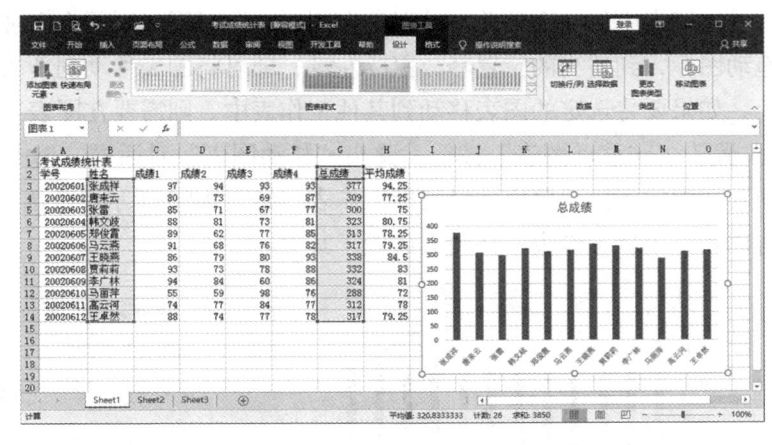

图 4-77　创建好的图表

— 173 —

2. 自行创建图表

如果用户对图表比较了解，想要自行选择图表类型，可以在选择数据区域后，直接单击"插入"选项卡"图表"选项组中的图表类型按钮，从弹出的下拉面板中选择具体的图表样式，此时工作表中会适时显示图表预览图，如图 4-78 所示。单击所选的图表样式，即可在工作表中插入相应图表。

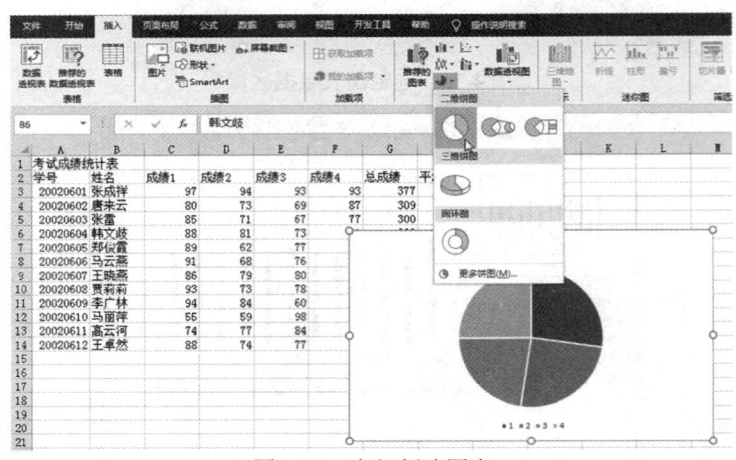

图 4-78 自行创建图表

4.4.3 图表的编辑

图表创建完成后，还可以编辑修改。例如，可以更改图表的位置、大小，或者更改图表类型及图表中的元素内容等。

1. 移动图表

在图表中的空白处单击，以选定图表，这时图表周围会出现 8 个控点，如图 4-79 所示。拖动图标，到适当的位置释放鼠标左键，即可将图表移动到新的位置。

如果要将选定的图表移动到其他工作表中，则需要在图表工具的"设计"选项卡中单击"位置"|"移动图表"按钮，弹出"移动图表"对话框，选中"对象位于"单选按钮，并在其右侧的下拉菜单中选择目标工作表，如图 4-80 所示。若选中"新工作表"单选按钮，则将插入一个新工作表，将图表放置于其中。

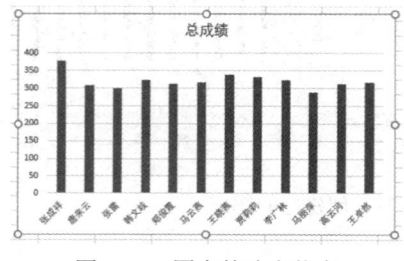

图 4-79 图表的选定状态　　　　图 4-80 "移动图表"对话框

2. 更改图表大小

在图表的选定状态下，将鼠标指针放在图表选框上的控点，当指针形状变成双向箭头时，按住鼠标左键进行拖动，即可更改图表的大小，如图 4-81 所示。当图表大小达到合适大小时，释放鼠标左键即可。

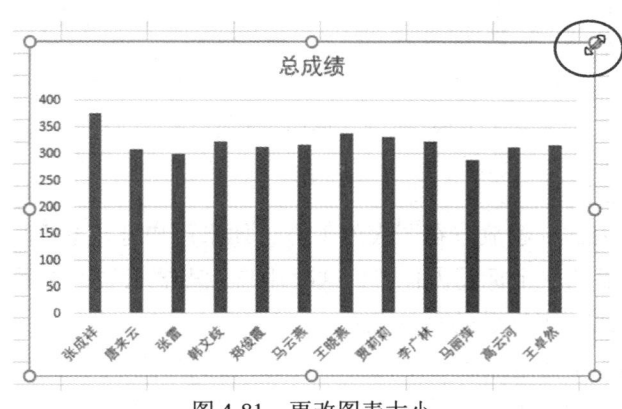

图 4-81　更改图表大小

3. 更改图表类型

选定要更改类型的图表，在图表工具的"设计"选项卡中单击"类型"｜"更改图表类型"按钮，打开"更改图表类型"对话框，从左窗格中选择一种图表类型，再从右面的子图表类型列表中选择一种子类型，然后单击"确定"按钮，即可更改当前使用的图表类型，如图 4-82 所示。

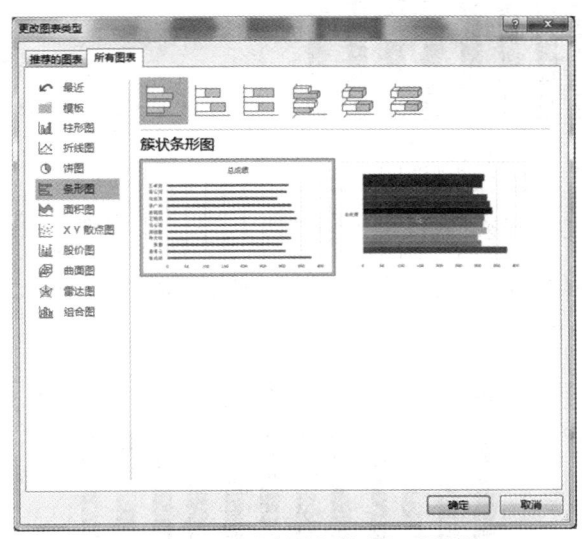

图 4-82　"更改图表类型"对话框

例如，将前面内容中的柱形图表更改为簇状条形图表，更改效果如图 4-83 所示。

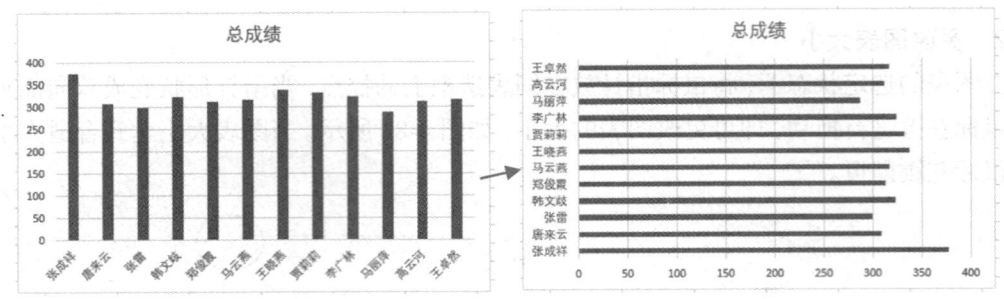

图 4-83　更改图表类型效果

4. 设置图表标题

默认情况下，图表的标题放置在图表的上方，如果用户选定数据区域时没有选择标题文字，那么图表中只会显示一个标题占位符，这时用户就需要设置一个图表标题，如图 4-84 所示。此外，也可以更改图表标题的默认位置。

要设置图表标题，需选定图表，在图表工具的"设计"选项卡中单击"图表布局"｜"添加图表元素"按钮，从弹出的下拉菜单中选择"图表标题"选项，然后在子菜单中选择标题的位置，如"居中覆盖"，如图 4-85 所示。如果要删除图表标题或标题占位符，可选择"无"选项。

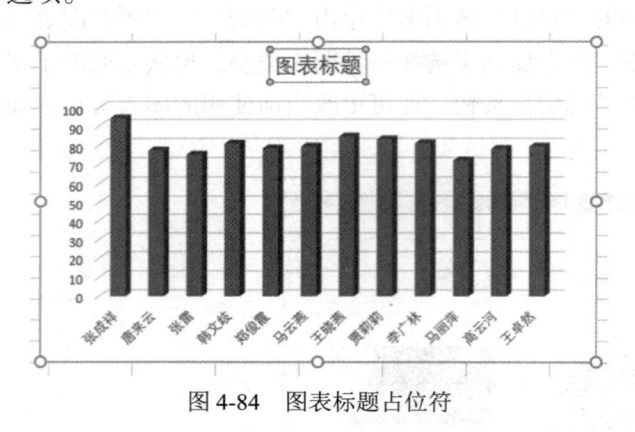

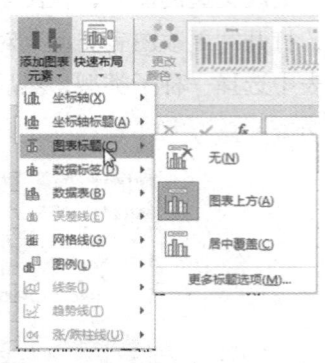

图 4-84　图表标题占位符　　　　　图 4-85　"图表标题"子菜单

设置好图表标题的位置后，在标题占位符中删除提示文字，输入标题内容即可完成图表标题的设置，如图 4-86 所示。

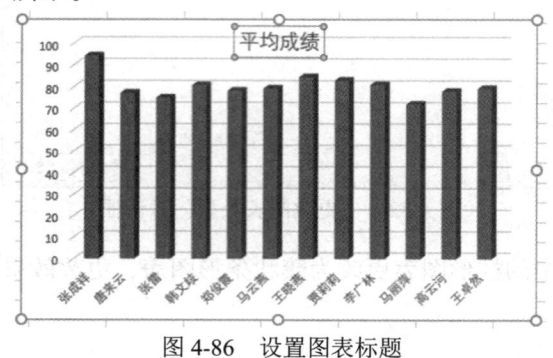

图 4-86　设置图表标题

5. 删除图表

删除图表的方法很简单，只需选定要删除的图表，然后按下键盘上的"Delete"键，即可删除选定的图表。

4.4.4 图表的修饰

图表创建完成后，为了使其更加突出和美观，可以对其进行美化和修饰。Excel 提供了图表样式库，可以轻松完成对整个图表的美化和修饰，此外还可以对图表的每一个部分进行单独修饰，如分类轴文字、系列条、图表区、图例、绘图区等。

1. 更改图表样式

选定图表，在图表工具的"设计"选项卡中展开图表样式库，选择一种图表样式，即可实时看到该样式的效果，如图 4-87 所示。单击样式图标，即可将该样式应用到图表上。

2. 设置图表元素的格式

图表中通常包括图表区、绘图区、图表标题、坐标轴、数据系列、图例、数据标签等元素，在 Excel 2016 中，右键单击图表元素，从弹出的快捷菜单中选择相应元素的格式设置选项，即会在程序窗口右侧显示相应的格式设置窗格，使用该窗格即可设置图表元素的格式。例如，在图表中右键单击坐标轴，从弹出的快捷菜单中选择"设置坐标轴格式"选项，程序窗口右侧会显示"设置坐标轴格式"窗格，在这里可以设置坐标轴的格式，如图 4-88 所示。

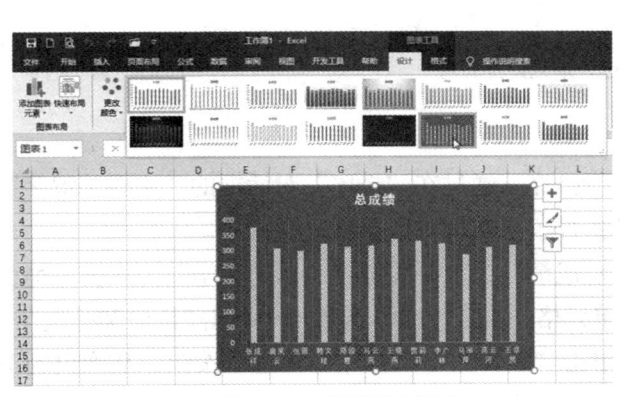

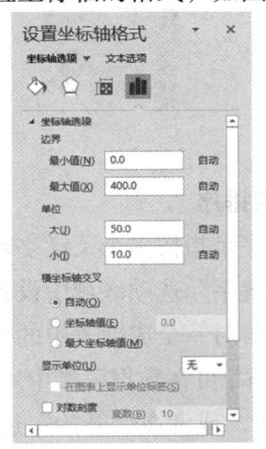

图 4-87　应用图表样式　　　　　图 4-88　"设置坐标轴格式"窗格

4.5　Excel 2016 工作表的数据分析

Excel 2016 提供了强大的数据管理功能，简化了分析与处理复杂数据的工作，有效地提高了工作效率。

4.5.1 数据排序

排序是数据处理的基本操作之一，Excel 中的数据排序是根据数值或数据类型来进行的，排序的方式一般有升序和降序两种。

1. 简单排序

简单排序是按照 Excel 默认的升序规律或降序规律对数据进行排序，排序条件单一，操作方法简单。例如，要对一个成绩表中的总成绩进行降序排序，可在"总成绩"列中选定任意数据单元格，然后在"数据"选项卡中单击"排序和筛选"|"降序"按钮即可，如图 4-89 所示。此外，也可以在"开始"选项卡中单击"编辑"|"排序和筛选"按钮，从弹出的下拉菜单中选择"升序"或"降序"选项对数据进行排序。

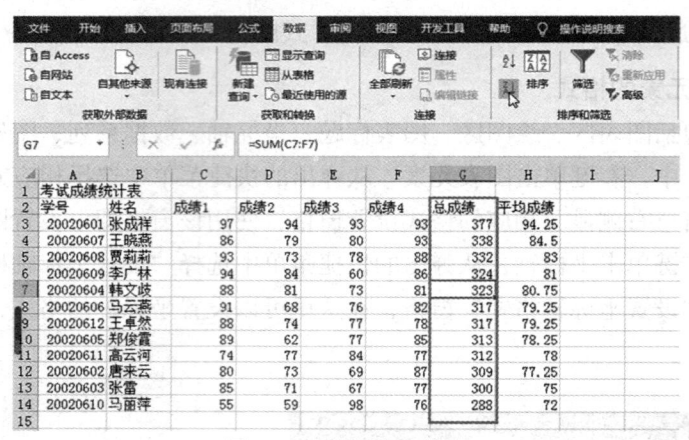

图 4-89 单列降序排序

2. 复杂排序

复杂排序是指按多个关键字对数据进行排序，通过在"排序"对话框的"主要关键字"和"次要关键字"选项区域中设置排序的条件，来实现对数据的复杂排序。

例如，要对一个成绩表中的数据以"总成绩"为主要关键字、以"数学"为次要关键字进行升序排序，可在数据区域中单击任意单元格，再在"数据"选项卡中单击"排序和筛选"|"排序"按钮，或者在"开始"选项卡中单击"编辑"|"排序和筛选"按钮，从弹出的下拉菜单中选择"自定义排序"选项，打开"排序"对话框，在"主要关键字"下拉菜单中选择"总分数"选项，在"次序"下拉菜单中选择"升序"选项，然后单击"添加条件"按钮，再在"次要关键字"下拉菜单中选择"数学"选项，并在该行右端的"次序"下拉菜单中选择"升序"选项，如图 4-90 所示。

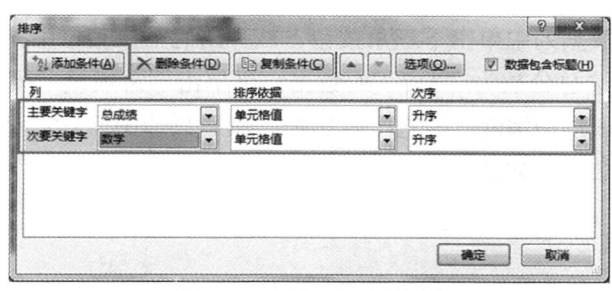

图 4-90 "排序"对话框

设置完毕，单击"确定"按钮，即可看到已经对"总成绩"和"数学"字段进行了排序，如图 4-91 所示。

图 4-91 以"总成绩"为主要关键字、以"数学"为次要关键字进行升序排序

4.5.2 数据筛选

Excel 的数据筛选功能主要用于将数据清单中满足条件的数据单独显示出来，将不满足条件的数据暂时隐藏。Excel 中常用的数据筛选方式有自动筛选、高级筛选和自定义筛选。

1. 自动筛选

自动筛选是简单条件的筛选，不需要用户设置条件，Excel 自动提供筛选的类型。

在数据区域中选定任意单元格，然后在"数据"选项卡中单击"排序和筛选"|"筛选"按钮，或者在"开始"选项卡中单击"编辑"|"排序和筛选"按钮，从弹出的下拉菜单中选择"筛选"选项，使数据区域进入筛选状态，如图 4-92 所示。

图 4-92 筛选状态

— 179 —

在要进行筛选的数据列中单击下三角按钮，从弹出的下拉菜单中指定筛选条件。例如，要在一个成绩表中筛选总分数为"317"的数据，可单击"总成绩"列中的下三角按钮，从弹出的下拉菜单的列表框中清除"全选"复选框，然后只选中"317"复选框，单击"确定"按钮，即可得出筛选结果，如图 4-93 所示。

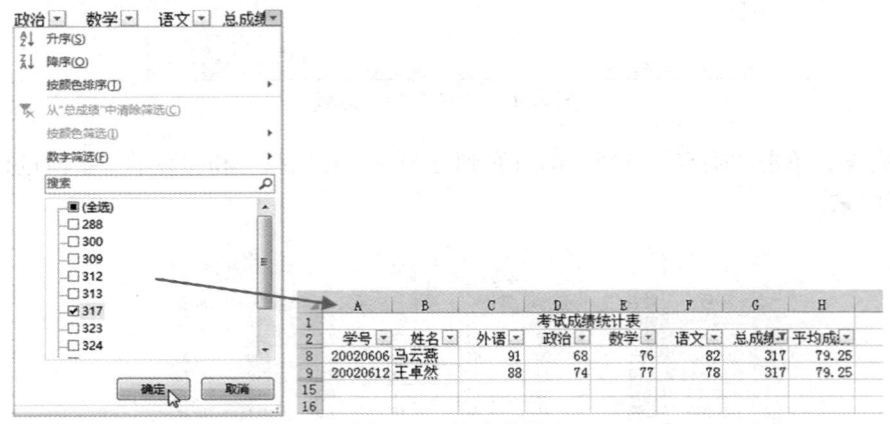

图 4-93　筛选数据

2. 高级筛选

高级筛选是指复杂的条件筛选，可能会执行多个筛选条件。使用高级筛选时，可以用两列或多于两列的条件，也可以用单列中的多个条件，甚至计算结果也可以作为条件。

要进行高级筛选，首先要在工作表的空白区域输入列标志与筛选条件，且条件区域与数据区域之间至少要有一个空列或空行，如图 4-94 所示。接下来选定数据区域的任一单元格，在"数据"选项卡中单击"排序和筛选" | "高级"按钮，打开"高级筛选"对话框，单击"条件区域"右侧的折叠按钮，折叠对话框，在工作表中选择前面设置的条件区域（本例为J1:K2），然后再次单击"列表区域"右侧的折叠按钮，在工作表中选择列表数据区域，如图 4-95 所示。

图 4-94　输入列标志与筛选条件　　　　图 4-95　"高级筛选"对话框

设置完毕，单击"确定"按钮，即会显示出筛选结果，如图 4-96 所示。

	A	B	C	D	E	F	G	H
1	姓名	城市	地址	电话	购买产品	产品品牌	购买数量	购买日期
12	王晓敏	天津	塘沽区36号	38562015	电脑	方正	10	2004-5-2
13	王东	河北	张家口市桥东	20135626	电脑	实达	25	2004-5-11
15	韩冰	北京	朝阳区安贞桥	83154021	电脑	联想	16	2004-5-21

图 4-96　筛选结果

3. 自定义筛选

自定义筛选提供了多条件自定义的筛选方法，用户可以更加灵活地筛选数据。例如，要筛选一个成绩表中平均分在 80 分和 90 分之间的学生成绩数据，可打开成绩表，进入筛选状态，然后单击"平均成绩"列中的下三角按钮，从弹出的下拉菜单中选择"数字筛选"|"大于或等于"选项，如图 4-97 所示。此时，会打开"自定义自动筛选方式"对话框，在上方选项栏左侧的下拉菜单中选择"大于或等于"选项，并在右侧文本框中输入"80"，然后选中"与"单选按钮，再在下方选项栏左侧的下拉菜单中选择"小于"选项，并在右侧文本框中输入"90"，如图 4-98 所示。

图 4-97　指定筛选条件　　　　　图 4-98　"自定义自动筛选方式"对话框

设置完毕，单击"确定"按钮，工作表中即会筛选出平均成绩在 80 分和 90 分之间的数据，如图 4-99 所示。

	A	B	C	D	E	F	G	H	I
1				考试成绩统计表					
2	学号	姓名	外语	政治	数学	语文	总成绩	平均成绩	
10	20020604	韩文歧	88	81	73	81	323	80.75	
11	20020609	李广林	94	84	60	86	324	81	
12	20020608	贾莉莉	93	73	78	88	332	83	
13	20020607	王晓燕	86	79	80	93	338	84.5	

图 4-99　自定义筛选效果

4.5.3 数据的分类汇总

分类汇总是对工作表中指定字段的数据按同类型进行汇总，以便分析数据。在实际工作中，我们常要对一系列数据进行小计、合计，这时即可使用 Excel 的分类汇总功能。为了得到正确的结果，该数据清单先要按分类的关键字排好序，使具有同一个主体的记录集中在一起。

在 Excel 进行分类汇总要分两步进行。

（1）排序：即按类别排序，将同类别的数据放在一起。

（2）分类汇总：排序后对同一类别数据进行求和、求平均值、记数等汇总工作。

分类汇总的具体方法：先按分类字段对数据列表进行排序，然后在"数据"选项卡中单击"分级显示" | "分类汇总"按钮，打开"分类汇总"对话框，指定分类字段、汇总方式，以及对哪几个字段汇总，然后单击"确定"按钮，即可完成分类汇总操作，如图 4-100 所示。例如，在一个成绩表中，要比较学生成绩表中每个学习小组各门课程的考试情况，可以先按"组别"字段分类，然后对每个小组的每门课程的成绩求平均分，就需要先将"组别"列按照升序或降序进行排序，如图 4-101 所示。

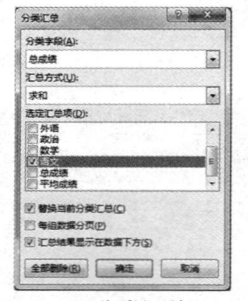

图 4-100　"分类汇总"对话框　　　　图 4-101　对分类字段进行排序

然后选定数据区域，在"数据"选项卡中单击"分级显示" | "分类汇总"按钮，打开"分类汇总"对话框，在"分类字段"下拉菜单中选择"组别"选项，在"汇总方式"下拉菜单中选择"平均值"选项，在"选定汇总值"列表框选中"外语""政治""数学""语文"复选框，单击"确定"按钮，工作表中即可显示汇总结果，如图 4-102 所示。

图 4-102　"分类汇总"的汇总结果

从汇总结果可知道 1、2、3 三个学习小组中每门课程的平均分,从而比较 3 个学习小组成员的考试情况,以对比学习效果。

4.5.4 数据透视表

数据透视表是 Excel 中的一种交互式报表,可以快速合并和比较数据,适用于多项数据的汇总和分析。通过数据透视表,用户可以方便地查看工作表的数据信息。

打开要创建数据透视表的工作表,在"插入"选项卡中单击"表格"|"数据透视表"按钮,打开"创建数据透视表"对话框,在"选择放置数据透视表的位置"选项栏中指定数据透视表的位置。若放在现有工作表中,还需要选定放置数据透视表的单元格,如图 4-103 所示。

图 4-103 "创建数据透视表"对话框

设置完毕,单击"确定"按钮,即可创建一个空数据透视表,并显示数据透视表工具及"数据透视表字段"窗格,如图 4-104 所示。

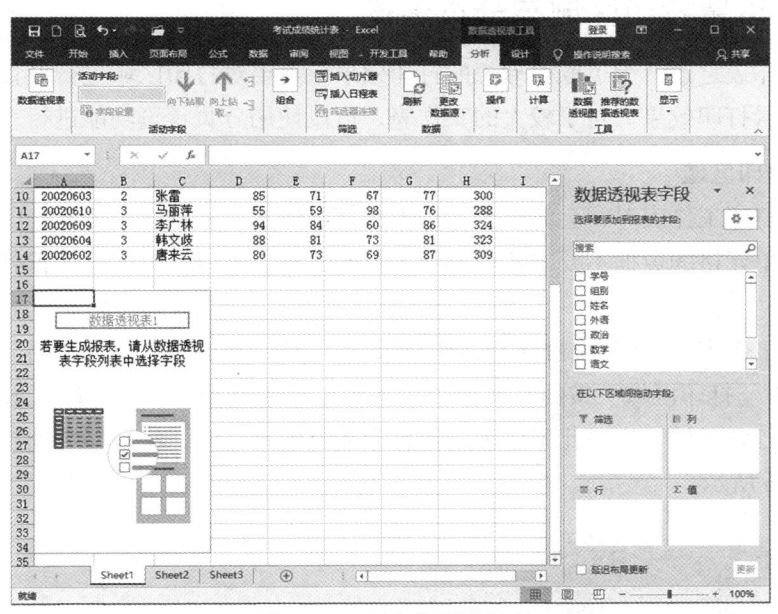

图 4-104 创建数据透视表

在"数据透视表字段"窗格中的"选择要添加到报表的字段"列表框中选中想要在数据透视表中显示的字段,即可对所需数据进行分析汇总,如图 4-105 所示。

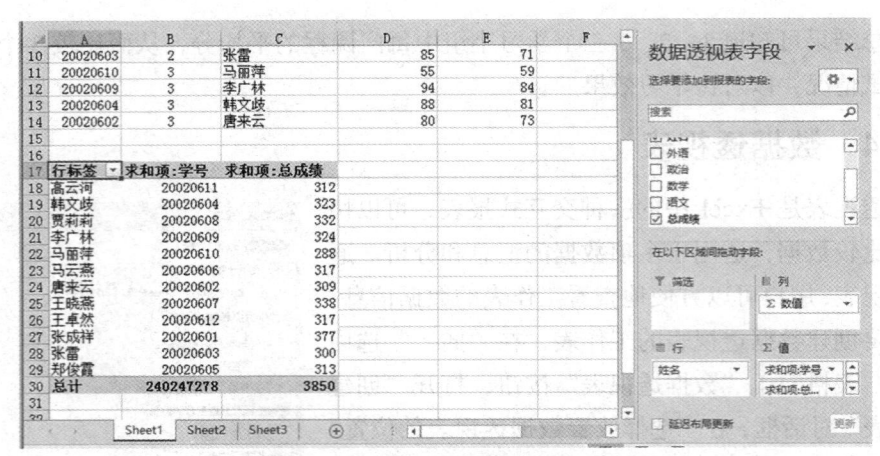

图 4-105 在数据透视表中添加字段

4.6 Excel 2016 工作表的打印

在完成对工作表数据的输入和编辑后，可以轻松地将其打印成报表。打印 Excel 报表非常简单，只需简单设置就可以打印出具有良好格式的报表。

4.6.1 设置打印区域与分页预览

在打印工作表之前，为了取得理想的打印效果，需要对打印区域进行设置，并通过打印预览来及时查看打印效果。对于较大的工作表，可以使用分页预览功能进行查看。

1. 设置打印区域

正常情况打印工作表时，会将整个工作表都打印输出。有时，只需要打印工作表中的某一部分，其他单元格的数据不要求（或不能）打印输出。这时，可通过设置打印区域来达成要求。

首先，在工作表中选定需要打印输出的单元格区域，然后在"页面布局"选项卡中单击"页面设置"｜"打印区域"按钮，从弹出的下拉菜单中选择"设置打印区域"选项，将所选区域设置为打印区域，当对此工作表进行打印或打印预览时，将只能看到打印区域内的数据，如图 4-106 所示。

图 4-106 设置打印区域（左）和预览打印效果（右）

设置打印区域后，如果以后想要打印全部数据，可再次在"页面布局"选项卡中单击"页

面设置"|"打印区域"按钮,从弹出的下拉菜单中选择"取消打印区域"选项,可取消已设置的打印区域,即又可打印输出整个工作表的数据了。

2. 分页预览

Excel 的分页预览功能可以十分直观地看到哪些内容会被打印到一页纸上,当工作表中的数据较多,一张纸上容纳不下全部内容时,可能需要将其打印到多个页面上,这时可以使用分页预览功能来查看打印文档时显示分页符的位置,以便调整页面距或行高、列宽,优化打印效果。

在"视图"选项卡中单击"工作簿视图"|"分页预览"按钮,即可进入分页预览视图,如图 4-107 所示。

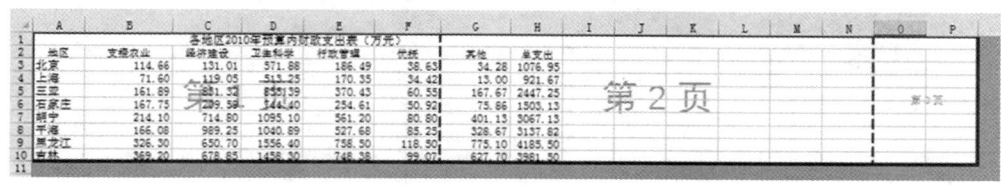

图 4-107 分页预览

在分页预览视图下,拖动上下左右四条控制线,可以调整打印区域;拖动中间的控制线,可以设置需要打印到同一页的内容,如图 4-108 所示。

图 4-108 调整打印区域和页面打印内容

4.6.2 页面设置

在打印工作表之前,可根据需要对工作表进行一些必要的设置,如页面方向、纸张大小、页边距等。

1. 设置页面方向

页面方向是指页面是横向打印、还是纵向打印。若文件的行较多、列较少,则可以使用纵向打印;若文件的列较多、行较少,则可以使用横向打印。

可以在工作表中直接更改工作表页面的方向,以便在编辑工作表时查看其打印效果,也可以在准备好打印后在"打印机属性"对话框中选择工作表页面的方向。

(1)在工作表中设置页面方向。在工作表中编辑数据时,如果需要设置页面方向,可以在"页面布局"选项卡中单击"页面设置"|"纸张方向"按钮,从弹出的下拉菜单中选择"纵向"或"横向"选项即可,如图 4-109 所示。

（2）打印时设置页面方向。若是在打印前发现需要设置页面方向，可直接在"打印"页面中单击选项设置栏底部的"页面设置"超链接文字，打开"页面设置"对话框，在"页面"选项卡中的"方向"栏中选择"纵向"或"横向"选项，如图4-110所示。

图4-109　"纸张方向"下拉菜单 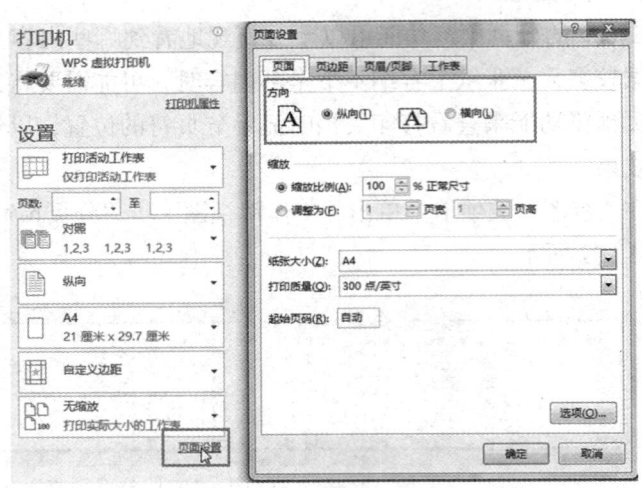　　　　图4-110　在"打印"页面中打开"页面设置"对话框

2. 设置页边距

页边距是指正文与页面边缘的距离。在"页面布局"选项卡中单击"页面设置"|"页边距"按钮，从弹出的下拉菜单中选择某选项，可将此页边距尺寸应用到工作表页面，如图4-111所示。若要显示更多选项，可选择"自定义页边距"选项，打开"页面设置"对话框，切换到"页边距"选项卡，设置页面的上、下、左、右边距大小，如图4-112所示。

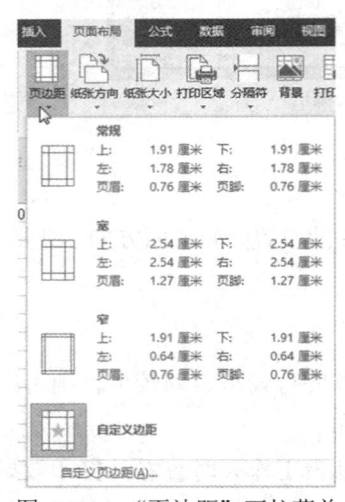

图4-111　"页边距"下拉菜单 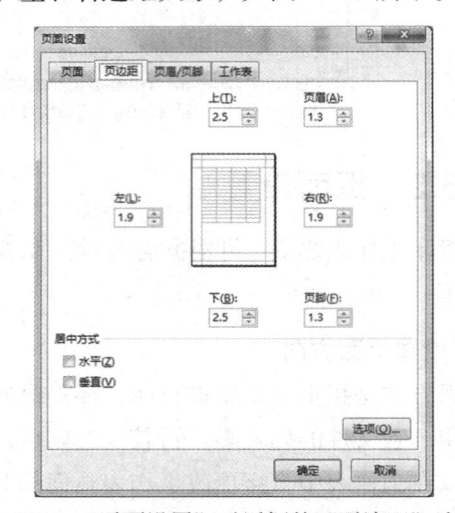　　　　图4-112　"页面设置"对话框的"页边距"选项卡

3. 设置纸张大小

设置纸张的大小就是设置以多大的纸张进行打印，如A3、A4等。在"页面布局"选项

卡中单击"页面设置"|"纸张大小"按钮，从弹出的下拉菜单中选择预置的尺寸，即可将其应用到工作表中，如图 4-113 所示。也可以打开"页面设置"对话框，切换到"页面"选项卡，在"纸张大小"下拉菜单中进行选择，如图 4-114 所示。

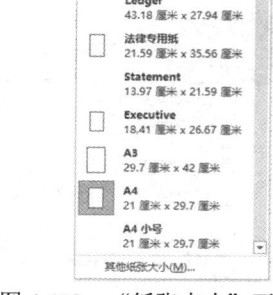

图 4-113　"纸张大小"下拉菜单　　图 4-114　"页面"选项卡中的"纸张大小"下拉菜单框

4.6.3　打印预览与打印

打印项目设置完成并且打印预览效果也较为满意时，就可以在打印机上进行打印输出了。单击"文件"|"打印"按钮，切换到"打印"页面，在"打印机"栏的下拉菜单中选择要使用的打印机，在"份数"数值框中输入打印份数，并在"设置"栏中设置必要的打印选项，然后单击"打印"按钮即可启动打印机打印文档，如图 4-115 所示。

"打印"页面的"设置"栏中各选项功能如下。

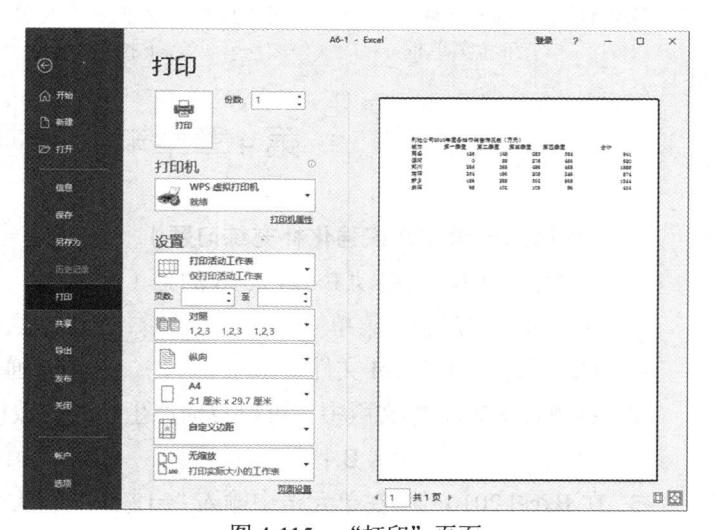

图 4-115　"打印"页面

（1）打印区域：用于设置当前工作簿中要打印的范围，如图 4-116 所示。选择"打印整个工作簿"选项，将打印当前工作簿中所有工作表的内容；选择"打印活动工作表"选项，当只打印当前在窗口中显示的工作表；选择"打印选定区域"选项，只打印活动工作表中选定区域的内容。如果一个工作簿包含多个页面，而只需要打印其中的数页，可在"打印范围"下拉菜单框下方的"页"数值框中输入起始页码和终止页码。

（2）对照和非对照：当需要打印多份文件时，可以在此下拉菜单中选择打印顺序，如图 4-117 所示。选择"对照"选项，将打印完一份再打印另一份；选择"非对照"选项，则将一个页码打印完全部份数后再打印下一个页码。

（3）页面方向：设置页面是纵向还是横向。

（4）纸张大小：设置打印纸张的尺寸。

（5）自定义边距：指定或自定义页面边距。

（6）缩放：在纸张大小和打印内容不匹配时，通过缩减工作表的实际尺寸来匹配纸张，如图 4-118 所示。选择"无缩放"选项将按实际大小打印工作表。

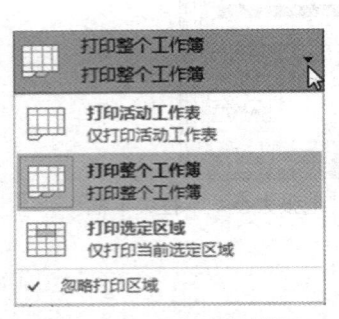

图 4-116 "打印区域"下拉菜单框

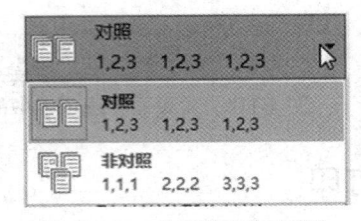

图 4-117 "对照和非对照"下拉菜单框

图 4-118 "缩放"下拉菜单框

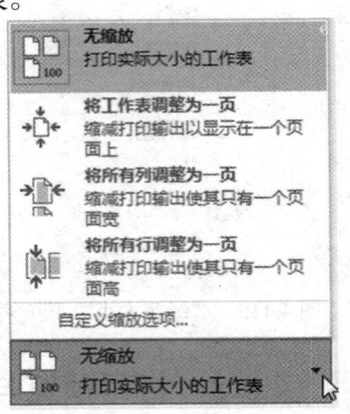

第 4 章章末练习题

一、单项选择题（知识强化补充练习题）

1. 下列方法中不能启动 Excel 2016 的是（　　）。
   A．通过"开始"菜单　　　　　　　　B．通过桌面快捷图标
   C．通过打开 Excel 文件　　　　　　D．通过按下"Ctrl+F3"组合键

2. 在 Excel 2016 中文版中，可以自动产生序列的数据是（　　）。
   A．（一）　　　　B.1　　　　C．第一季度　　　　D．A

3. 在 Excel 2016 中，在单元格中输入"=12>24"确认后，此单元格显示的内容为（　　）。
   A．FALSE　　　B.=12>24　　　C.TRUE　　　D.12>24

4. 在 Excel 2016 中工作簿的名称被放置在（　　）。
   A．标题栏　　　B.标签行　　　C.工具栏　　　D.信息行

5. 在 Excel 2016 中，在单元格中输入"=6+16+MIN(16,6)"，将显示（　　）。
   A．38　　　　B.28　　　　C.22　　　　D.44

6. 在 Excel 2016 中建立图表时，我们一般（　　）。

A．先输入数据，再建立图表　　　　　　B．建完图表后，再输入数据
C．在输入的同时，建立图表　　　　　　D．首先建立一个图表标签

7．在 Excel 2016 中将单元格变为活动单元格的操作是（　　）。
A．用鼠标单击该单元格
B．将鼠标指针指向该单元格
C．在当前单元格内键入该目标单元格地址
D．没必要，因为每一个单元格都是活动的

8．在 Excel 2016 中，若单元格 A1 中公式为"=B1+B2"，将其复制到单元格 C1，则 C1 中的公式是（　　）。
A．=B1+B2　　　B．=D1+D2　　　C．=C3+D4　　　D．=B3+B4

9．在 Excel 2016 中，在单元格中输入"=SUM(16,6)"，将显示（　　）。
A．10　　　　　B．96　　　　　C．2　　　　　D．22

10．在 Excel 2016 中，$A4 表示（　　）。
A．A4 单元格绝对引用　　　　　　B．A4 单元格相对引用
C．列号保持不变　　　　　　　　　D．行号保持不变

二、填空题（知识强化补充练习题）

1．退出 Excel 2016 可使用_____组合键。
2．工作表是由单元格构成的，而工作表又构成了_____。
3．Excel 2016 中，对单元格地址 A5 绝对引用的方法是输入_____。
4．Excel 2016 中的函数一般包括 3 部分，即_____。
5．Excel 2016 的单元格中输入一个公式，首先应键入_____。
6．Excel 2016 中，COUNTIF 函数用于计算_____。
7．Excel 2016 中，在单元格中输入"= AVERAGE(7,9)"，将显示_____。
8．Excel2016 地址栏中单元格"A3"的含义是_____。

三、操作题（一级考试模拟练习题）

按要求完成如下操作并保存：
（1）输入下图所示工作表数据。
（2）将表中的数值设置为小数，且保留一位小数。
（3）将表标题设置为黑体、22 号，其余文字与数值均设置为仿宋体、12 号。
（4）"销售业绩"的评定标准为："上半年销售合计"值在 48 万元及以上者为"优秀"、在 24~48 万元之间（含 24 万元）者为"合格"，24 万元以下者为"不合格"。
（5）设置表格的框线，数字对齐方式为"右对齐"，字符对齐为"居中"。
（6）选择数据表 D2:I13 区域中的数据，插入簇状柱形图，为图表增加分类轴标题"月份"，数值轴标题"销售额（单位：万元）"

2002年上半年南方集团公司员工销售情况一览表

职工编号	姓名	分部门	1月	2月	3月	4月	5月	6月	上半年销售合计	销售业绩
9001	陈依然	一部	4.5	5	6.8	4.2	3.9	6.6		
9006	王海珍	二部	4.5	5.1	6.8	3.9	4	7.5		
9005	付晋芳	三部	6.2	3.6	4.8	9.2	5.6	6.8		
9010	陈港	一部	4.5	5.1	9	3.9	6.2	7.5		
9003	赵丽	三部	5.2	5.1	3.7	6.8	8.6	7.5		
9002	王成	二部	3.1	4.6	8.7	8.3	7.3	5.6		
9060	张胜刊	三部	5.2	4.6	8.5	5.1	4.8	9.5		
9013	杨建军	一部	8.6	6.9	5.5	3.6	6.9	7.8		
9011	王静	二部	3.1	8.6	7.1	8.3	7.3	5.6		
9004	曲玉华	一部	8.8	6.9	5.5	4.5	6.9	7.8		
9014	高恩	三部	6.2	8.2	4.8	5.1	9.2	3.2		
9012	李菲菲	二部	5.2	5.1	9	5.3	9.1	8.2		
9059	王洋	一部	6.9	7.2	8.1	8.6	5.9	8.1		
	平均值									
	最高值									

注：表中数据单位为"万元"，奖金数据单位为"元"

第 4 章章末练习题参考答案

第 5 章　PowerPoint 2016 演示文稿软件

PowerPoint 2016 是 Office 2016 的重要组件，它秉承了 Windows 友好的图形界面、风格和操作方法，提供了一整套齐全的功能、灵活方便的操作方式。使用它可以方便、快捷地创建出各种图文并茂、声形俱佳的多媒体演示文稿。

5.1　PowerPoint 2016 概述

PowerPoint 是制作演示文稿的专业软件。演示文稿的用途非常广泛，常用来进行会议宣讲或者制作学习课件等，也就是我们平常所说的 PPT。因此，在现在这个时代，不管是公司白领、学校老师，还是求职、销售，都需要掌握制作 PPT 的方法与技巧，而学习 PowerPoint 就是掌握制作 PPT 的不二途径。

5.1.1　PowerPoint 2016的启动和退出

PowerPoint 2016 的启动和退出操作与其他程序类似，都有多种方法可以选择。

1. 启动PowerPoint 2016

在 Windows 界面下，启动 PowerPoint 2016 一般有如下 3 种方法。

（1）常规启动方法。单击任务栏左边的"开始"按钮，将鼠标指向"所有程序"选项，在"所有程序"子菜单中选择"PowerPoint"选项，即可启动 PowerPoint 2016，如图 5-1 所示。

（2）桌面快捷方式启动。在桌面上双击"PowerPoint"快捷方式图标，即可启动 PowerPoint 2016，如图 5-2 所示。

（3）从任务栏启动。在任务栏中单击"PowerPoint"程序图标，也可启动 PowerPoint 2016，如图 5-3 所示。

图 5-1　从"开始"菜单中启动 PowerPoint 2016

图 5-2　"PowerPoint"快捷方式图标

图 5-3　从任务栏中启动 PowerPoint 2016

2. PowerPoint 2016的退出

退出PowerPoint 2016（即关闭其应用程序窗口）也有多种方法，常用的方法有如下2种。

（1）在程序主窗口中单击"文件"选项卡，跳转到"开始"页面，从左窗格中选择"关闭"选项，如图5-4所示。

（2）单击PowerPoint 2016标题栏右边的"✕"（关闭）按钮，即可退出PowerPoint 2016，如图5-5所示。

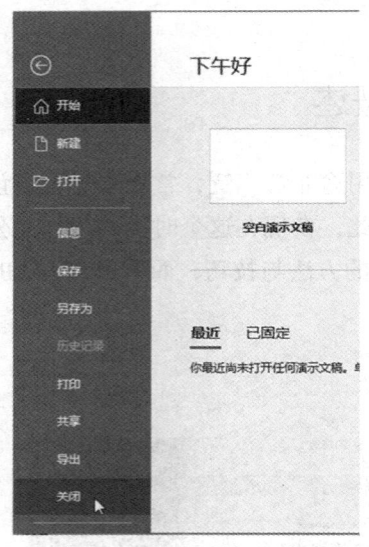

图5-4 选择"关闭"选项　　　　　图5-5 单击"✕"（关闭）按钮

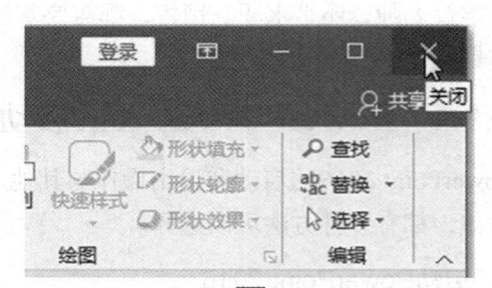

在退出PowerPoint 2016时，如果演示文稿已做了修改，但尚未保存，则在"关闭"时会弹出一个提示对话框，如图5-6所示。单击"保存"按钮，将保存演示文稿后退出系统；单击"不保存"按钮，则不保存演示文稿，直接退出系统；单击"取消"按钮，则取消退出操作。

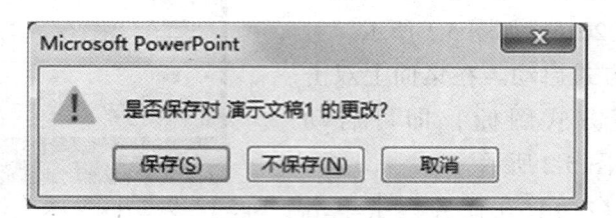

图5-6 提示对话框

5.1.2 PowerPoint 2016的窗口组成

与之前版本不同的是，PowerPoint 2016启动之后并不会直接创建一个空白文档，进入程序主界面，而是先进入"开始"页面，供用户选择要从哪里开始。在这里用户可以新建空白演示文稿，或者以模板为基础创建具有一定格式和内容的演示文稿，或者打开已有的演示文稿,如图 5-7 所示。

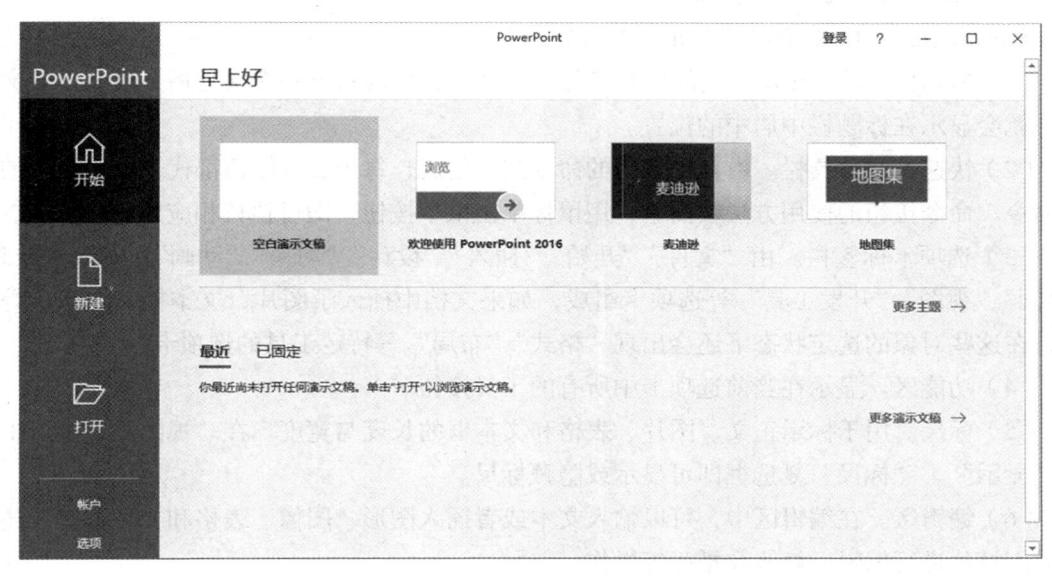

图 5-7　PowerPoint 2016 的"开始"页面

1. **PowerPoint 2016的窗口界面**

选择了开始工作的方式后,PowerPoint 2016才正式进入程序的窗口界面。PowerPoint 2016 的窗口界面由标题栏、快速访问工具栏、选项卡标签栏、功能区、幻灯片窗格、编辑区、状态栏等组成,如图 5-8 所示。

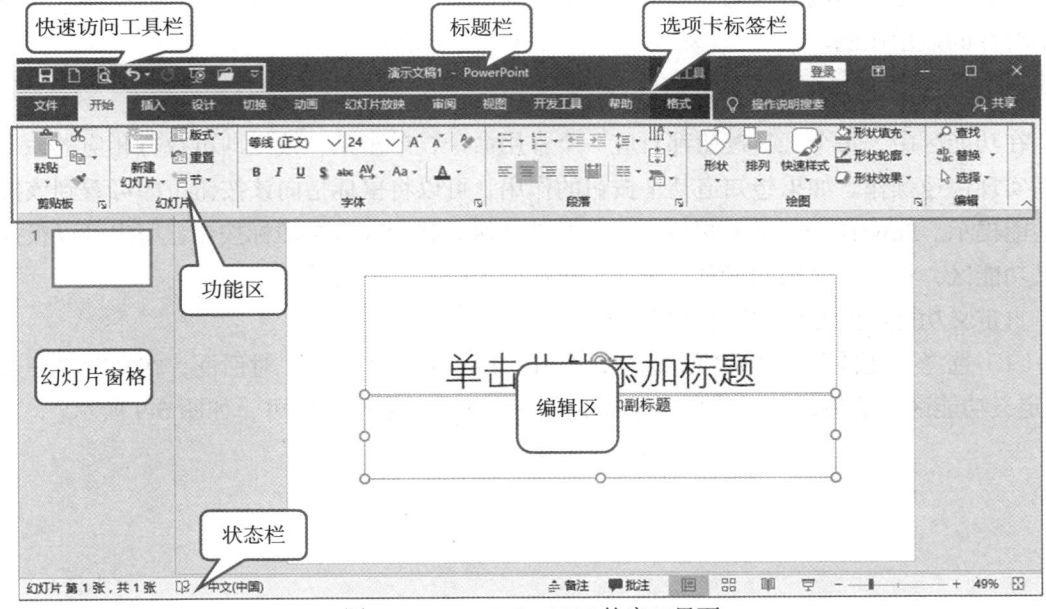

图 5-8　PowerPoint 2016 的窗口界面

2. PowerPoint 2016主窗口的组成

PowerPoint 2016 主窗口中各元素的功能如下。

（1）标题栏。用于显示文档的标题名称。在 PowerPoint 打开一个文件后，该文件的文件名称就会显示在标题栏中居中的位置。

（2）快速访问工具栏。由几个常用的命令按钮组成，每个命令按钮都代表功能区中的一个命令。命令按钮的使用方法很简单，用鼠标单击某个按钮，即可执行相应的操作功能。

（3）选项卡标签栏。由"文件""开始""插入""设计""切换""动画""幻灯片放映""审阅""视图""开发工具"等选项卡组成，如果文档中插入了图片、文本框、艺术字等对象，在这些对象的选定状态下还会出现"格式""布局"等特定工具的选项卡。

（4）功能区。显示在当前选项卡中所有的工具按钮。

（5）标尺。用于标示正文、图片、表格和文本框的长度与宽度。在"视图"选项卡中选中"显示"｜"标尺"复选框即可显示或隐藏标尺。

（6）编辑区。在编辑区中，可以输入文本或者插入图形、图像、表格和文本框等，还可以对幻灯片进行编辑、修改和排版等操作。

（7）滚动条。由滚动框、滑标和滚动按钮组成，当演示文稿中包含多张幻灯片时即会显示，用于滚动编辑区窗口。由于文档窗口显示的区域有限，当所编辑或浏览的内容不能在文档窗口中全部显示时，可以通过操作滚动条滑标，使文档窗口滚动，以查看文档的其他内容。滚动条分为水平滚动条和垂直滚动条。

（8）状态栏。用于显示演示文稿当前的编辑状态，如幻灯片的当前张数、当前演示文稿的总张数、页面中的编辑状态、当前版本使用的语言等。此外还显示幻灯片的视图方式与当前幻灯片的显示比例。

3. PowerPoint 2016功能区的使用

在功能区中，每个工具按钮都对应一个常用命令，单击某一按钮即可执行相应的命令，从而实现快速操作。如果想知道某个按钮的作用，可以将鼠标指向该按钮，即可看到该按钮的功能提示。PowerPoint 2016 提供了十几类功能区，共 100 多个图标按钮，用户可以根据自定义功能区，将自己常用的工具按钮显示在功能区中。

自定义功能区的操作方法有如下 2 种。

（1）选择"文件"｜"选项"选项，打开"PowerPoint 选项"对话框，在左窗格中选择"自定义功能区"选项，然后选择要添加的命令到相应列表框中即可，如图 5-9 所示。

图 5-9 "PowerPoint 选项"对话框中的"自定义功能区"选项卡

（2）在功能区的空白处右键单击鼠标，从弹出的快捷菜单中选择"自定义功能区选项"选项，打开"PowerPoint 选项"对话框，选择"自定义功能区"选项，然后选择要添加的命令到相应选项卡中。

5.1.3　PowerPoint 2016 的视图

PowerPoint 为用户提供了 5 种视图模式：普通视图、幻灯片浏览视图、备注页视图、阅读视图、大纲视图。

1. 普通视图

普通视图是系统默认的视图模式，其中包含两个窗格，左侧显示幻灯片缩略图，右侧是编辑区，如图 5-10 所示。

图 5-10　普通视图

在"视图"选项卡中单击"演示文稿视图"|"普通视图"按钮，或者单击状态栏上的"▣"（普通视图）按钮，即可切换到普通视图模式。在普通视图中单击幻灯片窗格中的缩略图，即可切换到该幻灯片，使之显示在编辑区中，以便对其进行各种编辑操作。

2. 幻灯片浏览视图

在"视图"选项卡中单击"演示文稿视图"|"幻灯片浏览"按钮，或者在状态栏上单击"🏢"（幻灯片浏览）按钮，即可切换到幻灯片浏览视图。在该视图模式中，幻灯片会缩小显示，并以多页并列的方式排列在窗口中，以便用户对幻灯片进行移动、复制和删除等操作，如图 5-11 所示。

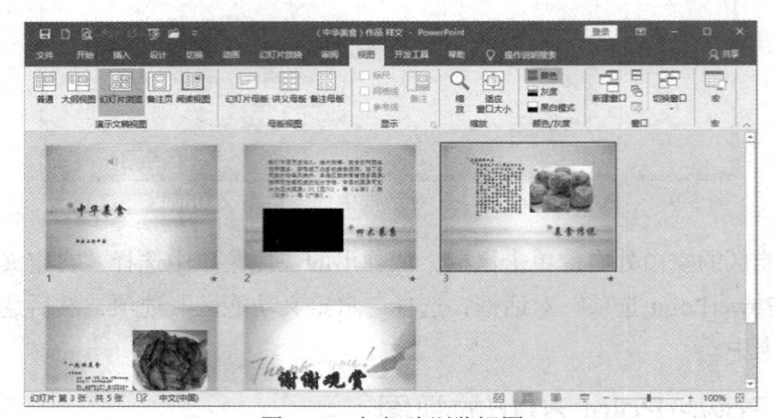

图 5-11　幻灯片浏览视图

3. 备注页视图

备注页视图中包含两个部分，上半部分是幻灯片缩略图，下半部分是备注文本框，用户可以在备注文本框中为幻灯片添加需要的备注内容，也可以插入图片。

在"视图"选项卡中，单击"演示文稿视图"|"备注页"按钮，即可切换到备注页视图，如图 5-12 所示。单击备注文本框中的提示文本，使之进入编辑状态，即可输入备注文字，或者插入图片等其他对象。

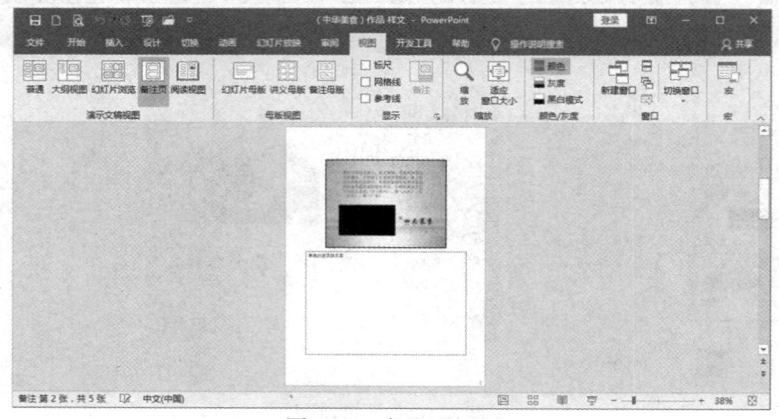

图 5-12　备注页视图

4. 阅读视图

在阅读视图中，演示文稿中的幻灯片内容以全屏的方式显示出来，如果用户设置了幻灯片动画效果、画面切换效果等，在该视图模式下也会全部显示出来。

在"视图"选项卡中单击"演示文稿视图"｜"阅读视图"按钮，或者在状态栏中单击"▦"（阅读视图）按钮，即可切换到阅读视图模式，可以看到幻灯片的内容以全屏效果显示出来，如图 5-13 所示。若要退出阅读视图，按下"Esc"键即可。

图 5-13　阅读视图

5. 大纲视图

大纲视图是一种特殊的视图，只能通过使用功能区中的"大纲视图"工具进行切换。大纲视图是专供用户编辑文本用的，如幻灯片中的文本内容、备注文字等。

在"视图"选项卡中，单击"演示文稿视图"｜"大纲视图"按钮，即可切换到大纲视图模式，可以看到在此视图中包含三个窗格，左侧为大纲窗格，用于编辑幻灯片中的文本内容；右侧上方为编辑区，显示幻灯片的完整样貌，也可以在此对幻灯片进行编辑；右侧下方为备注窗格，可在此添加备注文字，但不能添加图片，如图 5-14 所示。

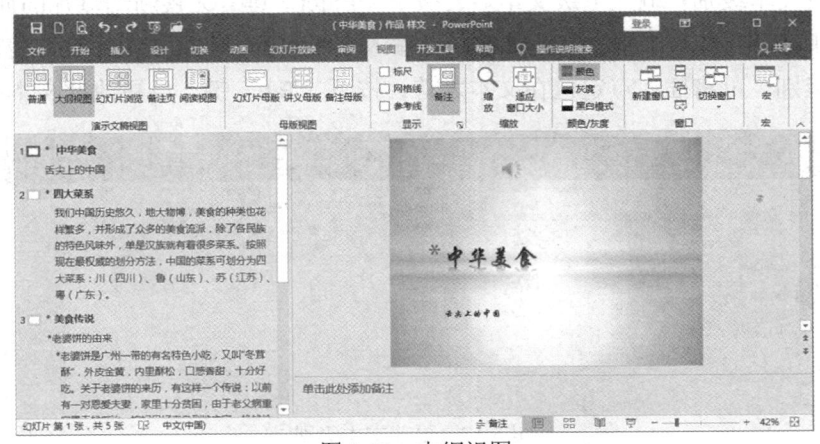

图 5-14　大纲视图

在大纲窗格中编辑幻灯片文本内容的方法如下。

（1）在幻灯片中添加文本：在幻灯片缩略图右侧单击，定位插入点，可以直接输入一级文本，如图 5-15 所示。

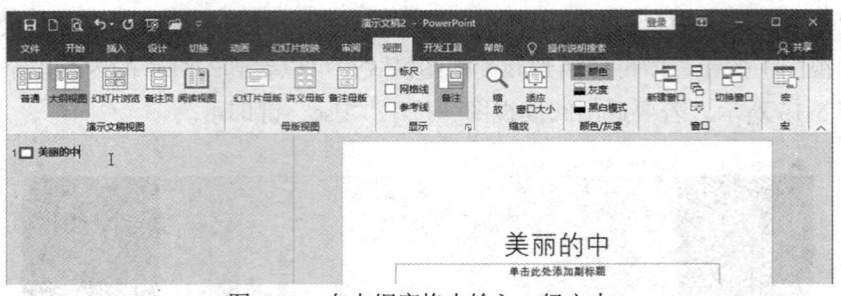

图 5-15　在大纲窗格中输入一级文本

（2）插入幻灯片：在上一张幻灯片缩略图的文本最后按下"Enter"键，可以直接插入一张新幻灯片，如图 5-16 所示。

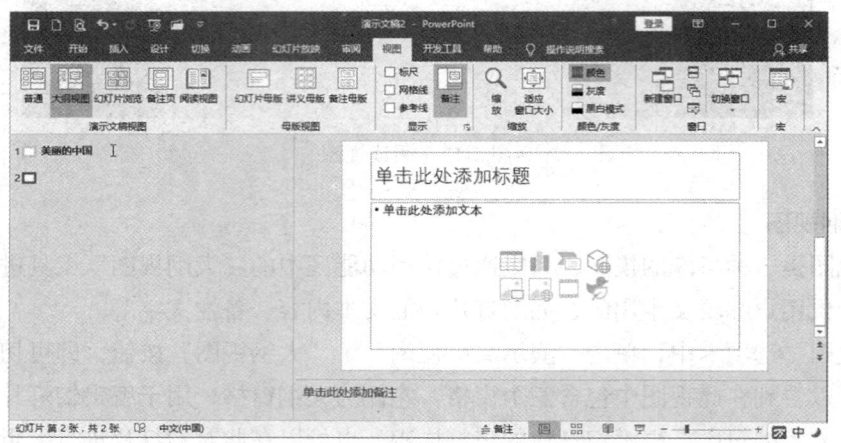

图 5-16　在大纲窗格中插入新幻灯片

（3）更改文本级别：输入上级文本后，按下"Enter"键，无视新幻灯片的插入，按一下"Tab"键，即可降低文本级别，以此类推，可输入多级文本，如图 5-17 所示。若要幻灯片中已有文本的级别，可将插入点定位在文本之首，按下"Tab"键，以更改此文本的级别。

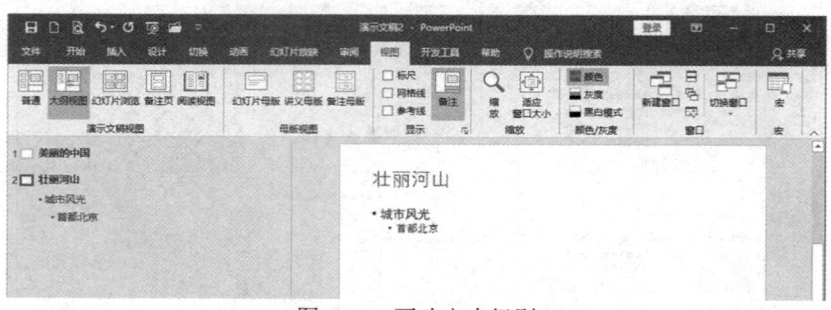

图 5-17　更改文本级别

5.2　PowerPoint 2016 的基本操作

PowerPoint 的基本操作主要是编辑和管理幻灯片，当然在此之前需要先了解如何创建和保存演示文稿。

5.2.1　演示文稿的基本操作

启动 PowerPoint 2016 后，首先进入"开始"页面，在此有多种方式创建新演示文稿；进入演示文稿后，也可以在程序主界面中创建新演示文稿。在编辑演示文稿的过程中，要养成随时保存文件的习惯，PowerPoint 的传统文件格式是 .ppt，因此人们习惯地将演示文稿文件称为 PPT。PowerPoint 2007 之后，演示文稿的默认文件格式为 .pptx。

1. 创建演示文稿

在 PowerPoint 2016 中有多种方式可以创建新演示文稿，如通过"开始"页面、通过快速访问工具栏、使用快捷键、使用菜单命令等。创建新演示文稿的手段也分为两种：一种是创建新空白演示文稿；另一种是基本模板创建新演示文稿。

（1）通过"开始"页面创建新空白演示文稿。在"开始"页面中，单击"空白演示文稿"图标，即可创建一个新空白演示文稿，如图 5-18 所示。

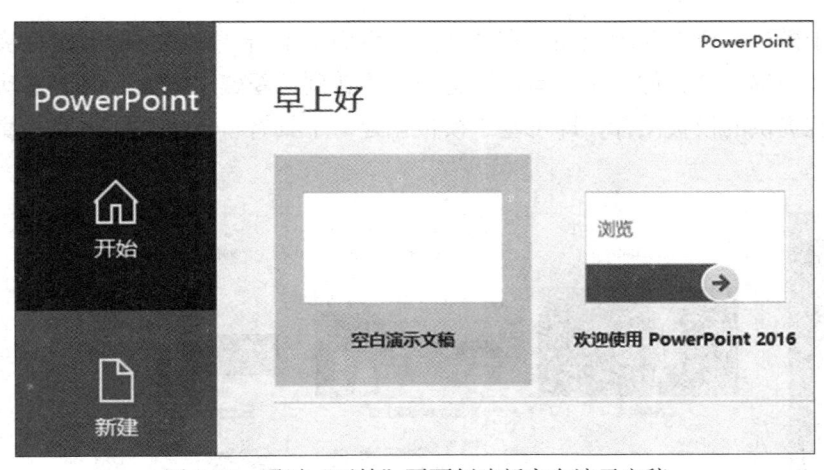

图 5-18　通过"开始"页面创建新空白演示文稿

（2）通过"新建"页面创建新空白演示文稿。在"开始"页面选择左侧边栏中"新建"选项，或者在程序主窗口中选择"文件"|"新建"选项，跳转到"新建"页面，单击"空白演示文稿"图标，即可创建一个新空白演示文稿，如图 5-19 所示。

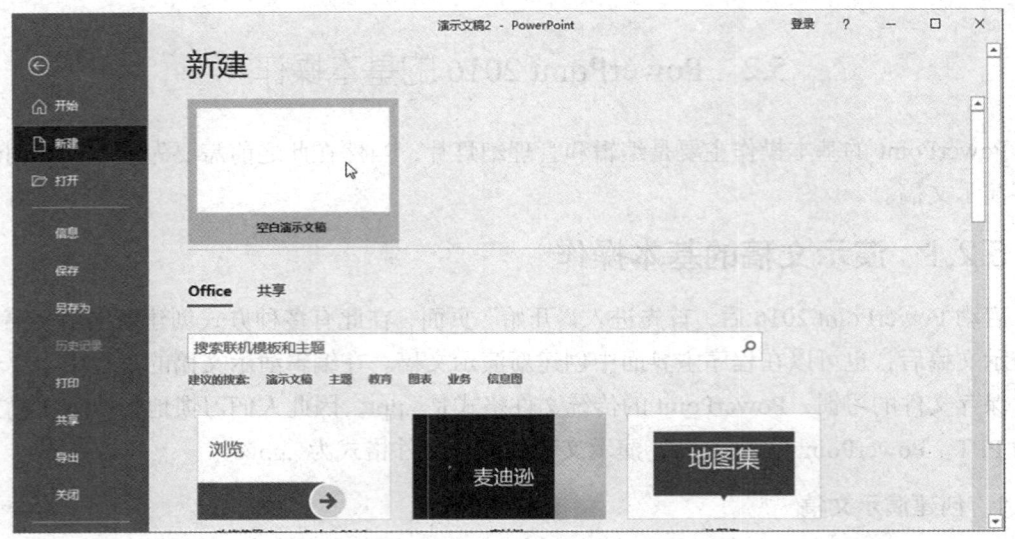

图 5-19　通过"新建"页面创建新空白演示文稿

（3）通过快速访问工具栏创建新演示文稿。在快速访问工具栏上单击""（新建）按钮，即可创建一个新空白演示文稿。

（4）使用快捷键创建新空白演示文稿。按下"Ctrl+N"组合键，即可创建一个新空白演示文稿。

（5）基于模板创建新演示文稿。在"开始"页面中单击"更多主题"超链接文本，或者在程序主界面中选择"文件"｜"新建"选项，跳转到"新建"页面，向下拖动滚动条，选择并单击系统提供的模板图标，即可基于模板创建一个具有特定格式和内容的演示文稿，如图 5-20 所示。

图 5-20　"新建"页面中的模板图标

例如，单击"樱花花瓣演示文稿"图标，打开"樱花花瓣演示文稿"模板的演示文稿创建窗口，如图 5-21 所示。单击"创建"按钮，即可创建一个基于"樱花花瓣演示文稿"模板的新演示文稿，其中包含一系列的主题样式和提示内容，如图 5-22 所示。

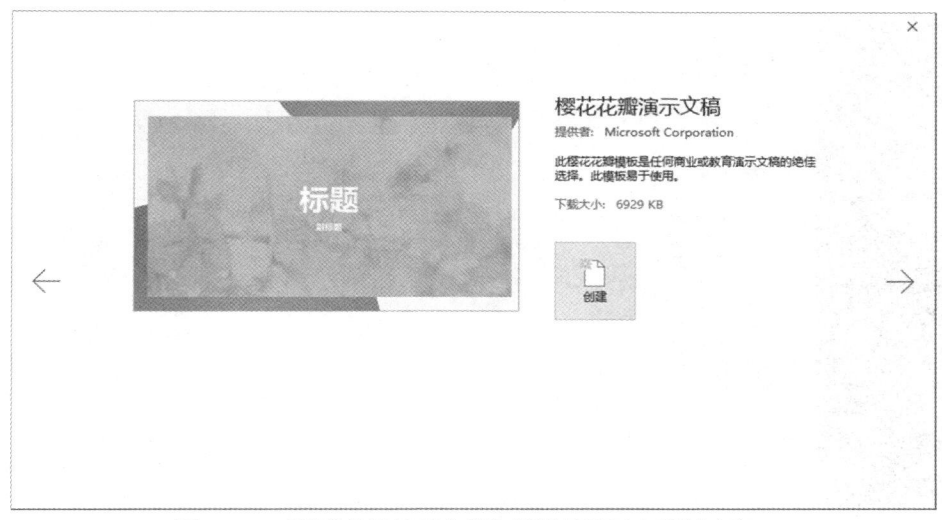

图 5-21　"樱花花瓣演示文稿"模板的演示文稿创建窗口

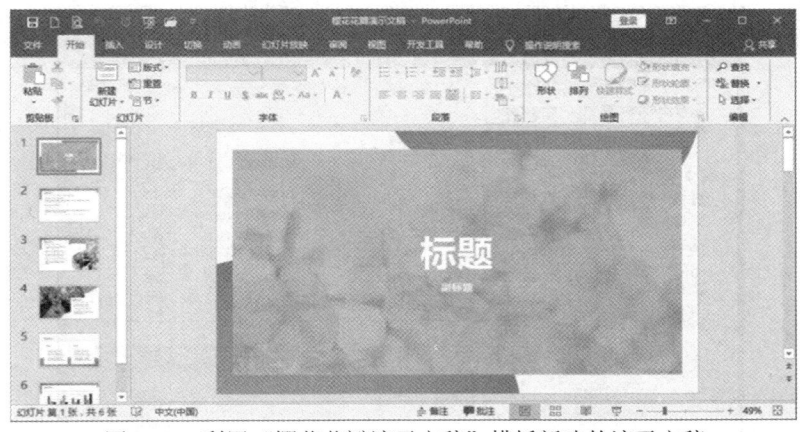

图 5-22　利用"樱花花瓣演示文稿"模板新建的演示文稿

2．保存演示文稿

保存演示文稿的方式分为"常规保存"和"保存为模板"两种。一般情况下，演示文稿编辑完成后，常规保存文件即可，但如果想要在以后创建新演示文稿时使用某演示文稿的既定格式，就有必要将该演示文稿保存为模板文件。此外，如果想要将一个已保存的演示文稿以另外的名称或位置保存备份，则可以将其另存。

（1）常规保存演示文稿。

在演示文稿的编辑过程中，就要随时注意保存编辑进度。对于已经保存过的演示文稿来说，单击快速访问工具栏上的"■"（保存）按钮，或者选择"文件"｜"保存"选项，即可保存修改。若当前演示文稿尚未保存过，则单击"保存"按钮或选择"保存"选项后，会跳转到"另存为"页面，用户需在此选择保存位置，如图 5-23 所示。选择了保存位置后，系统会自动打开"另存为"对话框，设置好文件名，单击"保存"按钮即可，如图 5-24 所示。

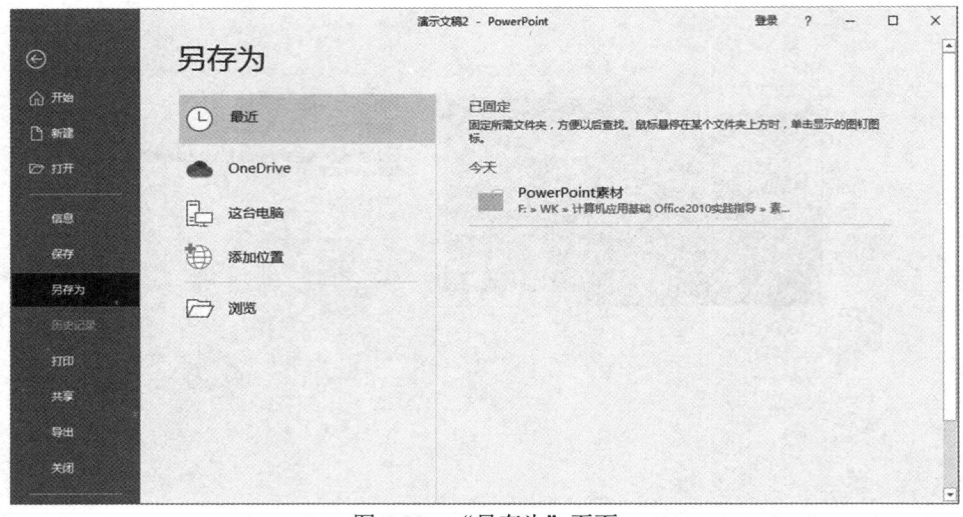

图 5-23 "另存为"页面

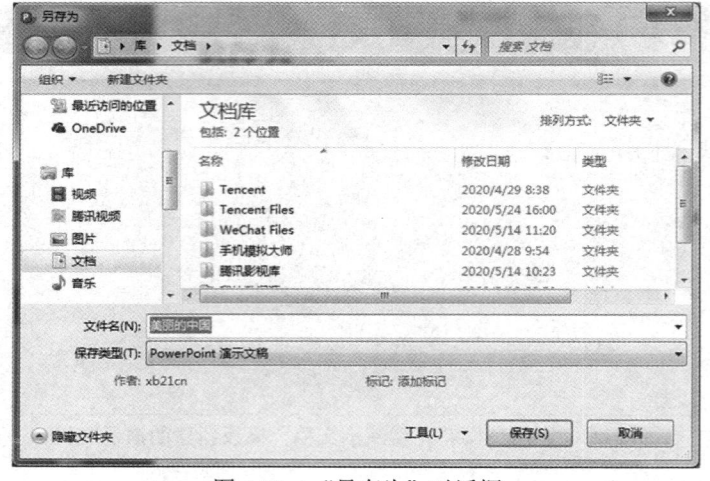

图 5-24 "另存为"对话框

（2）演示文稿的另存。

当需要保存一个演示文稿的备份时，可在程序主窗口中选择"文件"|"另存为"选项，跳转到"另存为"页面，选择保存位置，然后在打开的"另存为"对话框中设置新的文件名称，单击"确定"按钮即可。

（3）将演示文稿保存为模板。

如果自己完成了或从别处得到了一份制作精美的演示文稿，希望在以后的制作中也能用到这样的设计，这时就可以将它另存为模板。其操作方法：打开"另存为"对话框，在"保存类型"下拉菜单中选择"PowerPoint 模板"选项，并设置文件名称，单击"保存"按钮即可完成，如图 5-25 所示。

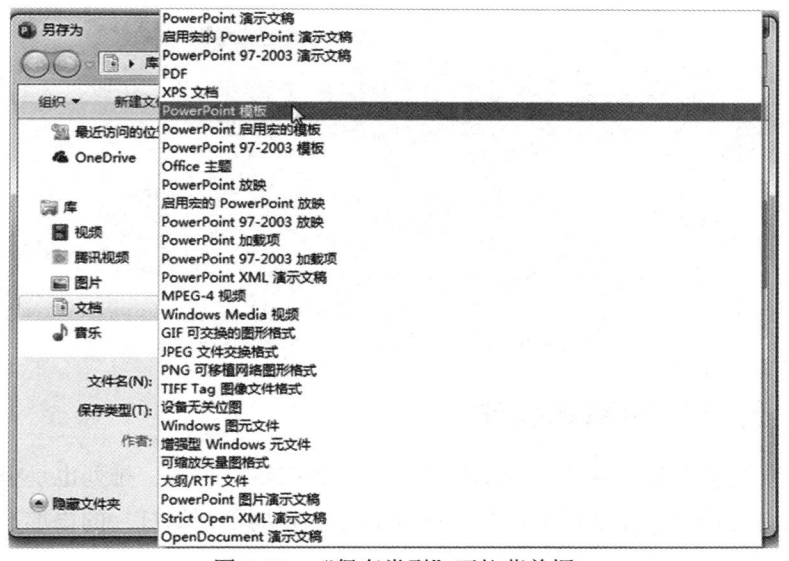

图 5-25 "保存类型"下拉菜单框

5.2.2 幻灯片的选择

当需要对幻灯片进行编辑时，首先要选择幻灯片，每次可以选择一张幻灯片，也可以同时选择多张幻灯片。

（1）在普通视图中选择幻灯片。

在普通视图中，在程序窗口左侧的幻灯片窗格中单击某张幻灯片缩略图，即可选择该幻灯片，使其显示在屏幕右侧的编辑窗格中。

（2）在幻灯片浏览视图中选择幻灯片。

在幻灯片浏览视图中，单击某张幻灯片即可选中该幻灯片；若要同时选择多张幻灯片，可在按住"Ctrl"键的同时单击要选中的每一张幻灯片。

（3）选择当前演示文稿中的所有幻灯片。

在普通视图中，先在幻灯片窗格中单击某张幻灯片缩略图，然后在"开始"选项卡中单击"编辑"｜"选择"按钮，从弹出的菜单中选择"全选"选项，可以选择当前演示文稿的所有幻灯片，如图 5-26 所示；若是在幻灯片浏览视图中，则直接在"开始"选项卡中单击"编辑"｜"选择"按钮，从弹出的菜单中选择"全选"选项，即可选择当前演示文稿的所有幻灯片。

图 5-26　在普通视图中选择全部幻灯片

5.2.3　幻灯片的基本操作

演示文稿的主体是幻灯片，因此幻灯片的丰富和归纳、整理、排列也是很重要的基础操作，而要使幻灯片内容丰富、前后衔接、排列有序，就离不开幻灯片的添加、移动、复制、删除等操作。

1.添加幻灯片

在编辑演示文稿时，有时需要插入新幻灯片，才能制作出完整的演示文稿。在新建幻灯片时需要选择幻灯片的版式。

在普通视图下的幻灯片窗格中，选中要插入新幻灯片位置处的幻灯片，按下"Enter"键，或者在"开始"或"插入"选项卡中单击"幻灯片" | "新建幻灯片"按钮，即可在所选幻灯片的下方插入一张与所选幻灯片版式相同的新幻灯片，如图 5-27 所示。若要插入一张其他版式的幻灯片，则可单击"新建幻灯片"下方的下三角按钮，在弹出的下拉面板中选择所需的版式，如图 5-28 所示。

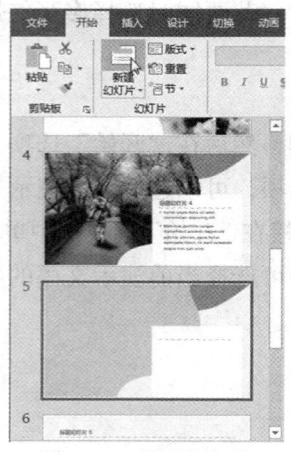

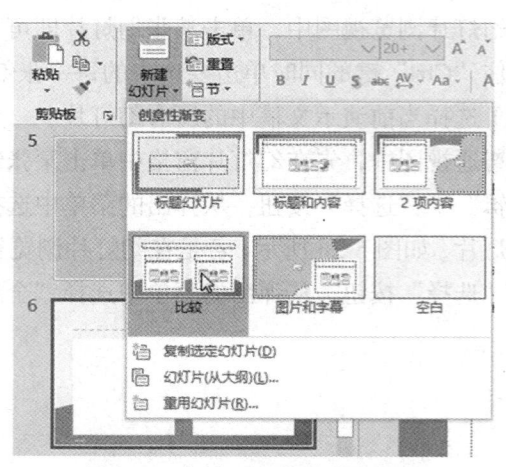

图 5-27　新建幻灯片　　　　　　　图 5-28　新建不同版式的幻灯片

2. 移动幻灯片

在对幻灯片进行编辑时，有时需要对幻灯片的顺序进行调整，此时可对幻灯片进行移动。移动幻灯片的方法有多种，执行以下操作之一便可达到移动幻灯片的目的。

（1）使用鼠标移动幻灯片。在普通视图或幻灯片浏览视图中，选中要移动的幻灯片，然后拖动鼠标至放置幻灯片的位置后松开鼠标，即可完成对幻灯片的移动。

（2）使用"剪切"+"粘贴"工具移动幻灯片。在普通视图或幻灯片浏览视图中，选中要移动的幻灯片，在"开始"选项卡中单击"剪贴板"｜"剪切"按钮，此时选中的幻灯片被放到剪贴板中，然后在放置幻灯片的位置处单击鼠标，再单击"剪贴板"｜"粘贴"按钮，即可将幻灯片移动至当前位置。

（3）使用快捷菜单移动幻灯片。在普通视图或幻灯片浏览视图中，选中并右键单击要移动的幻灯片，从弹出的快捷菜单中选择"剪切"选项，然后在放置幻灯片的位置右键单击，从弹出的快捷菜单中选择"粘贴"选项，即可将选中的幻灯片移动到当前位置。

3. 复制幻灯片

复制幻灯片的方法也有多种，其操作方法与移动幻灯片十分相似。

（1）使用鼠标拖动复制幻灯片。在普通视图或幻灯片浏览视图中，选中要移动的幻灯片，然后按住"Ctrl"键的同时拖动鼠标至放置幻灯片的位置，松开鼠标左键，即可完成对幻灯片的复制。

（2）使用"复制"+"粘贴"工具移动幻灯片。在普通视图或幻灯片浏览视图中，选中要移动的幻灯片，在"开始"选项卡中单击"剪贴板"｜"复制"按钮，此时选中的幻灯片被放到剪贴板中，然后在放置幻灯片的位置处单击鼠标，再单击"剪贴板"｜"粘贴"按钮，即可将幻灯片复制至当前位置。

（3）使用快捷菜单复制幻灯片。在普通视图或幻灯片浏览视图中，选取并右键单击要复制的幻灯片，从弹出的快捷菜单中选择"复制"选项，然后在放置幻灯片的位置右键单击，再在弹出的快捷菜单中选择"粘贴"命令，即可将选中的幻灯片复制到当前位置。

4. 删除幻灯片

删除幻灯片的方法主要有以下两种。

（1）使用"Delete"键删除幻灯片。在普通视图或幻灯片浏览视图中，选中要删除的幻灯片，然后按下键盘上的"Delete"键，即可将选中的幻灯片删除。

（2）使用快捷菜单删除幻灯片。在普通视图或幻灯片浏览视图中，选中并右键单击要删除的幻灯片，从弹出的快捷菜单中选择"删除幻灯片"命令，可将选中的幻灯片删除。

5.3 幻灯片内容管理

要制作一份令人满意的演示文稿（PPT），最重要的是内容。在幻灯片中可以包含多种媒体内容，如文本、图片、图形、艺术字、表格、图表，甚至音频视频等内容。丰富和多样化的内容不但可以使演示文稿表达更多的信息，还可以加深观从的印象。

5.3.1 向幻灯片中添加文本

文本是演示文稿中最基本的元素，添加方法主要有以下几种。

（1）在文本占位符中添加文本

在大部分幻灯片版式中都包含文本占位符，有些文本占位符中只能输入文本，而有些文本占位符中既可以输入文本，也可以插入其他对象，如图 5-29 所示。

按照文本占位符中的文字提示单击鼠标，即可使文本占位符进入编辑状态，直接键入或粘贴文本即可。文本占位符的大小通常是固定的，如果输入的文本内容超过了占位符的大小，PowerPoint 会在键入文本时以递减方式减小字体大小和行间距，使文本适应文本占位符的大小。

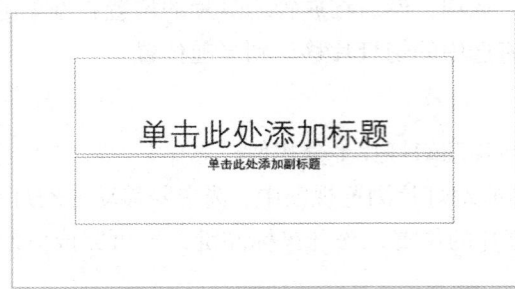

图 5-29　幻灯片中的文本占位符

（2）在文本框中添加文本

在"插入"选项卡中单击"文本"｜"文本框"按钮，即可在幻灯片中插入一个文本框，单击"文本框"按钮下方的下三角按钮，还可从弹出的下拉菜单中选择"绘制横排文本框"或"竖排文本框"选项。插入文本框后，在文本框内单击，即可键入或粘贴文本，如图 5-30 所示。

（3）在图形中添加文本

如果幻灯片中有图形对象，也可以在其中添加文本，以达到某种特殊效果，如图 5-31 所示。在图形中添加文字的方法：右键单击图形，从弹出的快捷菜单中选择"编辑文字"选项，使图形进入文字编辑状态，然后直接键入或粘贴文本即可。

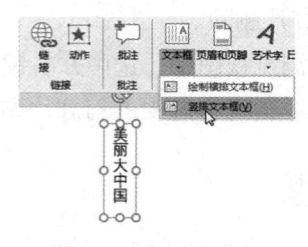

图 5-30　插入文本框　　　　图 5-31　在图形中添加文本

5.3.2 向幻灯片中插入图片、形状、艺术字

图片、形状和艺术字在演示文稿中既可以作为呈现内容的手段，也可以作为点缀辅助正文。PowerPoint 将这些对象都归纳为绘图对象，在其选定状态下会出现绘图工具，其中包含一个"格式"选项卡，使用绘图工具可以设置图片、形状或艺术字的格式，如图 5-32 所示。

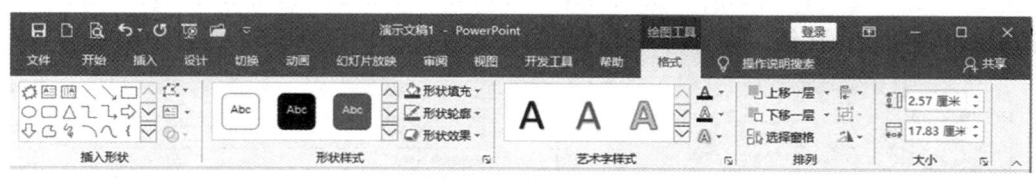

图 5-32　绘图工具

5.3.2.1 插入图片

在 PowerPoint 2016 中，可以插入本地图片、联机图片、屏幕截图等图像文件，并且可以使用"相册"工具直接创建和编辑相册。

1. 插入本地图片

在幻灯片中插入本地图片的方法有两种：一种是在占位符中插入图片，一种是直接在幻灯片中插入图片。

（1）在占位符中插入图片。在带有图片图标的占位图中单击"图片"图标，即会打开"插入图片"窗口，选择要插入的图片文件，单击"插入"按钮，即可在占位符中插入图片，如图 5-33 所示。

图 5-33　在占位符中插入图片

（2）直接在幻灯片中插入图片。若幻灯片中没有图片占位符，可直接在"插入"选项卡中单击"图像"｜"图片"按钮，打开"插入图片"窗口，选择所需的图片，然后单击"插入"按钮，即可在幻灯片中直接插入图片。

2. 插入联机图片

在"插入"选项卡中单击"图像"｜"联机图片"按钮，可打开如图 5-34 所示的"插入图片"窗口，在"必应图像搜索"框中输入关键词，或者单击"OneDrive - 个人"栏右侧的浏览按钮，可以搜索网络中或者联机计算机中的公共图片。例如，在"必应图像搜索"框中输入"樱花"，即会在跳转到的"联机图片"对话框中显示搜索到的樱花图片，选择所需的图片，单击"插入"按钮，即可将其插入到当前幻灯片中，如图 5-35 所示。

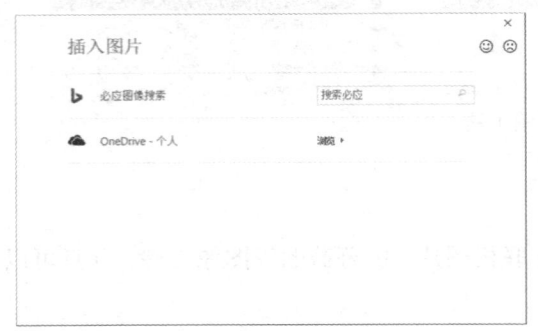

图 5-34　"插入图片"窗口

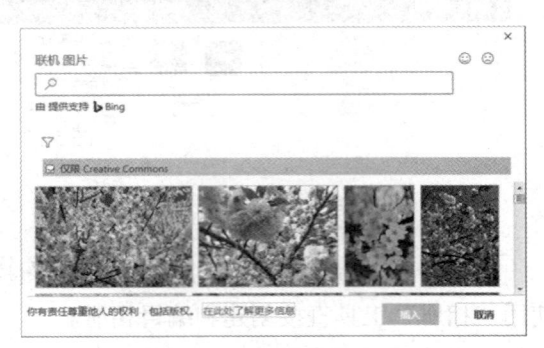

图 5-35　联机搜索樱花图片

3. 插入屏幕截图

在"插入"选项卡中单击"图像"｜"屏幕截图"按钮，从弹出的下拉菜单中选择"屏幕剪辑"选项，会以蒙版形式显示桌面及当前打开的窗口，拖动鼠标绘出截图区域，释放鼠标左键，即可完成截图，并插入到当前幻灯片中。如果当前桌面上打开了多个窗口，那么在"屏幕截图"下拉菜单中会显示窗口缩略图，单击某个缩略图，即可抓取该窗口的截图并插入到当前幻灯片中。

4. 创建相册

创建相册是 Office 2016 套件中 PowerPoint 2016 很好用的功能，在"插入"选项卡中，单击"图像"｜"相册"按钮，从弹出的下拉菜单中选择"创建相册"选项，打开"相册"对话框，单击左上角的"文件/磁盘"按钮，从弹出的窗口中选择图片文件，所选图片文件即会显示在"相册中的图片"列表中，如图 5-36 所示。

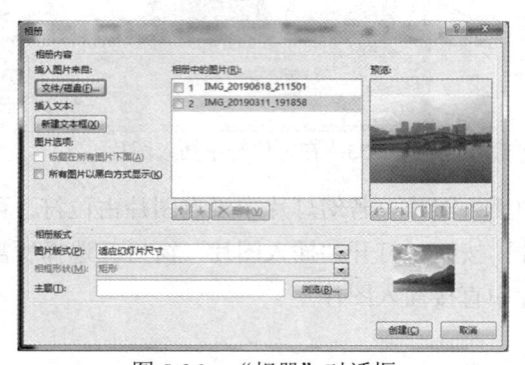

图 5-36　"相册"对话框

根据需要设置其他选项，如图片版式、主题等，如需添加文字，可单击"文件/磁盘"按钮下方的"新建文本框"按钮插入文本框。设置完毕，单击"创建"按钮，即可快速创建一个相册演示文稿，如图 5-37 所示。

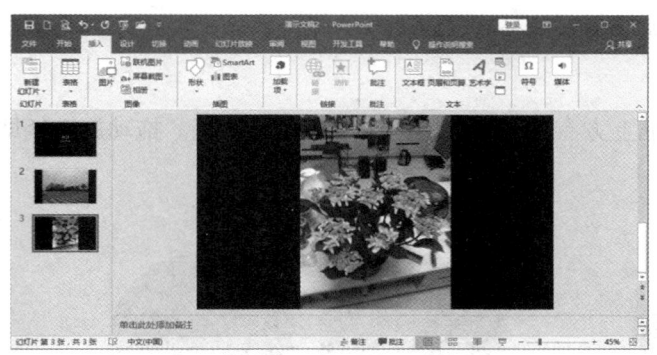

图 5-37　相册演示文稿

创建了相册演示文稿后，如需对其进行编辑，如添加图片或者文本框等，可在"插入"选项卡中单击"图像"｜"相册"按钮，从弹出的下拉菜单中选择"编辑相册"选项，打开"相册"对话框，进行所需的编辑修改。

5.3.2.2　插入形状

PowerPoint 中的形状是指一系列既定的简单几何图形，如矩形、圆形、旗帜形、标注框等。这些简单图形可以通过排列组合组成复杂的图像，也可以当成修饰或容纳其他对象的边框或容器。

1. 绘制形状

在"开始"选项卡中单击"绘图"｜"形状"按钮，或者在"插入"选项卡中单击"插图"｜"形状"按钮，从弹出的下拉面板中选择并单击某一形状的图标，然后在幻灯片中拖动鼠标，即可绘出相应的形状，如图 5-38 所示。

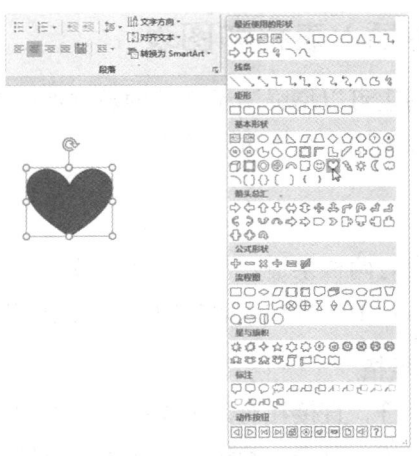

图 5-38　绘制形状

2. 调整形状

在形状的选定状态下，在其四周会显示句柄边框，通过拖动选择框上的尺寸控制柄可以改变形状的大小，如图 5-39 所示。许多复杂的形状还设置了形状调节柄（鼠标箭头处），拖动这个调节柄可以调整形状的外观，如图 5-40 所示。

3. 旋转形状

在形状的选择框上方有一个弯曲的箭头，叫作旋转柄。拖动旋转柄即可旋转形状，如图 5-41 所示。

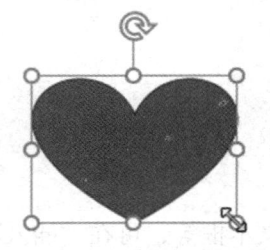

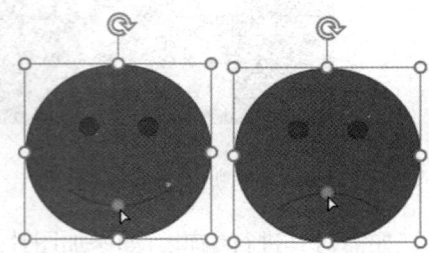

图 5-39　改变形状的大小　　　　图 5-40　调整形状的外观　　　　图 5-41　旋转图形

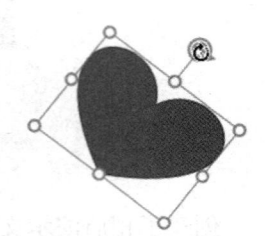

5.3.2.3　插入艺术字

在"插入"选项卡中单击"文本"｜"艺术字"按钮，从弹出的下拉面板中选择并单击一种艺术字样式图标，即可在幻灯片中插入一个艺术字占位符，按照文字提示直接在占位符中输入所需文字即可，如图 5-42 所示。

图 5-42　艺术字占位符

5.3.3　向幻灯片中插入表格和图表

在幻灯片中插入表格和图表可以增强演示文稿的数据严密性。插入表格或图表时，可以直接插入到幻灯片中，也可以利用占位符进行插入。

5.3.3.1　插入表格

在幻灯片中插入表格通常有两种渠道：一种是在对象占位符中插入表格，一种是直接在幻灯片中插入表格。而在幻灯片中直接插入表格时，又可根据需要选择不同的插入方法。

1. 在对象占位符中插入表格

如果幻灯片中有对象占位符，直接在对象占位符中单击"插入表格"图标，打开"插入表格"对话框，输入列数和行数，单击"确定"按钮，即可插入表格，如图 5-43 所示。

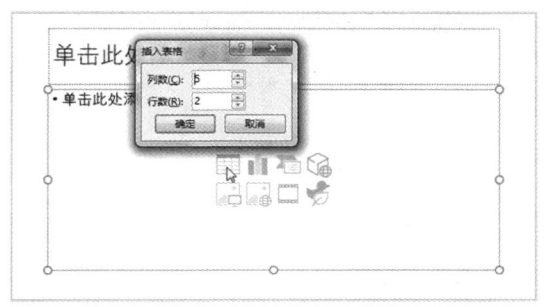

图 5-43　在对象占位符中插入表格

2. 用"插入表格"对话框创建表格

在"插入"选项卡中单击"表格"|"表格"按钮，从弹出的下拉面板中选择"插入表格"选项，打开"插入表格"对话框，设置要插入表格的列数和行数，然后单击"确定"按钮，即可在幻灯片中直接插入表格。

3. 用示例表格创建表格

在"插入"选项卡中单击"表格"|"表格"按钮，在弹出的下拉面板上的示例表格中拖动鼠标，选择表格的行数和列数，在拖动的同时编辑区中即显示了与选择的行数与列数一致的表格，当表格符合要求时，释放鼠标左键，即可插入表格，如图 5-44 所示。

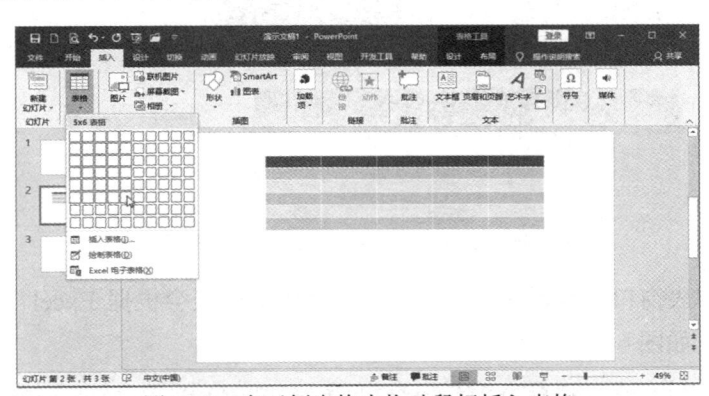

图 5-44　在示例表格中拖动鼠标插入表格

5.3.3.2　插入图表

在幻灯片中插入图表的方式也有两种：在对象占位符中插入图表和在幻灯片中直接插入图表。

1. 在对象占位符中插入图表

如果当前幻灯片中有对象占位符，那么在对象占位符中单击" "（插入图表）图标，就会打开"插入图表"对话框，在此可以选择图表的类型，如图 5-45 所示。单击"确定"按钮，即可在对象占位符中插入相应的图表，同时打开 Excel 工作表窗口，以方便用户编辑数据，如图 5-46 所示。

— 211 —

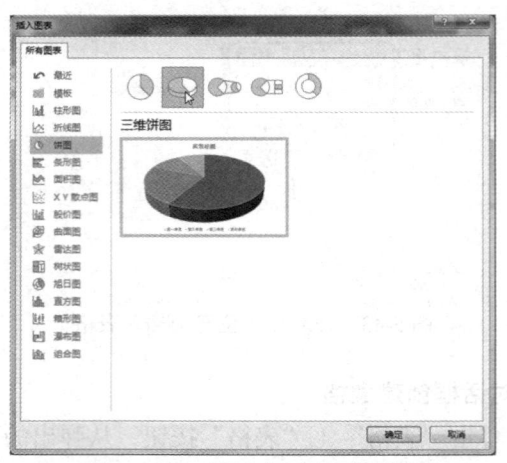

图 5-45 "插入图表"对话框

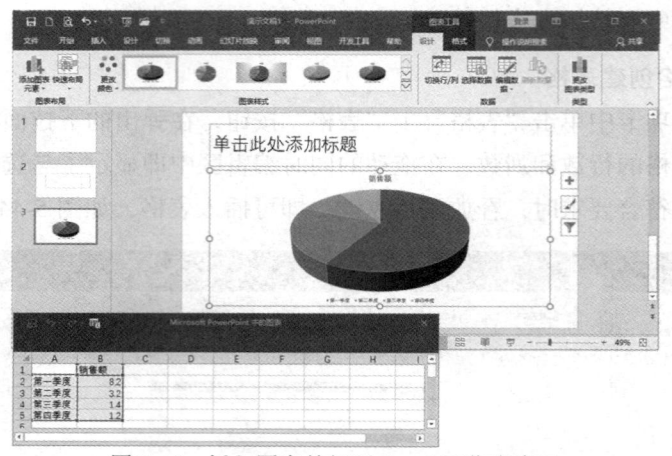

图 5-46 插入图表并打开 Excel 工作表窗口

在 Excel 工作表窗口中编辑所需数据，幻灯片中的图表会根据 Excel 工作表中数据的变化同时发生变化，如图 5-47 所示。

图 5-47 跟随数据变化的图表

2. 在幻灯片中直接插入图表

对于没有对象占位符的幻灯片，要在其中插入图表，可在"插入"选项卡中单击"插图"｜"图表"按钮，打开"插入图表"对话框，根据所需选择图表类型再进行编辑和设置即可。

5.3.4 向幻灯片中插入视频和音频

在 PowerPoint 2016 中，可以向幻灯片中插入本地音频视频、联机视频以及录制的音频等多媒体素材，还可以录制屏幕。

5.3.4.1 插入视频

在幻灯片中，除了可设置动画和声音，还可以添加视频影片，使演示文稿更加生动。

1. 插入本地视频文件

在有对象占位符的幻灯片中，单击占位符中的"插入视频"图标，打开"插入视频文件"对话框，选择所需的视频文件，然后单击"插入"按钮，即可在对象占位符中插入视频，如图 5-48 所示。

若幻灯片中没有对象占位符，要插入视频文件，可在"插入"选项卡中单击"媒体"｜"视频"按钮下方的下三角按钮，从弹出的下拉菜单中选择"PC上的视频"选项，打开"插入视频文件"对话框，然后选择所需的视频文件并单击"插入"按钮，即可在幻灯片中插入视频文件。

插入视频文件后，在视频的选定状态下，会显示视频工具，其中包含"格式"和"播放"两个选项卡，分别用于设置视频的格式和播放选项。幻灯片中也会出现一个播放工具栏，可供用户预览视频效果，如图 5-49 所示。

图 5-48 "插入视频文件"对话框

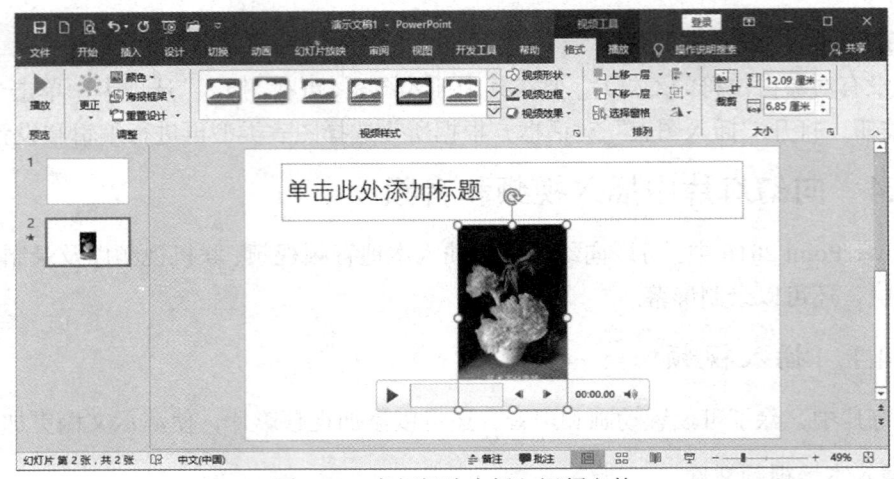

图 5-49 在幻灯片中插入视频文件

2. 插入联机视频

通过 PowerPoint 2016 的插入联机视频功能，可插入用户上传到互联网中的视频文件。互联网上的视频可通过网址访问或下载。在"插入"选项卡中单击"媒体"|"视频"按钮下方的下三角按钮，从弹出的下拉菜单中选择"联机视频"选项，打开"在线视频"对话框，在"输入在线视频的 URL"文本框中输入视频网址，然后单击"插入"按钮，即可在幻灯片中插入在线视频，如图 5-50 所示。

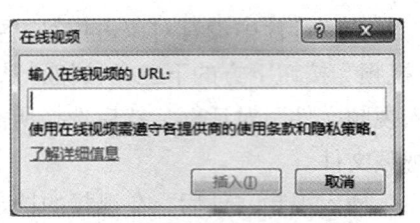

图 5-50 "在线视频"对话框

5.3.4.2 插入音频

在演示文稿中添加的声音可以是现成的音频文件，也可以是录制的声音文件。

1. 插入声音文件

打开要添加声音的幻灯片，在"插入"选项卡中，单击"媒体"|"音频"按钮下方的下三角按钮，从弹出的下拉菜单中选择"PC 上的音频"选项，打开"插入音频"对话框，选择要插入的声音文件再单击"插入"按钮，即可在幻灯片中插入相应的声音，如图 5-51 所示。

图 5-51 "插入音频"对话框

插入声音文件后，幻灯片中会显示一个声音图标，在声音图标处于选定状态时，还会显示音频工具和一个浮动的播放工具栏，使用它们可以设置声音文件的格式、设置播放选项，以及试声播放效果，如图 5-52 所示。

图 5-52　插入声音文件

2．录制声音

如果要在幻灯片中插入自己录制的声音，需要连接并调试好音频录制设备，如麦克风等。然后打开要插入录制声音的幻灯片，在"插入"选项卡，中单击"媒体"|"音频"按钮下方的下三角按钮，从弹出的下拉菜单中选择"录制音频"选项即可开始录制声音。

5.3.4.3　录制屏幕

录制屏幕的方法：先打开要录制的程序窗口，再在 PowerPoint 的"插入"选项卡中单击"媒体"|"录制屏幕"按钮，显示录屏工具栏，单击"选择区域"按钮，然后拖动鼠标选定录制区域，单击"录制"按钮，即开始录制区域中的屏幕动态，如图 5-53 所示。

图 5-53　录制屏幕

开始录屏后，"录制"按钮会自动变为"暂停"按钮，单击"暂停"按钮可暂停录制。若需同时插入声音，应事先连接好音频设备，开始录制后单击"音频"按钮即可录音。录制完成后，单击录屏工具条右上角的"关闭"按钮，便可将所录制的屏幕视频插入到幻灯片中，单击浮动工具栏中的"播放"按钮可查看录制效果，如图 5-54 所示。

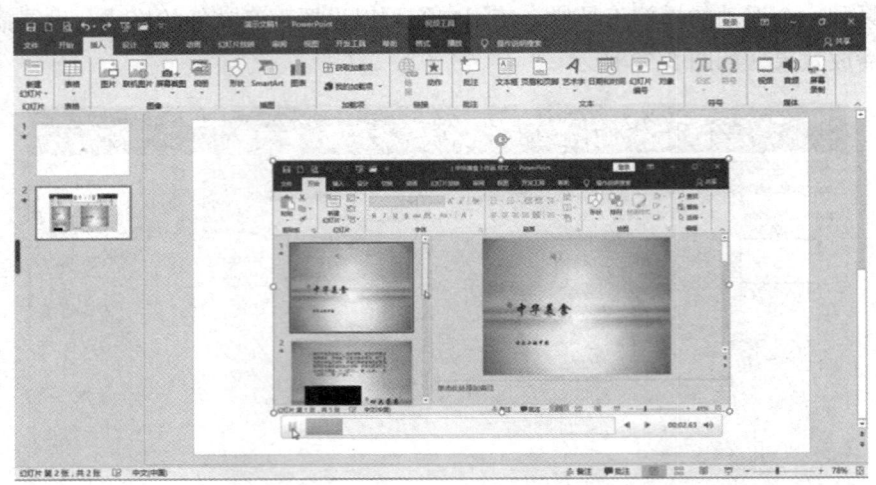

图 5-54　在幻灯片中插入录制的屏幕视频

5.4　幻灯片外观设计

幻灯片的外观主要反映在幻灯片的尺寸和背景上。PowerPoint 还提供了一系列预置的主题设计和母版功能，使用它们可以快速为幻灯片设置统一的外观。

5.4.1　外观设计

在制作演示文稿时，需根据实际用途设置幻灯片的尺寸和风格，例如，放映时所用的屏幕是宽屏还是标准尺寸，在制作时就需要使用与其匹配的尺寸，才能达到好的放映效果。

1. 设置幻灯片大小

在"设计"选项卡中，单击"自定义"|"幻灯片大小"按钮，从弹出的下拉菜单中选择"标准"或"宽屏"选项，即可定义幻灯片的大小。如果要使用其他大小，可在"幻灯片大小"下拉菜单中选择"自定义幻灯片大小"选项，打开"幻灯片大小"对话框，在此不但可以设置幻灯片的具体尺寸，还可以指定"幻灯片"和"备注、讲义及大纲"的方向，如图 5-55 所示。

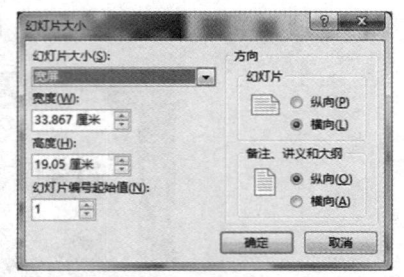

图 5-55　"幻灯片大小"对话框

2. 设置背景格式

在"设计"选项卡中，单击"自定义"|"设置背景格式"按钮，会在程序窗口右侧显示"设置背景格式"窗格，在此可为幻灯片设置纯色填充、渐变填充、图案或纹理填充，或者图案填充，如图 5-56 所示。

（1）设置纯色填充。可在"设置背景格式"窗格中选中"纯色填充"单选按钮，然后单击"颜色"下三角按钮,从弹出的下拉面板中选择一种颜色,如图5-57所示。

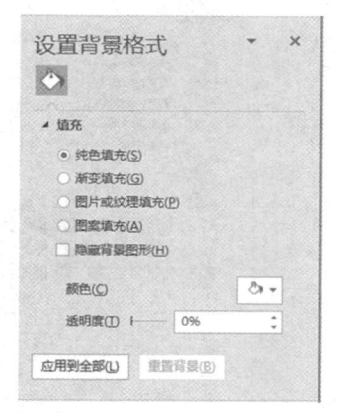

图5-56 "设置背景格式"窗格

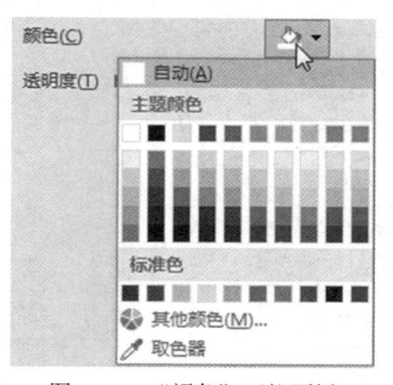

图5-57 "颜色"下拉面板

拖动"透明度"滑块可以改变背景颜色的透明度,如图5-58所示。例如,在"颜色"下拉面板中选择红色,当透明度为0%时,如图5-58(a)所示;若将透明度设置为50%,效果如图5-58(b)所示;而当透明度为100%时,效果如图5-58(c)所示。

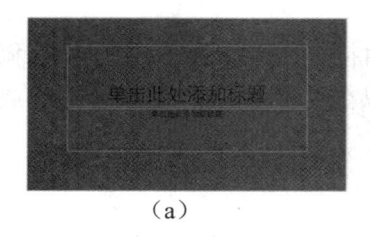

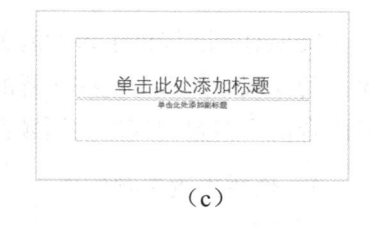

图5-58 更改背景颜色的透明度

(2)设置渐变填充。在"设置背景格式"窗格中选中"渐变填充"单选按钮,显示渐变填充选项,在此可以设置渐变背景的样式、类型、方向、角度等选项,如图5-59所示。

(3)设置图片或纹理填充。在"设置背景格式"窗格中选中"图片或纹理填充"单选按钮,显示图片或纹理填充选项,在此可以设置图片的来源或者纹理填充的图案,以及图片或纹理填充的透明度、偏移量、刻度、对齐方式等选项,如图5-60所示。在使用图片或纹理填充背景时,"设置背景格式"窗格中还会显示"效果"和"图片"两个选项卡,在"效果"选项卡中可以设置图片或纹理填充的艺术效果;在"图片"选项卡中则可以设置图片或纹理填充的清晰度、亮度、对比度、饱和度、色调等。

(4)设置图案填充。在"设置背景格式"窗格中,选中"图片或纹理填充"单选按钮,显示图案填充选项,在此可以设置图案的样式、前景色和背景色,如图5-61所示。

(5)应用和重置背景。设置背景色后,默认只应用于当前幻灯片。若要将此背景色应用于演示文稿中的所有幻灯片,可在"设置背景格式"窗格中单击"应用到全部"按钮。若要重新设置背景色,单击"重置背景"按钮,即可清除已设置的背景。

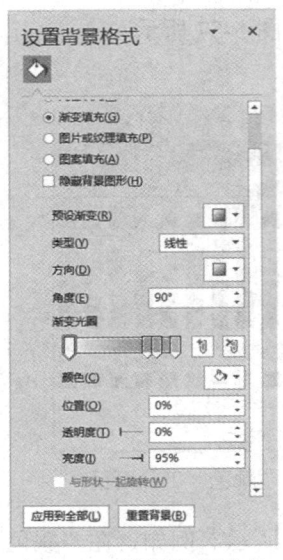

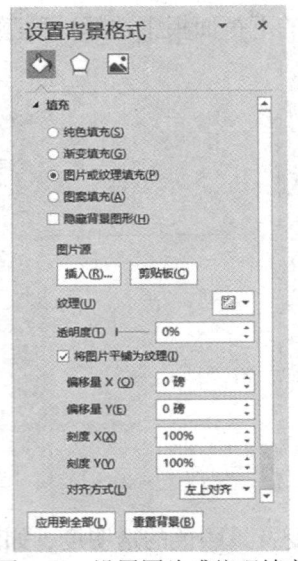

图 5-59　设置渐变填充　　　图 5-60　设置图片或纹理填充　　　图 5-61　设置图案填充

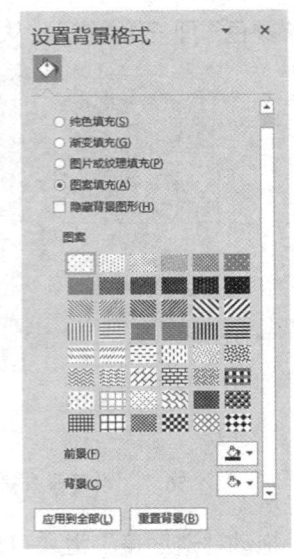

5.4.2　使用设计主题

PowerPoint 提供了多种内置的主题以及变体，用户可以直接选择这些主题作为演示文稿统一的外观。如果对这些内置的主题效果不满意，用户还可以在线使用其他 Office 主题，或者配合使用内置的其他主题颜色、字体、效果等。

1．使用内置主题效果

打开要设置主题的幻灯片，在"设计"选项卡中展开"主题"选项组中的样式库，单击要使用的主题样式，即可将该主题效果应用到幻灯片中，可以看到该主题已经设置了字体、字号、背景等格式，如图 5-62 所示。

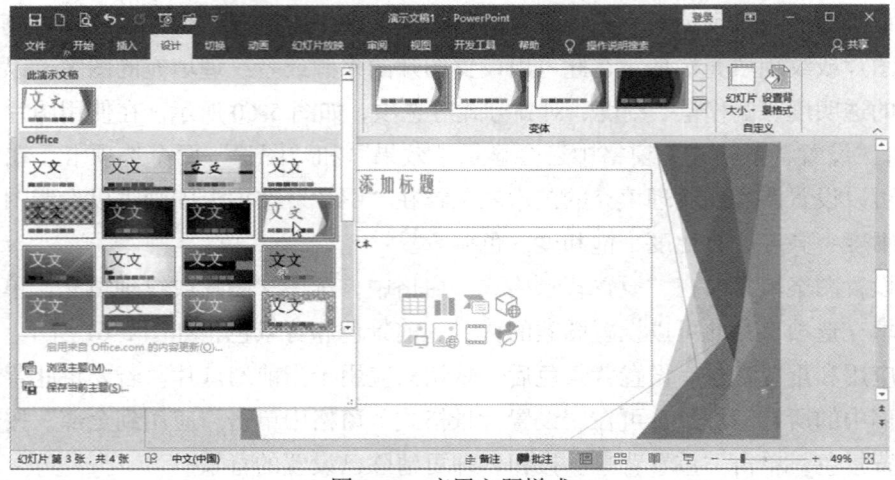

图 5-62　应用主题样式

若对当前主题样式的默认效果不太满意，还可以展开"变体"样式列表，选择当前主题设计的变体。变体样式采用了不同的背景图案颜色、字体、效果及背景样式，用户可自行选择搭配，如图 5-63 所示。

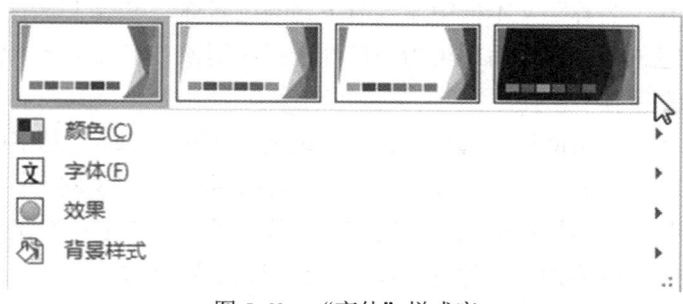

图 5-63 "变体"样式库

例如，要更改当前主题样式的颜色方案，可在"变体"样式库弹出的下拉面板中选择"颜色"选项，展开 Office 主题颜色列表，选择所需的颜色方案，即可将其应用到幻灯片中，如图 5-64 所示。

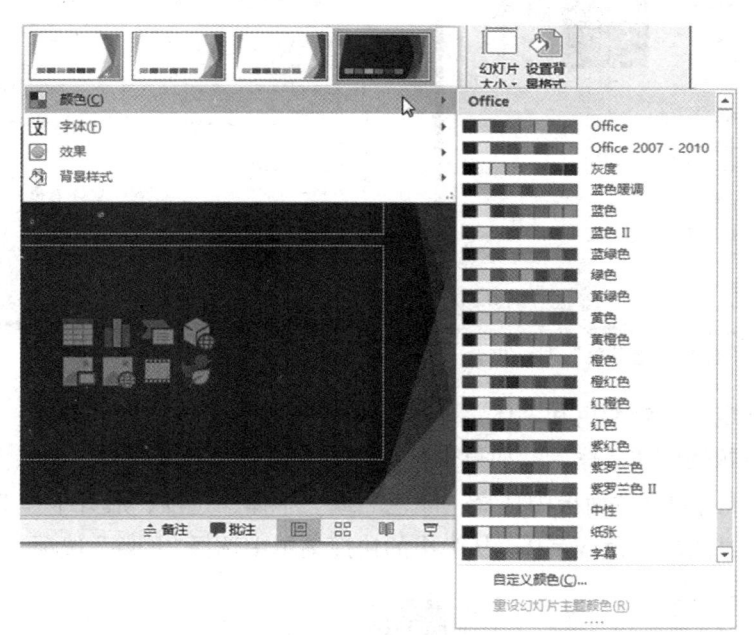

图 5-64 Office 主题颜色列表

同理，若需要改变当前主题样式的字体、效果或背景样式，只需在"变体"样式库弹出的下拉面板中选择相应的选项，从弹出的下拉列表中进行选择即可。

2. 自定义主题应用

如果内置的主题或变体不能满足需要，希望根据自己的需要设计不同风格的主题效果，则可以自定义应用主题。

（1）自定义主题颜色

在"变体"样式库弹出的下拉面板中选择"颜色"选项，展开 Office 主题颜色列表，选择底部的"自定义颜色"选项，打开"新建主题颜色"对话框，即可设置主题颜色，如图 5-65 所示。设置完毕，在"名称"文本框中输入新主题颜色名称，单击"确定"按钮，该主题颜色会出现在主题颜色列表中，以后即可为幻灯片选择应用该自定义主题颜色。

（2）自定义主题字体

在"变体"样式库弹出面板中选择"字体"选项，展开 Office 主题字体列表，选择底部的"自定义字体"选项，打开"新建主题字体"对话框，即可设置主题字体，如图 5-66 所示。设置完毕，在"名称"文本框中输入新主题字体名称，单击"确定"按钮，该主题字体会出现在主题字体列表中，以后即可为幻灯片设置该自定义主题字体。

图 5-65　"新建主题颜色"对话框 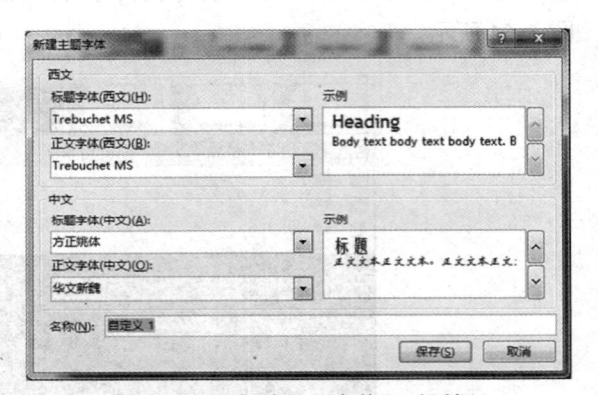　　　　图 5-66　"新建主题字体"对话框

（3）删除自定义主题颜色和字体

在自定义主题颜色和字体后，如果不再需要该主题效果，可以将其删除。操作方法：在"变体"样式库弹出的下拉面板中选择"颜色"或"字体"选项，展开下拉菜单，右键单击需要删除的自定义主题颜色或字体，从弹出的快捷菜单中选择"删除"选项，如图 5-67 所示。

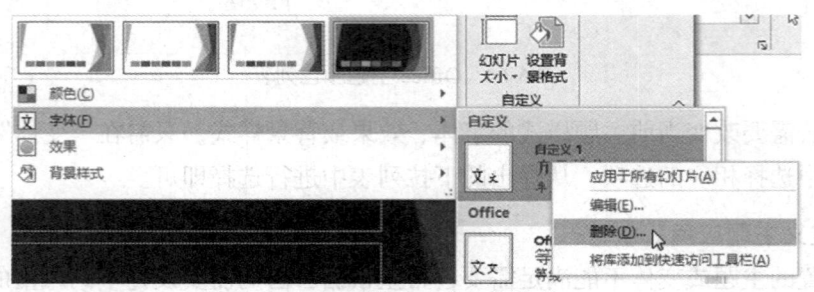

图 5-67　删除自定义主题字体

5.4.3 使用母版

母版是存储关于模板信息的设计模板的一个元素，这些模板信息包括字形、占位符大小、位置、背景设计和配色方案。PowerPoint 2016 演示文稿中的每一个关键组件都拥有一个母版，如幻灯片、备注和讲义。母版是一类特殊的幻灯片，幻灯片母版控制了某些文本特征如字体、字号、字形和文本的颜色；还控制了背景色和某些特殊效果如阴影和项目符号样式；包含在母版中的图形及文字将会出现在每一张幻灯片及备注中。所以，如果在一个演示文稿中使用幻灯片母版的功能，就可以做到整个演示文稿格式统一，从而减少工作量，提高工作效率。使用母版功能可以更改以下几个方面的设置。

（1）标题、正文和页脚文本的字形。
（2）文本和对象的占位符位置。
（3）项目符号样式。
（4）背景设计和配色方案。

5.4.3.1 查看母版

PowerPoint 2016 包含三个母版，它们分别是幻灯片母版、讲义母版和备注母版。当需要设置幻灯片风格时，可以在幻灯片母版视图中进行设置；当需要将演示文稿以讲义的形式打印输出时，可以在讲义母版中进行设置；当需要在演示文稿中插入备注内容时，则可以在备注母版中进行设置。

1. 幻灯片母版

幻灯片母版是存储模板信息的设计模板的一个元素。幻灯片母版中的信息包括字形、占位符的大小和位置、背景设计和配色方案。在"视图"选项卡中单击"母版视图"|"幻灯片母版"按钮，即可切换到幻灯片母版视图中，如图 5-68 所示。

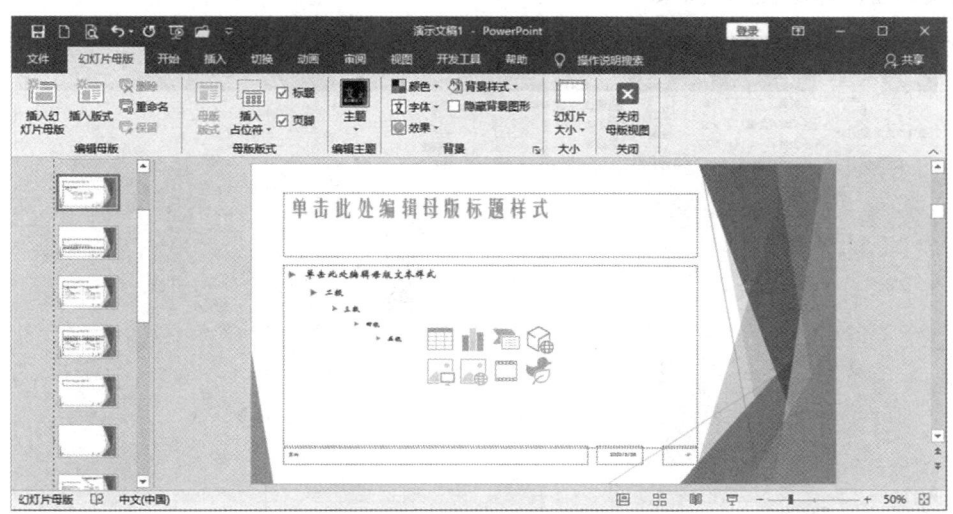

图 5-68 幻灯片母版视图

2. 讲义母版

讲义母版是为制作讲义而准备的，通常需要打印输出，因此讲义母版的设置大多和打印页面有关。它允许设置一页讲义中包含多张幻灯片，允许设置页眉、页脚、页码等基本信息。在讲义母版中插入新的对象或者更改版式时，新的页面效果不会反映在其他母版视图中。在"视图"选项卡中单击"母版视图"|"讲义母版"按钮，即可切换到讲义母版视图中，如图 5-69 所示。

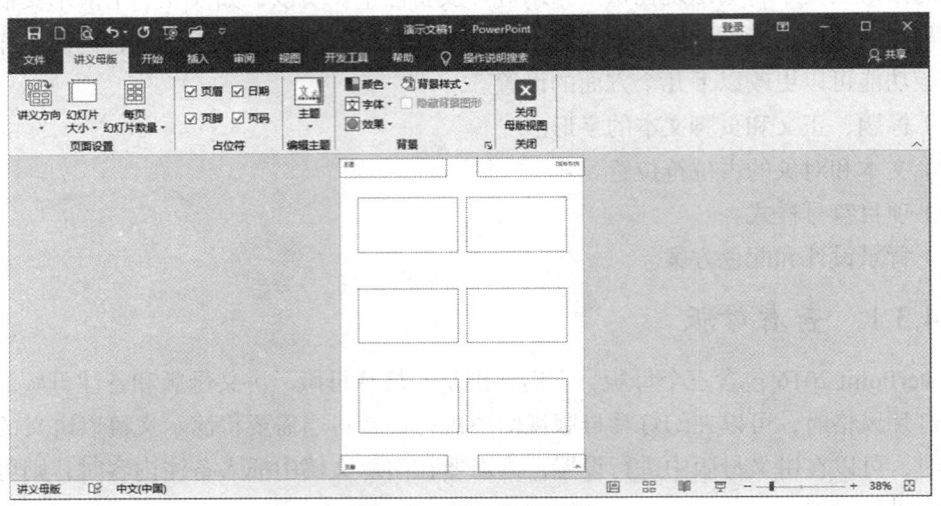

图 5-69　讲义母版视图

3. 备注母版

备注母版主要用来设置幻灯片的备注格式，一般也是用来打印输出的，所以备注母版的设置大多也和打印页面有关。在"视图"选项卡中单击"母版视图"|"备注母版"按钮，即可切换到备注母版视图中，如图 5-70 所示。

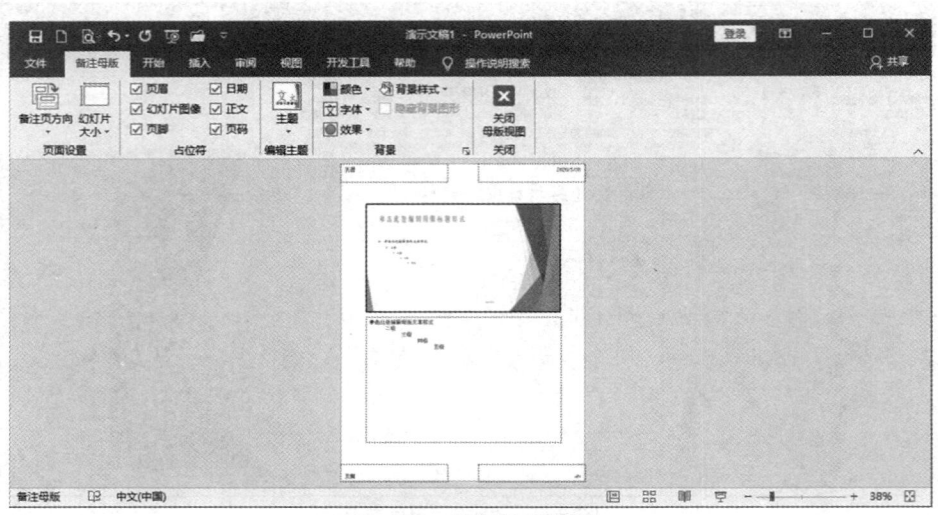

图 5-70　备注母版视图

5.4.3.2 设置母版

幻灯片母版的目的是对幻灯片进行全局更改（如替换字形），并使该更改应用到演示文稿的所有幻灯片中。可以像更改任何幻灯片一样更改幻灯片母版，幻灯片母版决定着幻灯片的外观，用于设置幻灯片的标题、正文文字等样式，包括字体、字号、字体颜色、阴影等效果；也可以设置幻灯片的背景、页眉、页脚等。也就是说，幻灯片母版可以为所有幻灯片设置默认的版式。

1. 更改母版版式

在 PowerPoint 2016 中创建的演示文稿都带有默认的版式，这些版式一方面决定了占位符、文本框、图片、图表等内容在幻灯片中的位置，另一方面决定了幻灯片中文本的样式。在母版视图中按照提示编辑其中的元素，即可更改母版版式，如图 5-71 所示。

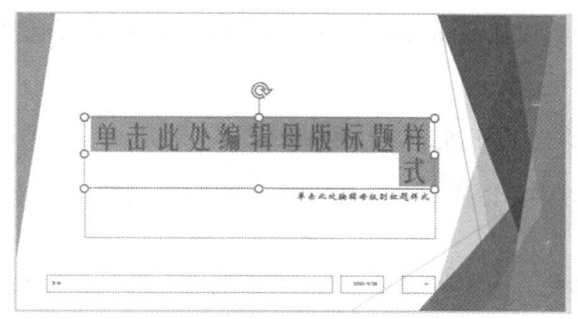

图 5-71　更改母版版式

2. 编辑背景图片

一个精美的设计模板少不了背景图片的修饰，用户可以根据实际需要在幻灯片母版视图中添加、删除或移动背景图片。例如希望让某个艺术图形（公司名称或徽标等）出现在每张幻灯片中，只需将该图形置于幻灯片母版上，此时该对象将出现在每张幻灯片的相同位置上，而不必在每张幻灯片中重复添加。例如，在母版的"标题和内容"版式幻灯片中插入一个星星背景图片，然后退出母版视图，插入几张"标题和内容"版式的幻灯片，可以看到每张幻灯片中都带有星星背景图片，如图 5-72 所示。

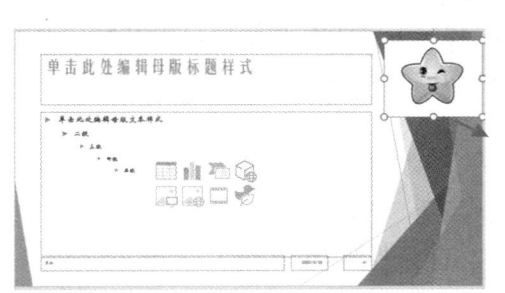

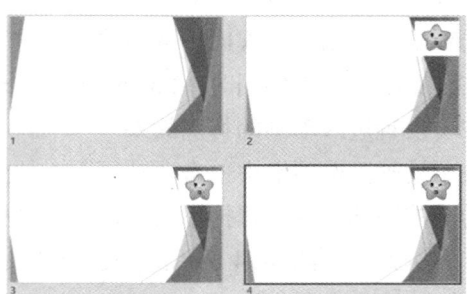

图 5-72　编辑背景图片

5.5 设置幻灯片的动态效果

幻灯片的动态效果包括幻灯片放映时各元素的动画效果、幻灯片切换效果，以及通过超链接在幻灯片之间的动态跳转。这些动态效果可以为幻灯片的放映增添亮点，提高观众的兴趣和注意力。

5.5.1 设置动画效果

在 PowerPoint 中，可以为演示文稿中的文本或多媒体对象添加特殊的视觉效果或声音效果，例如使文字逐字飞入演示文稿，或在显示图片时自动播放声音等，幻灯片中的标题、副标题、文本或图片等对象都可以设置动画效果，在放映时以不同的动画出现在屏幕上，从而增加幻灯片的动态效果。PowerPoint 中预设了一些动画供用户选用，使用很方便。采用带有动画效果的幻灯片对象可以让演示文稿更加生动活泼，还可以控制信息演示流程并重点突出关键的数据。

5.5.1.1 设置幻灯片元素的动画效果

在 PowerPoint 2016 中可以实现各种各样的动画效果，这些动画效果的基本特点有以下两个。

（1）动画对象多样化。文本、图片、Excel 数据表、形状、艺术字等都可以设置动画效果。

（2）动画动作模式化。无论设置的动画对象是什么，其动作模式（或称动画方式）都被限制在 PowerPoint 所规定的若干种内。在 PowerPoint 2016 中可以自定义动画的路径。动画制作方法的设置流程包括选择、设置、应用等几个操作步骤。

幻灯片中的每一个对象都可以设置多种不同的动画效果。

1. 设置对象的进入效果

对象的进入效果是指幻灯片放映过程中，对象进入放映界面时的动画效果。

（1）设置进入动画效果

打开要设置动画效果的幻灯片，选定要设置动画的对象，在"动画"选项卡中展开"动画"选项组中的动画样式库，从中选择"进入"栏下的动画效果选项，如图 5-73 所示。

在设置动画效果的同时，PowerPoint 会即时显示对象进入动画的效果。

（2）设置进入动画的特殊效果

在"动画"选项卡中单击"动画"｜"效果选项"按钮，即可从弹出的下拉菜单中选择进入动画的特殊效果。选择不同的进入动画样式，其"效果选项"菜单中显示的效果选项也不一样，例如，如图 5-74 所示的是选择"飞入"动画时显示的效果选项。

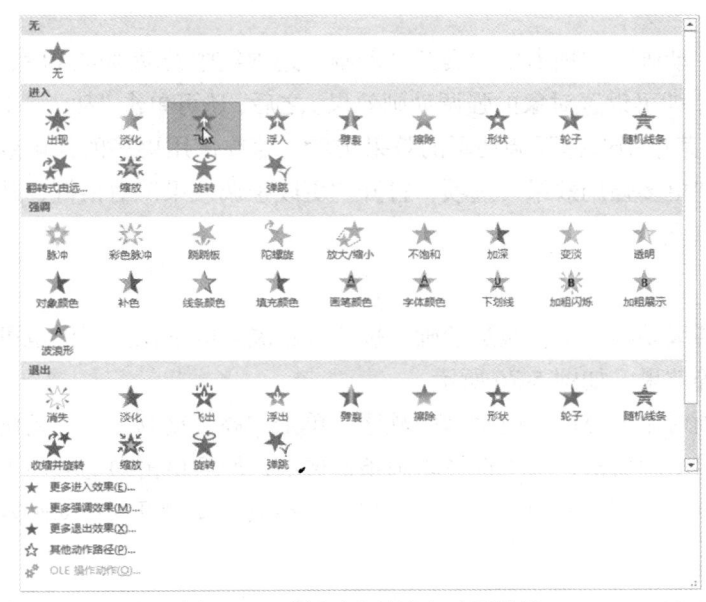

图 5-73　选择对象的进入动画效果 　　　　图 5-74　选择"飞入"动画时显示
　　　　　　　　　　　　　　　　　　　　　　　　的效果选项

（3）使用更多进入效果

如果对动画样式库中提供的样式不甚满意，想要使用其他的进入效果，可以在动画样式列表中选择"更多进入效果"选项，打开"更改进入效果"对话框，可以看到这里分类提供了更多的进入效果，如图 5-75 所示。选择合适的进入效果后，单击"确定"按钮，即可应用所选效果。

2. 设置对象的退出效果

对象的退出效果是指，在幻灯片放映过程中，对象退出放映界面的动画效果。

选定要设置动画的对象，在"动画"选项卡中，展开"动画"选项组中的动画样式库，选择"退出"栏下的动画图标选项，即可设置对象的退出效果。之后，还可单击"动画"｜"效果选项"按钮，从弹出的下拉菜单中选择退出动画的效果选项。若要使用更多的退出效果，可在动画样式列表底部选择"更多退出效果"选项，打开"更改退出效果"对话框，从中进行选择。

图 5-75　"更改进入效果"对话框

3. 设置对象的强调效果

"强调效果"是指为突出显示幻灯片中的对象，而为其设置强调动画效果以增强对象的表现力。

选定要设置动画的对象，在"动画"选项卡中，展开"动画"选项组中的动画样式库，选择"强调"栏下的动画图标选项，即可设置对象的强调动画效果。之后，还可单击"动画"｜"效果选项"按钮，从弹出的下拉菜单中选择强调动画的效果选项。若要使用更多的强调效果，可在动画样式列表底部选择"更多强调效果"选项，打开"更改强调效果"对话框，从中进行选择。

4. 设置高级动画效果

在"动画"选项卡中单击"高级动画"｜"添加动画"按钮，在展开的下拉面板中也可以为对象设置进入、退出、强调等效果，如图 5-76 所示。

若一张幻灯片中包含多个动画对象，可以更改动画的顺序。单击"高级动画"｜"动画窗格"按钮，在程序窗口右侧显示动画窗格，从中选择动画条目选项，然后单击向上或向下按钮，即可更改动画顺序，如图 5-77 所示。在动画窗格中，单击"播放"按钮可预览动画效果。

图 5-76　"添加动画"下拉面板　　　　图 5-77　动画窗格

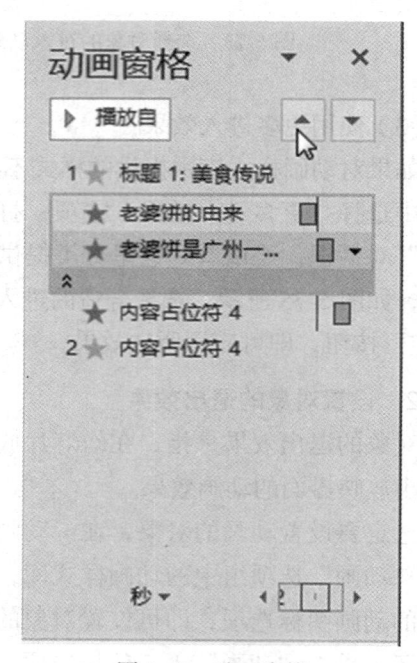

5. 删除动画效果

为幻灯片中的对象设置了动画效果后，该对象左上角处会显示动画标记编号。若要删除某对象的动画效果，可选定该对象，在"动画"选项卡中，单击"动画"样式库的"无"图标按钮，即可删除该对象的动画效果，如图 5-78 所示。删除动画效果后，所选对象左上角的动画标记编号即会消失。

图 5-78　删除动画效果

5.5.1.2　设置幻灯片切换效果

幻灯片的切换是指，从一张幻灯片变换到另一张幻灯片的过程，是向幻灯片添加视觉效果的另一种方式，也称为换页。如果没有设置幻灯片切换效果，则放映时单击鼠标切换到下一张，而幻灯片切换效果是在演示期间从一张幻灯片移到下一张幻灯片时在幻灯片放映时出现的动画效果，可以控制切换效果的速度，添加声音，甚至还可以对切换效果的属性进行自定义。

幻灯片切换方式可以是简单地以一张幻灯片代替另一张幻灯片，也可以让幻灯片以特殊的效果出现在屏幕上。可以为一组幻灯片设置同一种切换方式，也可以为每张幻灯片设置不同的切换方式。

1. 为幻灯片添加切换动画

选择要添加切换动画的幻灯片，在"切换"选项卡中，展开"切换至此幻灯片"选项组中的动画样式库，在其中点击某个样式图标，即可将该动画效果应用到幻灯片上，如图 5-79 所示。

图 5-79　幻灯片切换动画样式库

在设置幻灯片的切换动画效果时，可以即时在幻灯片窗格中预览到该幻灯片的切换动画效果。对于部分切换效果，可以设置其效果选项，方法是，单击"切换到此幻灯片"|"效果选项"按钮，从弹出的下拉菜单中选择效果选项。不是所有的切换效果都可以设置效果选项，对于不能设置效果选项的动画效果，"效果选项"按钮显示为灰色，表示不能使用。

2. 设置切换动画计时选项

设置幻灯片切换动画后，还可以对动画选项进行设置，比如切换动画时出现的声音、持续时间、切换方式等。

（1）设置幻灯片切换声音

在"切换"选项卡中，单击"计时"｜"声音"列表框右侧的下三角按钮，在展开的下拉菜单中选择一种声音选项，在切换幻灯片时即会播放该声音效果，如图5-80所示。

（2）设置动画持续时间

在"切换"选项卡中的"计时"｜"持续时间"列表框中输入时间，或者单击微调按钮调整数值，可以设置动画的持续时间，如图5-81所示。

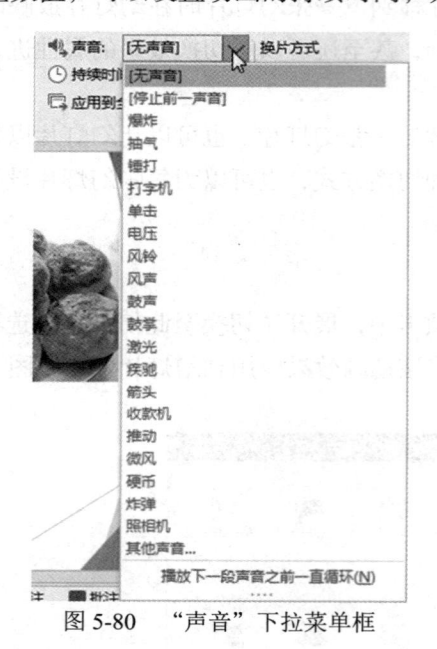

图5-80　"声音"下拉菜单框　　　　图5-81　"切换"选项卡中的"持续时间"列表框

（3）全部应用设置

为幻灯片设置切换方案和效果选项后，如果需要应用到所有幻灯片，可在"切换"选项卡中单击"计时"｜"全部应用"按钮。

5.5.2　设置超链接功能

PowerPoint为用户提供了超链接功能，可以将一张幻灯片链接到另一张幻灯片中，还可以为幻灯片中的对象内容设置网页、文件等内容的链接。在放映幻灯片时，将鼠标指针指向超链接，指针将变成手的形状，单击就可以跳转到设置的链接位置。另外，还可以给任何文本或图形对象设置超链接。

1. 插入超链接按钮

在PowerPoint的形状库中，包含着一些带有超链接属性的图形，称之为"动作按钮"，如图 5-82 所示。在幻灯片中插入动作按钮并设置其属性，便可实现在幻灯片之间进行跳转的动态效果。

图 5-82　动作按钮

打开要在其中插入动作按钮的幻灯片，在"插入"选项卡中，单击"插图"｜"形状"按钮，在弹出的下拉面板底部选择并单击要使用的动作按钮，然后在幻灯片中单击，即可插入相应的动作按钮，并打开如图 5-83 所示的"操作设置"对话框，设置在按钮上单击鼠标或悬停时触发的动作，然后单击"确定"按钮即可完成超链接设置，还可以像调整普通形状一样调整按钮的大小、位置等属性。

例如，打开一个演示文稿，在首页插入一个"前进或下一项"按钮，为其设置超链接属性，使鼠标单击该按钮时直接跳转到第三张幻灯片，即可在"插图"｜"形状"下拉面板中单击"前进或下一项"按钮，然后在首页幻灯片右下角单击插入按钮，并在"操作设置"对话框的"单击鼠标"选项卡中选中"超链接到"单选按钮，然后在其下方的下拉菜单中选择"幻灯片"选项，打开"超链接到幻灯片"对话框，在"幻灯片标题"列表框中选择第三张幻灯片，如图 5-84 所示。单击"确定"按钮，即可完成超链接设置。

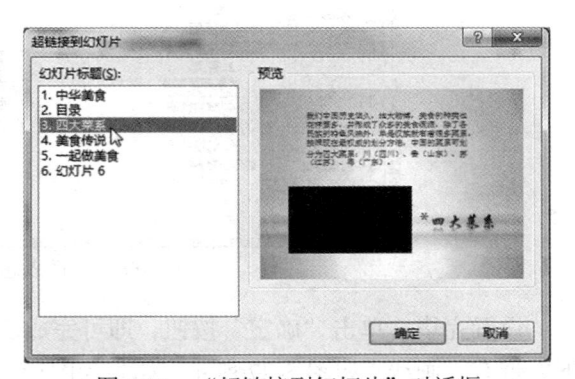

图 5-83　"操作设置"对话框　　　　图 5-84　"超链接到幻灯片"对话框

接下来，可以使用绘图工具的"格式"选项卡来设置它的大小、位置、形状样式等，也可以使用鼠标拖动的方式来移动按钮或更改其大小。设置完成后，单击状态栏上的"幻灯片放映"按钮，进入幻灯片放映视图，单击动作按钮，即可跳过第二张幻灯片，直接从首页跳转到第三张幻灯片，如图 5-85 所示。

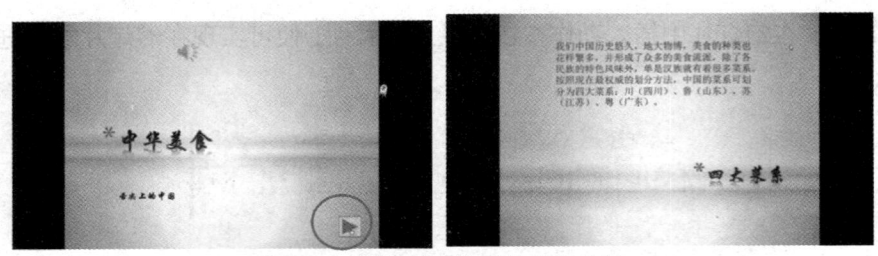

图 5-85 测试动作按钮的动态效果

2. 设置超链接对象

不仅是动作按钮，幻灯片中的任何一个对象都可以添加超链接功能，例如，可以将目录幻灯片中的每个条目都设置为超链接文本，这样当在目录页中单击某一条目时，便可直接跳转到相应的幻灯片。

要将幻灯片中的对象设置为超链接对象，需先选定目标对象，再在"插入"选项卡中单击"链接"|"超链接"按钮，打开"插入超链接"对话框，在"链接到"列表框中选择链接对象所在的位置，然后选择链接对象。例如，要将选定对象链接到当前演示文稿中的某张幻灯片，即可在"链接到"列表框中选择"本文档中的位置"选项，然后在"请选择文档中的位置"列表框中，选择要链接到的幻灯片选项，如图 5-86 所示。

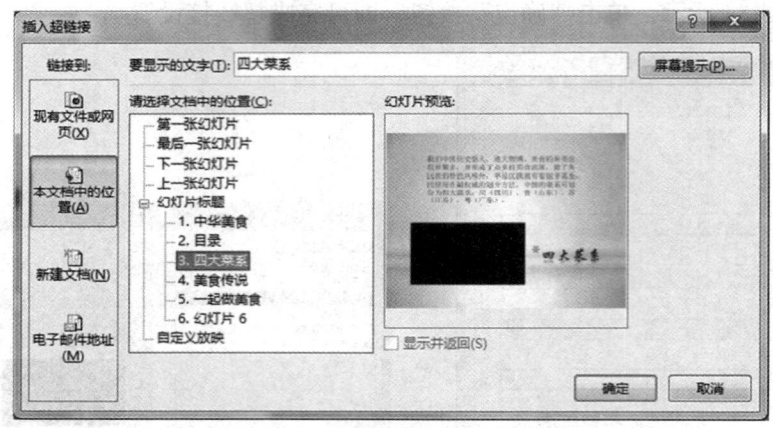

图 5-86 "插入超链接"对话框

设置完毕，单击"确定"按钮，即可完成链接，此时可以看到设置了超链接属性的文本下方带有下画线，如图 5-87 所示。如果为图形或图像设置了超链接，则在放映时将鼠标指向该图形或图像，会显示一个小手图标，如图 5-88 所示。

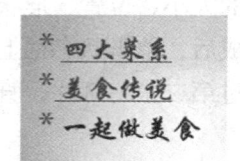

图 5-87 超链接文本

图 5-88 超链接图形

3. 编辑与删除超链接

右键单击设置了超链接的文本或对象，选择快捷菜单中的"编辑链接"选项，可以打开"插入超链接"或"操作设置"对话框，重新设置选项即可对已有的超链接属性进行编辑修改。

若要删除超链接属性，可右键单击含有超链接的文本或对象，在弹出的快捷菜单中选择"删除链接"选项。

5.6 幻灯片放映

制作演示文稿的最终目的还是放映，演示文稿的放映实际上也就是幻灯片的放映，而在放映之前，还需要根据放映场地和受众的实际情况设置幻灯片的放映方式，或者将演示文稿进行打包，以便在不同场合使用。

5.6.1 设置幻灯片的放映方式

PowerPoint 提供了演讲者放映、观众自行浏览和在展台浏览三种不同的幻灯片放映方式，可以满足不同用户在不同场合下的使用。

1. 演讲者放映

"演讲者放映"方式适合在授课、讲演一类场合中应用，在这种场合中，通常由一人主讲，其他人都是观众，这样就需要演讲者来主导幻灯片的放映。

要设置演讲者放映方式，应打开演示文稿，在"幻灯片放映"选项卡中，单击"设置"|"设置幻灯片放映"按钮，打开"设置放映方式"对话框，在"放映类型"选项栏中选中"演讲者放映（全屏幕）"单选按钮，如图 5-89 所示。

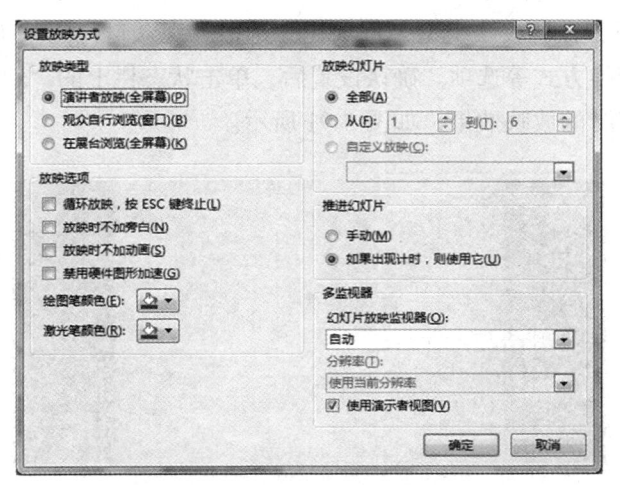

图 5-89 "设置放映方式"对话框

然后，还可以在"放映幻灯片"选项栏中选择放映的幻灯片范围。如果要放映全部幻灯片，就选中"全部"单选按钮；如果只需要放映部分幻灯片，则要选中"从"单选按钮，并在其右侧的数值框中输入幻灯片的起始页码和终止页码。如果设置了自定义放映，则可以选中"自定义放映"单选按钮，并选择自定义放映文件。

在"放映选项"选项栏中，可以设置放映时的选项，如终止方式、加不加旁白、加不加动画以及绘图笔或激光笔的颜色等，这些可以根据需要和爱好来进行设定。此外还可以在"推进幻灯片"选项栏中指定手动放映或自动放映。

设置完毕，单击"确定"按钮，即可应用设置，放映幻灯片时即会按照此设置运行放映选项，如图 5-90 所示。

图 5-90　演讲者放映幻灯片效果

2. 观众自行浏览

这种方式适合观众自行浏览，如在网上下载的课件等。要设置观众自行浏览，应打开"设置放映方式"对话框，在"放映类型"选项栏中选中"观众自行浏览（窗口）"单选按钮，并设置放映选项、切换方式等选项。确认设置后，单击状态栏上的"幻灯片放映"按钮，可以查看观众自行浏览时的放映效果，如图 5-91 所示。

图 5-91　观众自行浏览的幻灯片效果

3. 在展台浏览

这种方式适合大型展览会一类的场合应用，可以没有特定的主讲者和观众，主要起展示作用。

要设置在展台浏览，应打开"设置放映方式"对话框，在"放映类型"选项栏中，选中"在展台浏览（全屏幕）"单选按钮，并根据需要设置放映选项、换片方式。

完成设置后，单击状态栏上的"幻灯片放映"按钮，即可查看在展台浏览的效果，幻灯片以全屏幕显示，如图 5-92 所示。

图 5-92　在展台浏览的幻灯片效果

5.6.2　演示文稿的放映

放映幻灯片的方式有多种，包括从头开始放映、从当前幻灯片开始放映、自定义幻灯片放映等，当需要退出幻灯片放映时，按一下"Esc"键即可。

1. 从头开始放映

打开演示文稿，在"幻灯片放映"选项卡中，单击"开始放映幻灯片"｜"从头开始"按钮，即可进入幻灯片放映视图，从第 1 张幻灯片开始依序放映幻灯片。

2. 从当前幻灯片开始放映

在"幻灯片放映"选项卡中，单击"开始放映幻灯片"｜"从当前幻灯片开始"按钮，即可从当前编辑窗格中显示的幻灯片开始放映。

3. 自定义幻灯片放映

设置自定义放映可以按照自己想要的内容和顺序来播放幻灯片。在"幻灯片放映"选项卡中，单击"开始放映幻灯片"｜"自定义幻灯片放映"按钮，从弹出的菜单中选择"自定义放映"选项，打开"自定义放映"对话框，单击其中的"新建"按钮，打开"定义自定义放映"对话框，在"幻灯片放映名称"文本框中，可以为当前自定义放映命名；在"在演示文稿中的幻灯片"列表框中，选择要加入自定义放映的幻灯片，然后单击"添加"按钮，将其添加到"在自定义放映中的幻灯片"列表框中，单击"向上""向下""删除"按钮可以调整自定义幻灯片放映的顺序或者在自定义放映中删除幻灯片，如图 5-93 所示。

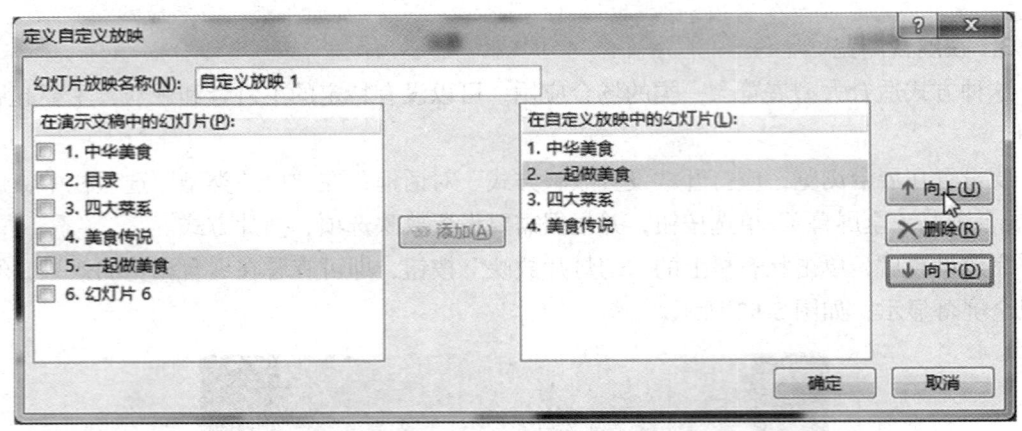

图 5-93 "定义自定义放映"对话框

设置完毕，单击"确定"按钮，返回到"自定义放映"对话框中，可以看到该对话框的列表框中显示了刚才定义的自定义放映的名称，如图 5-94 所示。

单击"放映"按钮，即可放映该自定义放映。若暂时不需要放映，则可单击"关闭"按钮关闭对话框，以后可在"幻灯片放映"选项卡中的"开始放映幻灯片" | "自定义幻灯片放映"下拉菜单中选择"自定义放映选项"放映它，如图 5-95 所示。

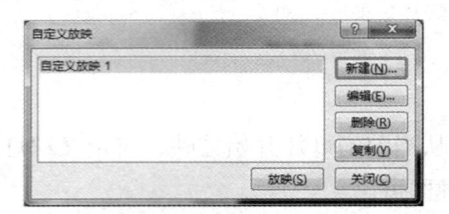

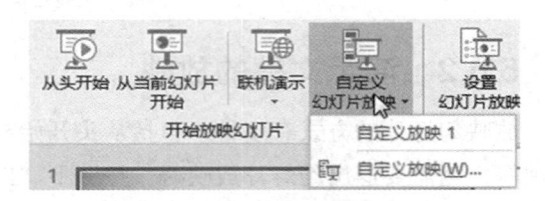

图 5-94　"自定义放映"对话框　　　　图 5-95　定义"自定义幻灯片放映"后的下拉菜单

5.6.3　演示文稿的打包

演示文稿制作完毕后，用户可以将其打包制成 CD，或复制到移动存储器中，以方便在各种场合使用。演示文稿的打包途径有两种：一种是打包到 CD，一种是打包到文件夹。

1．打包到CD

要将演示文稿打包成 CD，用户需要保证计算机安装了刻录机，并且将准备好的空白刻录盘正确放入刻录机中。

打开要打包的演示文稿，选择"文件" | "导出"选项，切换到"导出"页面，在此选择"将演示文稿打包成 CD"选项，如图 5-96 所示。

单击"打包成 CD"按钮，打开"打包成 CD"对话框，在"将 CD 命名为"文本框中，输入要保存的文件名，如图 5-97 所示。如果需要添加文件到 CD，则单击"添加"按钮，打开"添加文件"对话框，选择需要添加的文件。添加的文件会和当前演示文稿一起显示在"要复制的文件"列表框中。

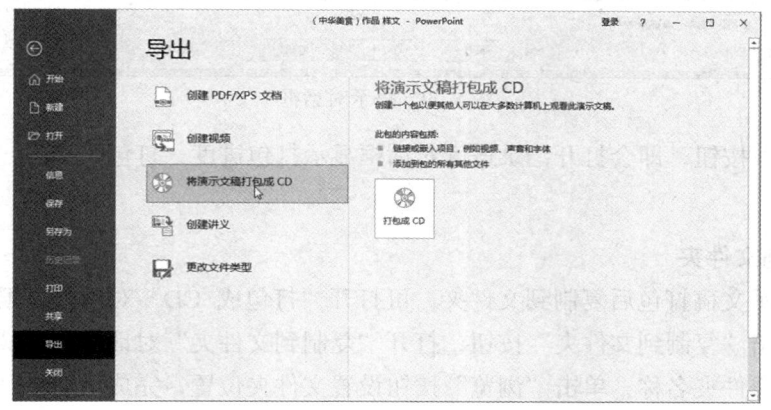

图 5-96 "导出"页面

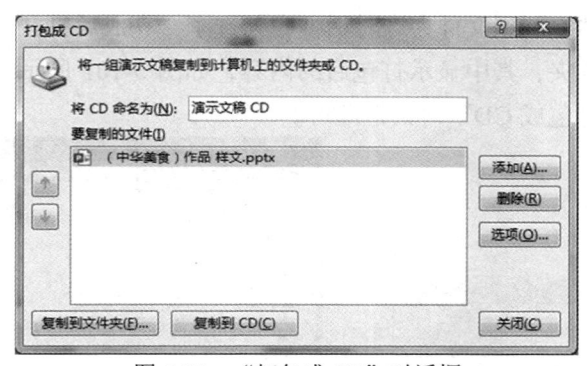

图 5-97 "打包成 CD"对话框

在"打包成 CD"对话框中,单击"选项"按钮,会打开"选项"对话框,在此可以指定打包的文件中包含哪些文件,并可以设置打开和修改每个演示文稿时所用的密码,如图 5-98 所示。

图 5-98 "选项"对话框

设置完成后,在"打包成 CD"对话框中单击"复制到 CD"按钮。如果打印文件中包含链接文件,将会打开一个提示对话框,询问用户是否要在包中包含链接文件,如图 5-99 所示。

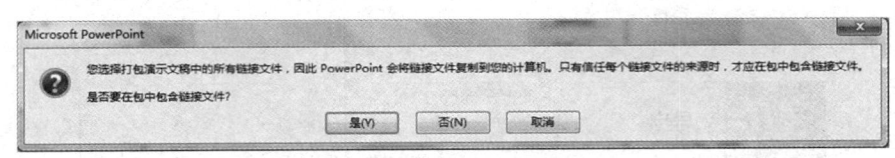

图 5-99 提示对话框

单击"是"按钮，即会打开记录进度对话框显示打包进度，打包完成后，单击"关闭"按钮即可。

2. 打包到文件夹

若要将演示文稿打包后复制到文件夹，可打开"打包成 CD"对话框，根据需要设置好所选项后，单击"复制到文件夹"按钮，打开"复制到文件夹"对话框，在"文件夹名称"文本框中输入文件夹名称，单击"浏览"按钮设置文件夹位置，完成后单击"确定"按钮，如图 5-100 所示。复制过程中，会打开一个提示对话框，显示正在复制的文件及路径。复制完毕后，如果用户在"复制到文件夹"对话框中勾选了"完成后打开文件夹"复选框，那么此时就会自动打开文件夹，其中显示打包后的内容，如图 5-101 所示。单击"关闭"按钮，关闭文件夹窗口和"打包成 CD"对话框即可。

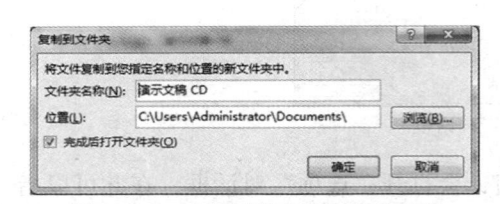

图 5-100 "复制到文件夹"对话框 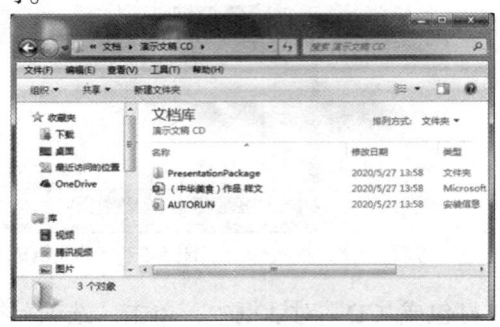　　　图 5-101 打包演示文稿的文件夹窗口

3. 播放打包文件

在对打包文件进行播放时，由于在打包时已经设置了"按指定顺序自动播放所有演示文稿"播放方式，因此无论是否使用 PowerPoint 程序，系统都会自动启动播放器进行播放，也就是说该文件可以在没有安装 PowerPoint 程序的计算机上播放。

第 5 章章末练习题

一、单项选择题（知识强化补充练习题）

1. 在 PowerPoint 2016 文档中能添加下列哪些对象？（　　）
   A．Excel 图表　　B．音频　　　　C．视频　　　　D．以上都可以

2. 如果已经为图形或图像设置了超链接，则在放映时将鼠标指向该图形或图像，会显示一个（　　）图标。

A．箭头　　　　B．小手　　　　　C．竖线　　　　　D．下画线

3. PowerPoint 2016 中，默认的视图方式是（　　）

　　A．大纲视图　　B．阅读视图　　C．普通视图　　　D．页面视图

4. 下列幻灯片元素中，哪项无法打印输出？（　　）

　　A．图片　　　　　　　　　　　B．动画

　　C．母版设置的企业标记　　　　D．图表

5. 幻灯片中占位符的作用是（　　）。

　　A．表示文本长度　　　　　　　B．限制插入对象数量

　　C．表示图形大小　　　　　　　D．为文本、图形预留位置

6. PowerPoint 2016 中，"自定义动画"的添加效果有进入、退出和（　　）等。

　　A．强调　　　　B．切换　　　　C．超链接　　　　D．大小

7. 如果想在插入的表格最后再添加一行，应单击表格的最后一个单元格，然后按（　　）键。

　　A．Alt　　　　　B．Ctrl　　　　C．Tab　　　　　D．Shift

8. 当需要设置幻灯片风格时，可以在（　　）中进行设置。

　　A．幻灯片母版　B．讲义母版　　C．备注母版　　　D．大纲视图

9. 以下哪项不是 PowerPoint 2016 可以导出的类型？（　　）

　　A．PDF　　　　B．XPS　　　　C．CD　　　　　D．MP3

10. 关于 PowerPoint 2016 中的自定义动画功能，以下说法错误的是（　　）。

　　A．文本、图片、数据表、艺术字等都可以设置动画效果

　　B．幻灯片中的每一个对象都可以设置多种不同的动画效果

　　C．对象的退出效果是指幻灯片放映过程中，幻灯片退出放映的效果

　　D．可配置声音

二、填空题（知识强化补充练习题）

1. PowerPoint 2016 启动之后并不直接创建一个空白文档，进入程序主界面，而是先进入_____页面。

2. PowerPoint 2016 包含三个母版，它们是幻灯片母版、讲义母版和_____母版。

3. 放映幻灯片的方式包括从头开始放映、_____、自定义幻灯片放映等。

4. 在讲义母版中插入新的对象或者更改版式时，新的页面效果_____（"会"或"不会"）反映在其他母版视图中。

5. 如果想调整幻灯片内的动画播放顺序应该单击"高级动画"中的_____按钮。

6. 删除动画效果后，所选对象左上角的动画标记编号的显示情况为_____。

7. 把制作完成的演示文稿打包成 CD，应单击菜单栏的"文件"按钮再选择_____选项。

8. PowerPoint 2016 提供了演讲者放映、观众自行浏览和_____浏览三种不同的幻灯片放映方式，可以满足不同用户在不同场合下的使用。

三、操作题（一级考试模拟练习题）

利用 PowerPoint 制作自我介绍（个人简历.PPT）。

（1）为演示文稿设置"笔记本（Notebook）"应用设计模板。

（2）添加演示文稿第一页（封面）的内容（如图 5-102 所示），要求：

1）标题为"个人简历"，文字为分散对齐，字体"华文新魏"，60 号字，加粗；

2）副标题为本人姓名，文字为居中对齐，宋体，32 号字，加粗；

（3）添加演示文稿第二页的内容（如图 5-103 所示），要求：

1）在左侧使用项目符号和编号做个人简历；

2）在右侧插入一张剪贴画，图片大小调整为原图的 85%。

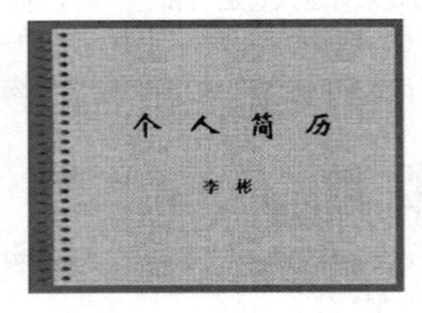

图 5-102 "封面"幻灯片   图 5-103 "简历"幻灯片

第 5 章章末练习题参考答案

第 6 章　计算机网络基础

计算机网络（Computer Network）是计算机技术与通信技术紧密结合的交叉学科。我们现在造就的将是计算机与移动通信网络高度融合的新信息时代。

6.1　计算机网络概述

计算机网络始于 20 世纪 50 年代，近 20 年得到了迅猛发展，在信息社会中起着举足轻重的作用。如今，计算机网络的发展水平不仅反映了一个国家的计算机技术和通信技术的水平，而且是衡量其综合国力及现代化程度的重要标志之一。

6.1.1　计算机网络的概念

所谓计算机网络，就是将多个具有独立工作能力的计算机系统通过通信设备和线路连接在一起，然后由功能完善的网络软件实现资源共享和数据通信的系统。计算机网络规模可大可小，小到只有几台计算机的网络，大到世界范围内的互联网。它们可以是通过光纤或电缆建立的永久连接，也可以是通过电话线路或无线通信技术建立的连接。无论何种类型的网络，它们都具有共享资源、提高可靠性、分担负荷、实现实时管理等特性。

6.1.2　计算机网络的功能

计算机网络的功能主要表现在两个方面：一是实现资源共享（包括硬件资源和软件资源的共享）；二是在用户之间交换信息。概括来说，计算机网络的功能就是使分散在网络各处的计算机能共享网络上的资源，并为用户提供强有力的通信手段和完善服务，从而极大地方便用户。

6.1.3　计算机网络的组成

最简单、最小的计算机网络可以是两台计算机的连接。最复杂、最大的计算机网络是全球范围的计算机的互联。最普遍、最通用的计算机网络是一个局部地区或机构中计算机的互联。

6.1.4　计算机网络的分类

按照地理位置来进行分类，计算机网络可以分为四种：局域网（LAN）、城域网（MAN）、广域网（WAN）、网际网。

（1）局域网：通过通信介质相互连接，能够共享文件与资源的一组计算机和相应外设。一栋建筑物、一家中小型企业、一所学校等场所使用的网络一般是局域网。

（2）城域网：介于局域网和广域网之间，范围通常覆盖一个城市或几十平方公里区域。

（3）广域网：是把网络中各节点分布在一个较大的地理范围的网络（即远程网络）。多个局域网通过电信部门的通信线路相互连接起来形成广域网。广域网涉及的地域大，通信距离可达几百公里至几千公里。例如，一座城市、一个国家或洲与洲之间的网络都是广域网。

（4）网际网：即互联网，又称因特网，英文名称为 Internet。它是网络与网络之间相互联接的庞大网络，以一组通用的协议相连，形成逻辑上单一的巨大的国际网络。

6.1.5 计算机网络的拓扑结构

拓扑结构是指一个网络中通信线路和节点的几何排列或物理布局，主要反映网络中各实体之间的结构关系，其形式主要有星型、环型、树型、网型、总线型和复合型。

（1）星型拓扑：星型拓扑是由中央节点和通过点到点通信链路接到中央节点的各个站点组成的，这种结构一旦建立了通道连接，就可以无延迟地在连通的两个站点之间传送数据，如图 6-1 所示。其结构简单，连接方便，扩展性强，且在同一网段内支持多种传输介质，每个节点直接连到中央节点，容易检测和隔离故障，管理和维护都相对容易；网络延迟时间较小，传输误差较低，是应用较广泛的一种网络拓扑结构。但是，其安装和维护费用较高，共享资源能力较差，一条通信线路只被该线路上的中央节点和边缘节点使用，通信线路利用率不高，并且对中央节点的要求相当高，一旦中央节点出现故障，则整个网络将瘫痪。所以，星型拓扑结构主要应用于网络资源集中于中央节点的场合。

（2）环型拓扑：各节点通过环路接口连在一条首尾相连的闭合环型通信线路中，环路上的任何节点均可以请求发送信息，如图 6-2 所示。其中的数据可以单向传输，也可以双向传输。环型拓扑可使用传输速率很高的光纤作为传输介质，且所需的线缆长度比星型拓扑要短很多，在增加或减少节点时，仅需简单的连接操作即可完成。但其中一旦有一个节点发生故障，就会引起全网故障，且检测定位较为困难。其媒体访问控制协议都采用"令牌传递"（局域网数据送取的一种控制方法）的方式，在负载很轻时，信道利用率相对较低。

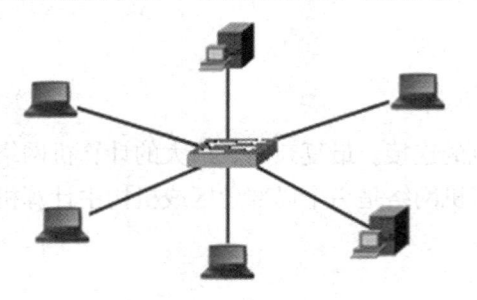

图 6-1 星型拓扑 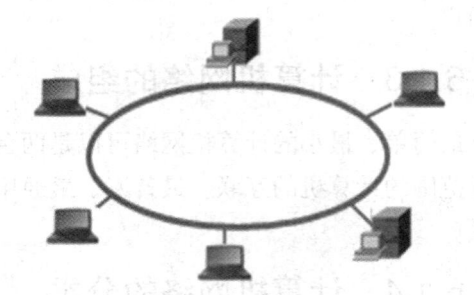　　　　　　　图 6-2 环型拓扑

（3）树型拓扑：其网络形状像一棵倒长的树一样，采用分级的集中控制方式，其传输介质可以有多条分支，但不形成闭合回路，每条通信线路都必须支持双向传输，如图 6-3 所示。其结构易于扩展，可以延伸出很多分支和子分支，很容易将故障分支与整个系统隔离开来，但树型拓扑结构的各个节点对根的依赖性太大，如果根发生故障，则会导致全网瘫痪。

（4）网型拓扑：网型拓扑结构是在 IBGP（同一个自治系统中的两个或多个对等实体之间运行的 BGP，BGP 属于外部网关路由协议）对等体之间建立全连接关系，形成一个网状结构，多用于广域网或专用网中。其优点是节点间路径多，碰撞和阻塞减少，局部故障不影响整个网络，可靠性高，但其网络结构复杂，建网较难，不易扩展，如图 6-4 所示。

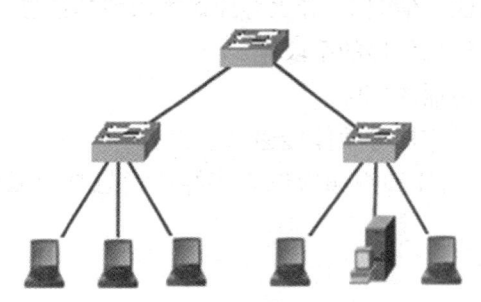

图 6-3　树型拓扑 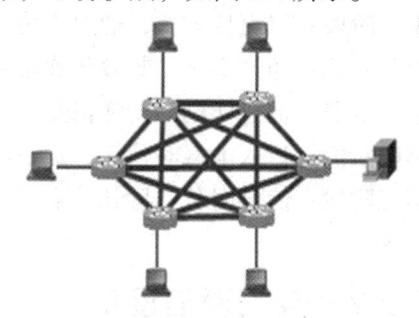　　　　　　　　图 6-4　网型拓扑

（5）总线型拓扑：总线型拓扑结构采用一个信道作为传输媒体，所有站点都通过相应的硬件接口直接连到这一公共传输媒体上，该公共传输媒体即称为总线，任何一个站点发送的信号都沿着传输媒体传播，而且能被所有其他站点所接收，如图 6-5 所示。其结构简单，易于扩展，需要的线缆数量少、长度短，易于布线和维护，有较高的可靠性，且因多个节点共用一条传输信道，信道利用率高。但其传输距离有限，通信范围受到限制，且故障诊断和隔离较为困难；要求站点必须智能识别，增加了站点的硬件和软件开销。

（6）复合型拓扑：复合型拓扑是将两种以上单一的拓扑结构混合起来，取其他拓扑形式的优点构成的拓扑结构，如图 6-6 所示。其需要选用智能网络设备，实现网络故障自动诊断和故障节点的隔离，建设成本比较高，但故障诊断和隔离较为方便，只要诊断出哪个网络设备有故障，将该网络设备和全网隔离即可。其结构易于扩展，安装方便。

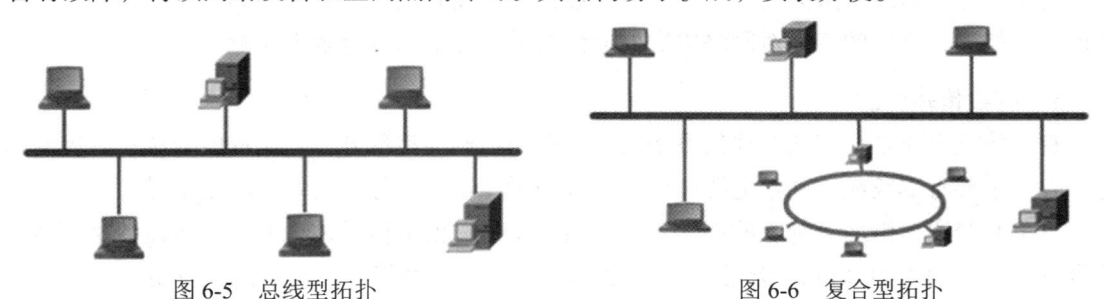

图 6-5　总线型拓扑　　　　　　　　图 6-6　复合型拓扑

6.2　数据通信概述

数据通信是通信技术和计算机技术相结合而产生的一种通信方式，它通过传输信道将数据终端与计算机连接起来，而使不同地点的数据终端实现软件、硬件和信息资源的共享。根据传输介质的不同，数据通信可分为有线数据通信和无线数据通信两种类型。

6.2.1 通信的基本概念

通信是指人与人或人与物之间通过某种行为或介质进行的信息交流与传递。通信自古就有，从通信手段上来看，可以分为五个阶段。

第一阶段：以直接方式，通过人力、动物（马匹、信鸽）、烽火等原始手段传递信息。

第二阶段：通过文字、邮政传递信息，增加了信息传播的手段。

第三阶段：通过印刷品传递信息，扩大了信息传播的范围。

第四阶段：进入电气时代后，通过电报、电话、广播等载体传递信息。

第五阶段：信息时代，除语言信息外，数据、图片和视频影像等多媒体信息都得以交流和传递。

6.2.2 数据通信设备

数据通信设备是数据通信系统中交换设备、传输设备和终端设备的总称，指利用有线、无线的电磁或光信号，发送、接收或传输二进制数据的硬件系统和软件系统组成的电信设备。数据通信设备包括数据终端、帧中继设备、ATM交换机、综合业务交换系统、软交换设备、路由设备、IP电话网关与网守、网络接入服务器、局域网管理、数字交叉连接设备、DDN设备、以太网交换设备、媒体网关设备等。以分组交换网为例，如以设备功能分类，数据通信设备有中转分组交换机（PTS）、本地分组交换机（PTLS）、分组集中器（PCE）、分组装拆设备（PAD）、网络管理中心（NMC）、数据传输设备和数据终端设备；如以交换机的网络地位分类，则可分成国际出入口局、一级交换中心、二级交换中心和用户集中器。

6.2.3 网络传输介质

网络传输介质通常可分为有线传输介质和无线传输介质两大类。不同的传输介质，其特性也各不相同，不同的特性对网络中数据通信质量和通信速度有较大影响。

1. 有线传输介质

有线传输介质是指在两个通信设备之间实现的物理连接部分，它能将信号从一方传输到另一方，主要有双绞线、同轴电缆和光纤。前两者传输电信号，光纤传输光信号。

（1）双绞线：由两条绝缘的铜线组成，能用于传输模拟信号，也能用于传输数字信号，其带宽决定于铜线的直径和传输距离，如图6-7所示。其性能好、价格低，应用广泛。

（2）同轴电缆：以硬铜线为线芯，外包一层绝缘材料，这层绝缘材料再用密织的网状导体环绕构成屏蔽，其外又覆盖一层保护性材料，如图6-8所示。同轴电缆比双绞线的屏蔽性更好，因此在更高速度上可以传输得更远。

（3）光纤：由石英玻璃制成，纤芯外面包围着一层折射率比光纤低的包层，包层外是一层塑料护套。光纤通常被扎成束，外面有外壳保护，如图6-9所示。光纤的传输速率可达100Gbit/s。

图 6-7 双绞线 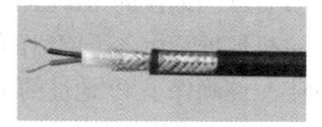　　　　图 6-8 同轴电缆 　　　　图 6-9 光纤

2. 无线传输介质

无线传输的介质是电磁波，根据电磁波的频谱不同，可将其分为无线电波、微波、红外线、激光等。无线传输介质通常用于广域互联网的广域链路的连接，在局域网中，通常只使用无线电波和红外线作为传输介质。

（1）无线传输：无线传输有易于安装、移动和变更的优点，不会受到环境的限制。但信号在传输过程中容易受到干扰和被窃取，且初期的安装费用较高。

（2）微波传输：微波是频率在 $10^8 \sim 10^{10}$Hz 之间的电磁波，被广泛用于长途电话通信、监察电话、电视传播及其他方面的应用。微波在 100MHz 以上可以沿直线传播，因此可以集中于一点，通过抛物线状天线把所有的能量集中于一小束，便可以防止他人窃取信号和减少其他信号对它的干扰，但是发射天线和接收天线必须精确地对准。

（3）红外线传输：红外线是频率在 $10^{12} \sim 10^{14}$Hz 之间的电磁波，常被用于短距离通信。其最大的缺点是不能穿透坚实的物体，正因此以红外系统防窃听的安全性要比无线电系统好。

（4）激光传输：通过装在楼顶的激光装置可以连接两栋建筑物的局域网。激光信号是单向传输，因此每栋楼房都得有激光及测光装置。激光传输的缺点是不能穿透雨和浓雾。

6.3　网络协议

网络协议是计算机网络中进行数据交换而建立的规则、标准或约定的集合。

6.3.1　TCP/IP 协议

TCP/IP 协议（Transmission Control Protocol/Internet Protocol 的简写，中文译名为传输控制协议/网际互联协议）是 Internet 最基本的协议。简单地说，就是由网络层的 IP 协议和传输层的 TCP 协议组成的。

6.3.2　IP 地址

IP 地址是 IP 网络中数据传输的依据。它标识了 IP 网络中的一个链接，一台主机可以有多个 IP 地址。IP 分组中的 IP 地址在网络传输中是保持不变的。

（1）基本地址格式。IPv4 的 IP 网络使用 32 位地址，以点分十进制表示，如 192.168.0.1。地址格式为：IP 地址=网络地址＋主机地址或 IP 地址=网络地址＋子网地址＋主机地址。

网络地址是由 ICANN（The Internet Corporation for Assigned Names and Numbers）分配的，

下有负责北美地区的 INTERNIC、负责欧洲地区的 RIPENIC 和负责亚太地区的 APNIC，目的是保证网络地址的全球唯一性。主机地址是由各个网络的系统管理员分配的。因此，网络地址的唯一性与网络内主机地址的唯一性确保了 IP 地址的全球唯一性。

（2）保留地址的分配。根据用途和安全性级别的不同，IP 地址还可以大致分为两类：公共地址和私有地址。公共地址在 Internet 中使用，可以在 Internet 中随意访问；私有地址只能在内部网络中使用，只有通过代理服务器才能与 Internet 通信。

网络号：用于识别主机所在的网络。

主机号：用于识别该网络中的主机。

IP 地址分为 5 类：A 类保留给政府机构；B 类分配给中等规模的公司；C 类分配给任何需要的人；D 类用于组播；E 类用于实验。各类 IP 地址可容纳的地址数目不同。

A、B、C 三类 IP 地址的特征：当将 IP 地址写成二进制形式时，A 类地址的第一位总是 0，B 类地址的前两位总是 10，C 类地址的前三位总是 110。

1）A 类地址。A 类地址第 1 字节为网络地址，其他 3 个字节为主机地址。A 类地址范围：1.0.0.1～127.255.255.254。A 类地址中，10.X.X.X 是私有地址（所谓的私有地址就是在 Internet 上不使用，而被用在局域网络中的地址），范围为 10.0.0.0～10.255.255.255；127.X.X.X 是保留地址，用作循环测试。

2）B 类地址。B 类地址第 1 字节和第 2 字节为网络地址，其他 2 个字节为主机地址。B 类地址范围：128.0.0.1～191.255.255.254。B 类地址中，172.16.0.0～172.31.255.255 是私有地址；169.254.X.X 是保留地址。如果你的 IP 地址是自动获取的，而你在网络上又没有找到可用的 DHCP 服务器，就会得到其中一个 IP。

3）C 类地址。C 类地址第 1 字节、第 2 字节和第 3 个字节为网络地址，第 4 个字节为主机地址。另外第 1 个字节的前三位固定为 110。C 类地址范围：192.0.0.1～223.255.255.254。C 类地址中，192.168.X.X 是私有地址，其范围为 192.168.0.0～192.168.255.255。

4）D 类地址。D 类地址不分网络地址和主机地址，它的第 1 个字节的前四位固定为 1110。D 类地址范围：224.0.0.1～239.255.255.254。

5）E 类地址。E 类地址不分网络地址和主机地址，它的第 1 个字节的前四位固定为 1111。E 类地址范围：240.0.0.1～255.255.255.254。

6.3.3 域名

域名是一种有规律的人性化的易记忆的名称性地址，用来代替难记忆、无规律的 IP 地址，以方便 Internet 的使用。但因特网系统只识别 IP 地址，要使域名地址有效，就要将域名地址转换成 IP 地址，这个过程由 DNS（域名系统或域名服务）来完成。

域名采用层次结构，每一层称为子域名，子域名之间用点隔开，并且从右到左逐渐具体化。域名的一般表示形式为：计算机名.网络名.[机构名.]一级域名。如果"一级域名"就是"机构名"，如 www.shitac.net，这样的域名地址称为"国际域名地址"；而如果"一级域名"是"地理性域名"，如 www.gov.cn，则称为"国家或地区域名地址"。

6.4 Internet 概述

Internet 是全球最大的、开放的、由众多不同的计算机网络互联而成的网络。

6.4.1 Internet的形成和发展

Internet 的名称最早出现在 1983 年。当时为了安全起见，军用网 ARPANET 拆分为两部分，一部分称为 DARPA Internet。其作为民用网，首次出现了"Internet"这个称呼；另一部分，称为 MILNET，继续作为军用网使用。这一年，用于异构网络互联的开放式的 TCP/IP 网络协议（组）被定为国际标准，也被定为 DARPA Internet 唯一使用的网络协议。

1986 年，美国国家科学基金会（NSF）创立，旗下的网络（NSFNet）成功取代 DARPA Internet 成为主干网，名称也正式改为 Internet。

之后的十年发展进入了一个相对平稳期，其中最著名的新应用服务就是万维网（WWW）。1996 年之后，Internet 进入了爆发式发展期，各种新应用层出不穷。

6.4.2 Internet的常见服务

因特网之所以大受欢迎，就是因为它开放性地提供了大量的使人们都能各取所需的基本服务和扩充服务。基本服务包括电子邮件（E-mail）、文件传输（FTP）、远程登录（Telnet）。扩充服务包括基于电子邮件的服务、名录服务、索引服务、交互式服务。

（1）万维网。万维网（WWW），也叫全球信息网，诞生于 1989 年，一年后就成为访问 Internet 资源的最受欢迎、最流行的方法。通过万维网的浏览器，用户能迅速、方便地连接到各个网站，浏览文本、图形、声音，甚至动画等不同形式的信息。

WWW 采用超文本技术进行信息发布和检索信息。WWW 上的信息均是按页面进行组织的，称为 Web 页。每个页面由超文本标记语言（HTML）来编写，页面中还包含指向其他页面（可能位于其他主机上）的链接地址。存放 Web 页面的计算机称为 Web 站点或 WWW 服务器。每个 Web 站点都有一个主页（Home Page），它是该 Web 站点的信息目录表或主菜单。万维网实际上是一个由千千万万个页面组成的信息网。

由于 WWW 受到人们的普遍接受和欢迎，所以它在许多领域中得到了广泛的应用，如高等院校通过自己的 Web 站点介绍学院概况、师资队伍及招生、招聘信息等；政府机关通过 Web 站点为公众提供服务、接受社会监督并发布政府信息等。

（2）网上邮件。收发电子邮件是 Internet 最常用的服务功能之一。电子邮件的主要特点：能在几秒钟或几分钟之内，将信件从一台计算机上发送到世界各地的若干个电子信箱，收件人可以随时读取信件；能发送比常规信件的内容更为丰富的信息，如文字、声音、图像或图形等；能够通过电子邮件订阅各种电子新闻杂志等。

（3）文件传输。Internet 上有大量可供用户使用的软件、源程序、数据等。这些文件和数据的传输是通过文件传输协议（FTP）来实现的。用户可以将 Internet 上的某些文件下载到本地计算机，也可以把自己的文件上传到 Internet 中的某台计算机的存储设备上。

（4）电子商务。电子商务是指通过网络进行的商务活动。电子商务包括基于网络的经营管理、电子数据交换、资金转账等活动，主要应用于商业部门和消费者之间。

（5）网上学习。由于网上有大量的知识信息及各种网络学院，人们不但可以通过网络不断地充实、更新自己的知识，还可以向专家、学者请教，从而达到良好的学习效果。

（6）网络论坛与聊天。通过网络论坛可以针对自己感兴趣的话题发表个人见解，阅读别人的文章，还可与世界各地的网友进行讨论。在网络上，可以通过聊天室、聊天软件与远在他乡的亲朋好友或者陌生人进行交流。常用的聊天软件有 QQ、微信等。

（7）远程登录。远程登录（Telnet）是指让本地计算机连接到远端的计算机系统中，操作和使用该计算机上的软、硬件资源。

6.4.3 Internet的常见接入方式

Internet 提供了各种接入方式，以满足不同用户的需要，如电话拨号上网、调制解调器接入、ISDN、DDN、ADSL、VDSL、小区宽带接入、Cable Modem、无线接入、局域网接入等，目前常用的主要有 ADSL、局域网接入、小区宽带接入和无线接入四种接入方式。

（1）ADSL 接入：ADSL 是一种能够通过普通电话线提供宽带数据业务的技术，特点是下行速率高，频带宽，性能好，安装方便，价格低廉，是目前应用最广的 Internet 接入方式。ADSL 接入流程是选择 ISP 并申请账号>安装硬件>创建 Internet 连接。

（2）局域网接入：其前提是用户所在位置已建立局域网并连通 Internet，且留有接口。其速度快，可与局域网中其他用户进行数据传输和资源共享，但受局域网规划的制约。

（3）小区宽带接入：目前在大中城市较为普及，网络服务商采用光纤接入到楼或小区，再通过光纤网线接入用户家中。小区宽带的优点是初装费用低，下载速度快；缺点是个人用户无法自行申请，且小区采用哪家公司的宽带服务由网络运营商决定。

（4）无线接入：常见的无线接入技术有蓝牙、GSM、GPRS、CDMA、3G、4G、5G 等，适合接入距离较近、布线难度大、布线成本较高的地区。

6.5 浏览器的使用

浏览器是一个显示网络站点服务器或文件系统内的文件，并让用户与这些文件交互的应用软件。浏览器是最常用的客户端程序之一，人们上网浏览信息可以通过浏览器来实现。

6.5.1 常见的浏览器介绍

常见的浏览器主要有微软公司的 Internet Explorer（现升级为 Microsoft Edge）、谷歌公司的 Chrome、360 浏览器（采用 Chrome 内核和 IE 内核）、百度浏览器（采用 IE 和 WebKit 双内核）、QQ 浏览器（采用 Chromium 内核+IE 双内核）、猎豹浏览器（采用 Trident 和 WebKit 双内核）、搜狗浏览器（采用 Chromium 内核）等。

浏览器内核是浏览器的核心部分，英文名称为"Rendering Engine"，负责对网页进行解释并渲染（显示）网页。换言之，浏览器内核也就是浏览器所采用的渲染引擎，渲染引擎决定了浏览器如何显示网页的内容以及页面的格式信息。不同的浏览器内核对网页编写语法的解释也有不同，导致同一网页在不同内核的浏览器里的渲染（显示）效果也可能有所不同。因此，网页编写者需要在不同内核的浏览器中测试网页显示效果，但对普通浏览者来说，使用哪种浏览器区别并不太大，只是用户的习惯问题。

6.5.2 Internet Explorer浏览器的基本操作

Internet Explorer 简称 IE，是 Windows 操作系统自带的浏览器。

1. 启动IE浏览器

连接上 Internet 后，可利用下面几种方法启动 IE 浏览器。

（1）点击"开始"按钮，弹出菜单列表，选择"Internet Explorer"选项启动。

（2）双击桌面上的 Internet Explorer 图标""，启动 IE 浏览器。

（3）单击任务栏左侧的 Internet Explorer 快速启动图标""，启动 IE 浏览器。

2. 打开网页

第一次启动 IE 浏览器时，会连接到微软公司的网站，要浏览其他信息，可以通过以下几种方法来打开网页。

（1）通过网址打开网页：在 IE 浏览器地址栏中输入网站或网页网址，如输入"新浪网"网址"www.sina.com.cn"，按下"Enter"键，便打开了"新浪网"的主页，如图 6-10 所示。

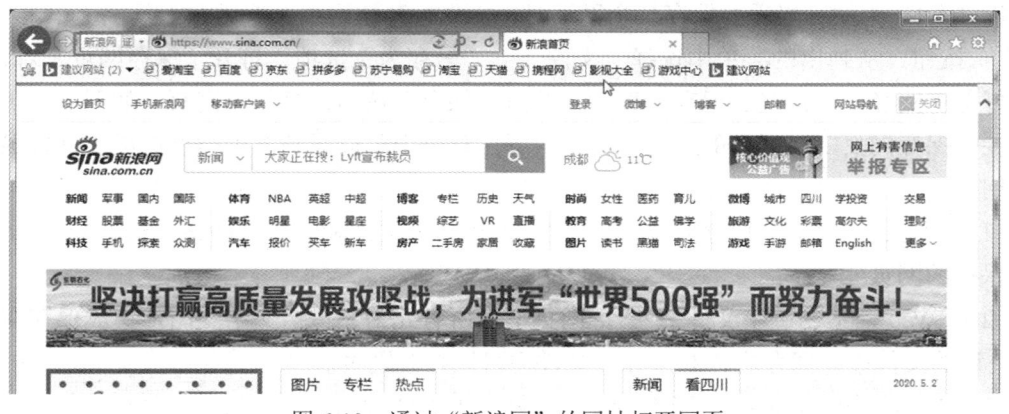

图 6-10　通过"新浪网"的网址打开网页

（2）通过地址栏打开网页：在地址栏下拉菜单中选择输入过的网址可打开网页，如图 6-11 所示。

（3）通过超链接打开网页：通过超链接打开网页是我们浏览网页的主要实现方式。将鼠标指针移到网页上的文字、图片等项目上，如果指针变成""（手形），表明它是超链接，此时单击便可以转到该链接指向的网页，如图 6-12 所示。

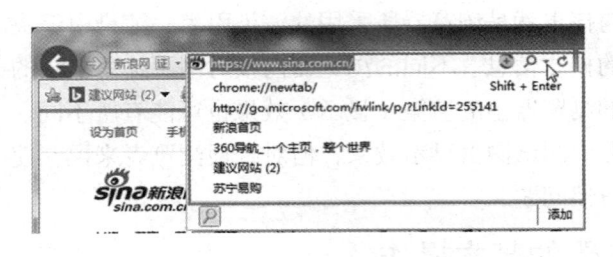

图 6-11　通过地址栏打开网页　　　　　　图 6-12　通过超链接打开网页

3. 常用浏览操作

（1）刷新：当打开网页时出现意外中断，或想更新一个已经打开网页的内容时，可单击 IE 浏览器地址栏右侧的 " "（刷新）按钮，刷新网页。

（2）后退：单击 " "（后退）按钮，可以返回前面浏览过的网页。

（3）前进：单击 " "（前进）按钮，可以返回在单击 " "（后退）按钮前浏览过的网页。

6.5.3　保存网页和网页信息

在浏览网页时，浏览到一些具有重要信息的网页或网页内容时，如网页、网页中的文字或图片等，可以将其保存下来，以便能在不连接 Internet 的情况下随时查看网页中的内容。

1. 保存网页

以 IE 11 为例，当需要保存某个网页时，需先打开该网页，然后在工具栏上单击 " "（工具）按钮，从弹出的菜单中选择"文件"｜"另存为"选项，打开"保存网页"对话框，设置好保存路径、文件名、保存类型后，单击"保存"按钮即可保存网页，如图 6-13 所示。

在"保存网页"对话框的"保存类型"下拉菜单中可以看到多种类型选项，这些保存类型作用如下：

（1）"网页，全部"：保存后会产生一个 html 网页文件和一个文件夹。双击 html 文件可打开保存的网页。

（2）"Web 档案，单个文件"：会把网页上的所有元素，包括文字和图片集成保存在一个 mht 类型的文件中。保存后，双击 mht 文件便可以打开网页。

（3）"网页，仅 HTML"：当不希望保存网页上的图片时，可以采用这种形式保存。

（4）"文本文件"：会以文本形式只保存网页中的文字。

2. 保存网页中的图片

在浏览网页时，如果需要保存某张单独的图片，可将鼠标移到该图片上，再右键单击该图片，从弹出的快捷菜单中选择"图片另存为"选项，打开"保存图片"对话框，指定保存位置和名称，单击"保存"按钮即可，如图 6-14 所示。

图 6-13　保存网页　　　　　　　　　　　　图 6-14　保存网页中的图片

6.5.4　IE浏览器选项设置

在 IE 浏览器中单击工具栏右端的"⚙"（工具）按钮，从弹出的菜单中选择"Internet 选项"选项，可打开"Internet 选项"对话框，在此可以对 IE 浏览器进行设置。

1. 设置IE浏览器主页

主页也叫首页，每次打开 IE 浏览器时，都会自动打开一个网页，这便是 IE 浏览器的首页。IE 浏览器的首页是可以自己设置的。单击 IE 浏览器工具栏右端的"⚙"（工具）按钮，从弹出的菜单中选择"Internet 选项"选项，打开如图 6-15 所示的"Internet 选项"对话框，根据需要执行以下操作即可更改 IE 浏览器的首页。

（1）单击"使用当前页"按钮，可将当前显示的网页设置为 IE 的首页。

（2）单击"使用默认值"按钮，可恢复默认的首页。

（3）单击"使用新选项卡"按钮，并在地址框中分行输入多个网页地址，可创建多个主页选项卡。

确定设置后，以后无论当前打开的是什么网页，只需单击 IE 浏览器工具栏上的"🏠"（主页）按钮，便可打开指定的 IE 浏览器首页。

2. 设置默认浏览器

当计算机中安装了多个浏览器时，如果想要在每次打开网页时使用某个特定的浏览器，可以将该浏览器设置为默认浏览器。例如，要将 IE 浏览器设置为默认浏览器，可以把"Internet 选项"对话框中的"常规"选项卡切换到"程序"选项卡，单击其中的"设为默认浏览器"按钮并确定，如图 6-16 所示。

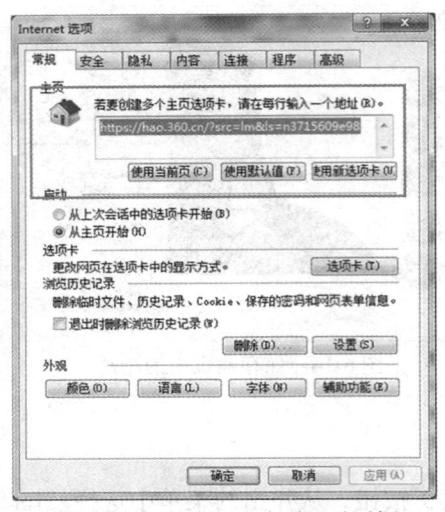

图 6-15 "Internet 选项"对话框 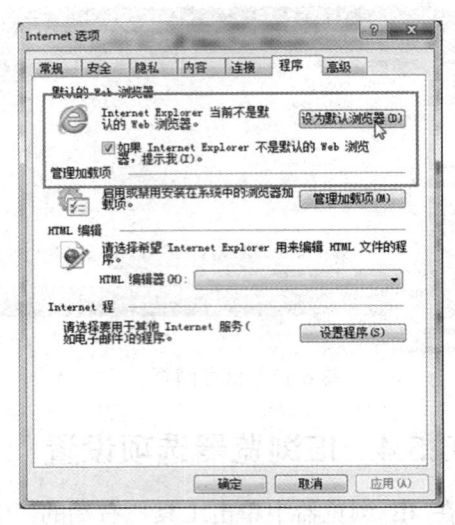　　　　图 6-16 将 IE 浏览器设置为默认浏览器

6.6 电子邮件的使用

电子邮件的诞生使人们不再用笔写信，大街小巷的邮筒也成了一种装饰。虽然随着即时聊天工具文件传输功能日益增强，削弱了电子邮件的地位，但它仍不会被完全替代。

6.6.1 电子邮件概述

电子邮件（也叫作 E-mail）是通过 Internet 发送的信件。在 Internet 上可以进行网上通信，如打电话、收发传真、收发邮件等，我们称之为电子邮件传递。电子邮件的传输是通过邮件传输协议（SMTP）来实现的。任何人都可以在 Internet 上拥有自己的电子邮箱地址。

因特网上许多网站提供邮箱服务，有收费的，也有免费的。有的免费邮箱只提供网上收发邮件，不提供对客户端邮件工具的支持，如不能对接收地址 POP 服务器或发送地址 SMTP 服务器进行访问，用户在注册电子邮箱时可根据实际需要选择电子邮件服务商。

6.6.2 在线收发电子邮件

在线收发电子邮件是指通过浏览器收发电子邮件。以新浪网电子邮箱为例做介绍。

1. 申请免费电子邮箱

打开 IE 浏览器，搜索"新浪网"，然后通过网页链接打开新浪网主页，单击网页顶部的"邮箱"按钮，从弹出的菜单中选择"免费邮箱"选项，打开"新浪邮箱"网页窗口，如图 6-17 所示。

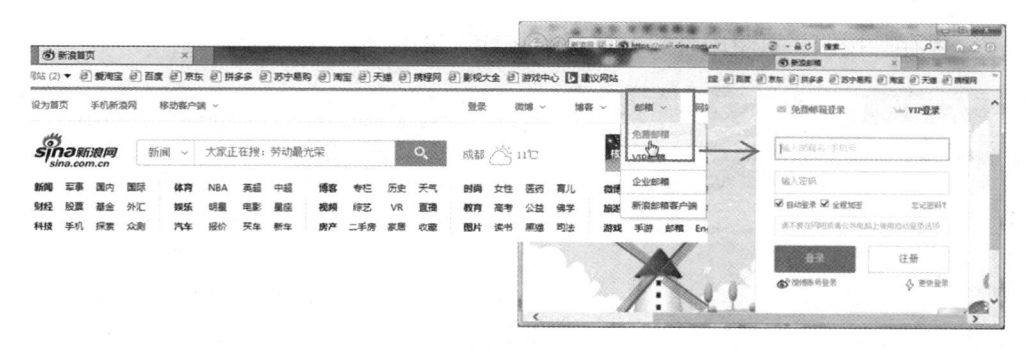

图 6-17 在 IE 浏览器中打开"新浪邮箱"网页窗口

在使用电子邮箱之前，要先注册申请，因此这里单击"注册"按钮，跳转到如图 6-18 所示的注册页面，输入注册信息，然后单击"立即注册"按钮提交注册。如果是私人信箱，也可以单击"微信注册"按钮，或者切换到"注册手机邮箱"选项卡，提交相应的注册信息。注册完成后，即会自动进入邮箱界面，如图 6-19 所示。

图 6-18 电子邮箱注册页面　　　　　　图 6-19 "新浪邮箱"界面

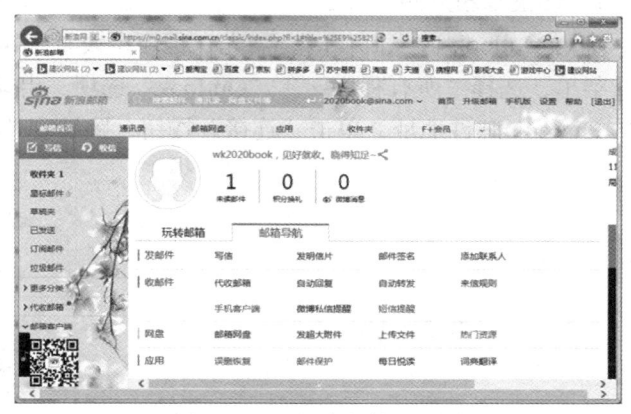

2. 写邮件

申请了电子邮箱之后，以后再从新浪网首页进入新浪邮箱时，就可以直接输入电子邮箱的账号和密码，然后单击"登录"按钮进入邮箱了。在电子邮箱界面中单击左侧的"写信"按钮，跳转到写信页面，输入收件人的邮箱地址、主题以及邮件内容，单击"发送"按钮，便可将邮件发送给收件人，如图 6-20 所示。在编辑邮件时，可用编辑框上方工具栏中的各种工具按钮来设置文字格式、添加图片等，如果需发送文件，可单击"添加附件"按钮或其他按钮，上传文件然后发送即可。

3. 读邮件

要阅读别人发送的邮件，可先登录自己的邮箱，单击"收信"按钮，跳转到邮件列表，然后单击要阅读的邮件链接，即可打开邮件并阅读邮件内容，如图 6-21 所示。如果邮件包含附件，网页中会显示附件的名称、大小，单击附件名称，可打开"文件下载"对话框。单击

"打开"或"保存"按钮,可将附件打开或保存在计算机中。

图 6-20　写邮件

图 6-21　读邮件

6.6.3　使用 Outlook 收发电子邮件

利用该软件只需设置好邮箱账户,便不必手工登录网站而直接使用它收发邮件。

1. 设置邮箱账户

使用 Outlook 收发邮件时,需先在程序中设置邮箱账户。点击"开始"按钮,弹出"开始"菜单,选择"所有程序"|"Outlook"选项,启动 Outlook,如图 6-22 所示,输入已申请的 Outlook 邮件地址,单击"连接"按钮,跳转到"高级设置"页面,如图 6-23 所示。

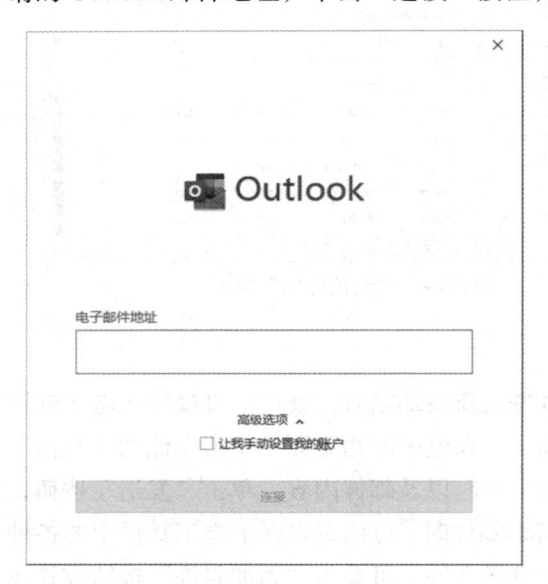

图 6-22　启动页面

图 6-23　"高级设置"页面

单击"Office 365"图标,根据提示输入密码,进入"Exchange 账户设置"页面,如图 6-24 所示。单击"下一步"按钮,显示成功添加账户,如图 6-25 所示。如有其他电子邮箱,可在"添加其他电子邮件"地址框中输入邮件地址,以便统一管理邮件。完成设置后,单击"已完成"按钮,进入 Outlook 程序主界面。

图 6-24 "Exchange 账户设置"页面 　　　　图 6-25 "已成功添加账户"页面

2. 收发电子邮件

Outlook 程序的主界面包含快速访问工具栏、选项卡标签栏等经典元素，还包含作为邮件收发程序的独特元素：收藏夹窗格、邮件列表窗格和邮件阅读窗格，如图 6-26 所示。

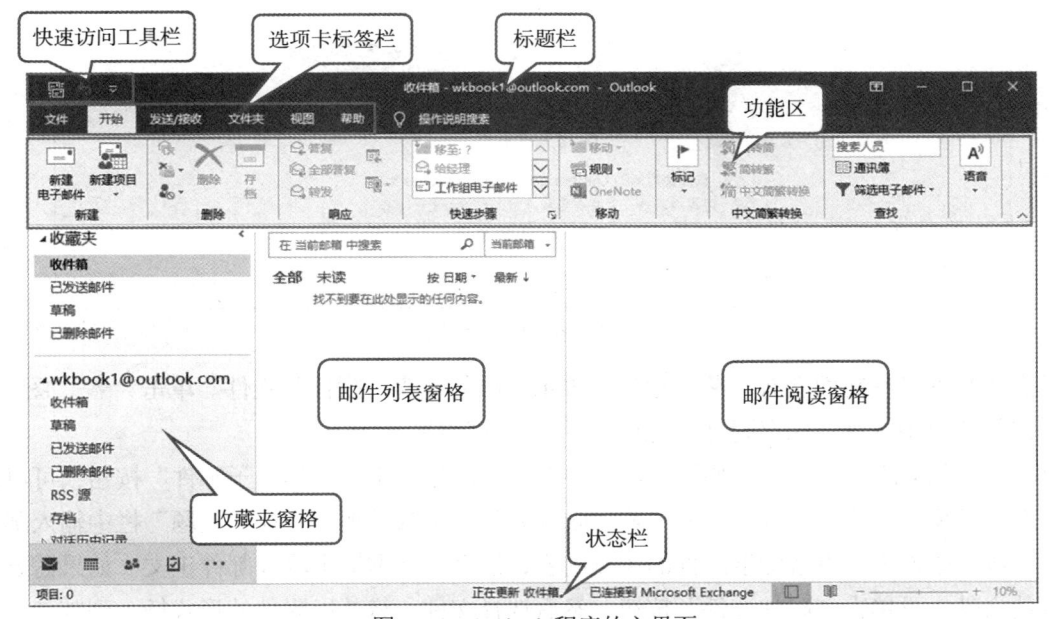

图 6-26　Outlook 程序的主界面

（1）收信和读信。启动 Outlook 时，Outlook 会自动连接上邮件服务器将邮件下载，放置在"收件箱"文件夹中。选择收藏夹窗格中的"收件箱"选项，即可在邮件列表窗格中显示收到的邮件，在邮件列表窗格中单击需要阅读的邮件，即可显示该邮件的内容，如图 6-27 所示。在邮件列表窗格中双击邮件，则可打开一个单独的邮件窗口，以供用户查看邮件，如图

6-28 所示。

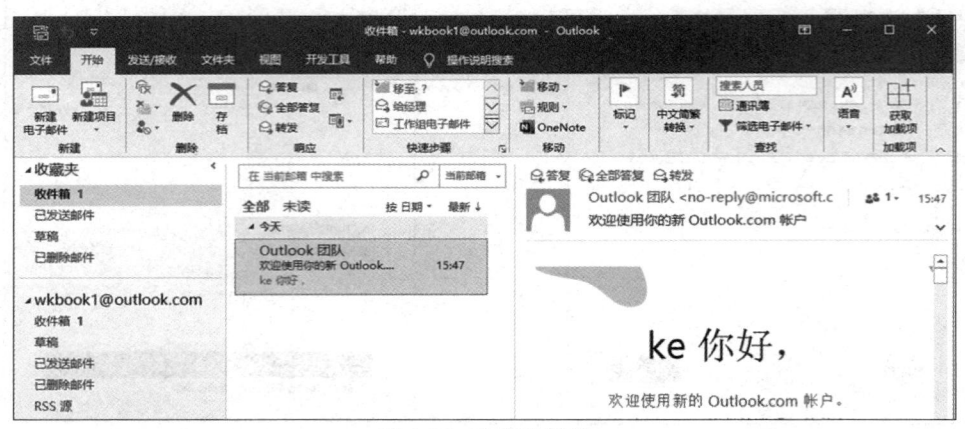

图 6-27　收信和读信

图 6-28　单独的邮件窗口

有些邮件名称前面会有"🔗"标记，表示该邮件包含"附件"文件。单击"✏"图标，从弹出的菜单中选择"保存附件"选项，可以保存附件。

（2）写信和发信。在"开始"选项卡中单击"新建"|"新建电子邮件"按钮，可以打开一个邮件窗口，在"收件人"栏中输入收件人的电子邮件地址；在"主题"栏中输入邮件主题，以便收件人一看就知道邮件的大概内容；然后在文本框中输入邮件正文。如果需要发送其他文件，可单击"附加文件"按钮，然后选择文件，将其以附件的形式插入到邮件中，如图 6-29 所示。邮件编辑完毕，单击"发送"按钮即可发送邮件。

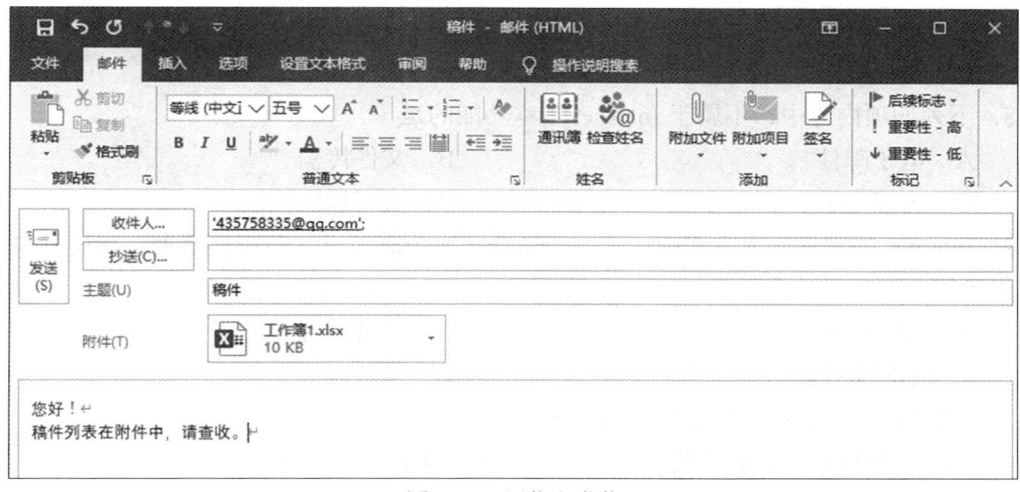

图 6-29 写信和发信

第 6 章章末练习题

一、单项选择题（一级考试模拟练习题）

1. 按照（　　）来进行分类，计算机网络可以分为局域网、城域网、广域网、网际网。
   A．接入的计算机数量的多少　　　　B．接入的计算机类型
   C．拓扑类型　　　　　　　　　　　D．范围和地理位置

2. 一栋建筑物、一家中小型企业或一所学校等场所使用的网络一般是（　　）。
   A．局域网　　　B．城域网　　　C．广域网　　　D．网际网

3. 关于拓扑结构的说法，错误的是（　　）。
   A．拓扑结构主要反映网络中各实体之间的结构关系
   B．拓扑结构的形式主要有星型、环型、树型、网型、总线型和复合型。
   C．环型拓扑其中一旦有一个节点发生故障，就会引起全网故障，其检测较为容易
   D．总线型拓扑结构简单，易于扩展，易于布线和维护，有较高的可靠性

4. 关于树型拓扑的说法，正确的是（　　）。
   A．采用分支控制方式　　　　　　　B．能形成闭合回路
   C．结构不易于扩展　　　　　　　　D．节点依赖于根结点

5. 通过电报、电话、广播等载体传递信息，从通信手段看，属于通信的第（　　）阶段。
   A．一　　　B．二　　　C．三　　　D．四

6. （　　）为计算机网络中进行数据交换而建立的规则、标准或约定的集合。
   A．Internet　　　　　　　　　　　B．网络操作系统
   C．网络协议　　　　　　　　　　　D．网络通信软件

7. 域名中的后缀.gov 表示机构所属的类型为（　　）。

A. 军事机构　　　　　　　　　　B. 政府机构
C. 教育机构　　　　　　　　　　D. 商业公司

8. 下列四项内容中，不属于 Internet 基本功能的是（　　）。

A. 电子邮件　　　　　　　　　　B. 文件传输
C. 远程登录　　　　　　　　　　D. 实时监测控制

9. Internet 的常见接入方式中（　　）适合接入距离较近、布线难度大、布线成本较高的应用场景。

A. ADSL 接入　　　　　　　　　B. 局域网接入
C. 小区宽带接入　　　　　　　　D. 无线接入

10. 关于浏览器内核，不正确的说法是（　　）。

A. 它对网页语法进行解释并渲染（显示）网页
B. 不同的浏览器内核对网页编写语法的解释会有所不同
C. 同一网页在不同内核的浏览器里的渲染效果是相同的
D. 它是浏览器的核心部分

二、填空题（知识强化补充练习题）

1. 计算机网络，就是将多个具有独立工作能力的计算机系统通过通信设备和线路连接在一起，然后由功能完善的网络软件实现＿＿＿＿＿＿＿＿＿＿＿＿的系统。

2. ＿＿＿＿＿＿＿＿介于局域网和广域网之间，范围通常覆盖一个城市或几十平方公里区域。

3. ＿＿＿＿＿＿＿＿是指一个网络的通信线路和节点的几何排列或物理布局。

4. 能传输电信号的有线传输介质主要有＿＿＿＿＿＿和＿＿＿＿＿＿。

5. TCP/IP 协议是由＿＿＿＿＿的 IP 协议和＿＿＿＿＿的 TCP 协议组成的。

6. IP 地址中，128.0.0.1 属于＿＿＿＿类地址。

7. 域名的一般表示形式为＿＿＿＿＿＿＿＿＿＿＿＿＿＿＿＿＿＿＿＿＿＿＿。

8. WWW 上的信息均是按页面进行组织的，称为＿＿＿＿页。

三、操作题（一级考试模拟练习题）

1. 通过浏览器打开所在学校的网站，并将首页保存为"网页，仅 HTML"类型，至"学习用"文件夹中。

2. 用自己的邮箱向老师的邮箱发一封电子邮件，要求"主题"为"感谢信"，"内容"为一封简短的问候信，包括称谓、感谢正文和署名。

第 6 章章末练习题参考答案

附　录

附录一　全国计算机等级考试一级计算机基础及 MS office 应用考试大纲（2021 年版）

一、基本要求

1. 掌握算法的基本概念。
2. 具有微型计算机的基础知识（包括计算机病毒的防治常识）。
3. 了解微型计算机系统的组成和各部分的功能。
4. 了解操作系统的基本功能和作用，掌握 Windows 7 的基本操作和应用。
5. 了解计算机网络的基本概念和因特网（Internet）的初步知识，掌握 IE 浏览器软件和 Outlook 软件的基本操作和使用。
6. 了解文字处理的基本知识，熟练掌握文字处理软件 Word 2016 的基本操作和应用，熟练掌握一种汉字（键盘）输入方法。
7. 了解电子表格软件的基本知识，掌握电子表格软件 Excel 2016 的基本操作和应用。
8. 了解多媒体演示软件的基本知识，掌握演示文稿制作软件 PowerPoint 2016 的基本操作和应用。

二、考试内容

（一）计算机基础知识

1. 计算机的发展、类型及其应用领域。
2. 计算机中数据的表示与存储。
3. 多媒体技术的概念与应用。
4. 计算机病毒的概念、特征、分类与防治。
5. 计算机网络的概念、组成和分类；计算机与网络信息安全的概念和防控。

（二）操作系统的功能和使用

1. 计算机软、硬件系统的组成及主要技术指标。
2. 操作系统的基本概念、功能、组成及分类。
3. Windows 7 操作系统的基本概念、常用术语、文件、文件夹、库等。
4. Windows 7 操作系统的基本操作和应用：
（1）桌面外观的设置，基本的网络配置。
（2）熟练掌握资源管理器的操作与应用。

（3）掌握文件、磁盘、显示属性的查看、设置等操作。

（4）中文输入法的安装、删除和选用。

（5）掌握对文件、文件夹和关键字的搜索。

（6）了解软、硬件的基本系统工具。

5．了解计算机网络的基本概念和因特网的基础知识，主要包括网络硬件和软件，TCP/IP 协议的工作原理，以及网络应用中常见的概念，如域名、IP 地址、DNS 服务等。

6．能够熟练掌握浏览器、电子邮件的使用和操作。

（三）文字处理软件的功能和使用

1．Word 2016 的基本概念，基本功能、运行环境、启动和退出。

2．文档的创建、打开、输入、保存、关闭等基本操作。

3．文本的选定、插入与删除、复制与移动、查找与替换等基本编辑技术；多窗口和多文档的编辑。

4．字体格式设置、文本效果修饰、段落格式设置、文档页面设置、文档背景设置和文档分栏等基本排版技术。

5．表格的创建、修改；表格的修饰；表格中数据的输入与编辑；数据的排序和计算。

6．图形和图片的插入；图形的建立和编辑；文本框、艺术字的使用和编辑。

7．文档的保护和打印。

（四）电子表格软件的功能和使用

1．电子表格的基本概念和基本功能，Excel 2016 的基本功能、运行环境、启动和退出。

2．工作簿和工作表的基本概念和基本操作，工作簿和工作表的建立、保存和退出；数据输入和编辑；工作表和单元格的选定、插入、删除、复制、移动；工作表的重命名和工作表窗口的拆分和冻结。

3．工作表的格式化，包括设置单元格格式、设置列宽和行高、设置条件格式、使用样式、自动套用模式和使用模板等。

4．单元格绝对地址和相对地址的概念，工作表中公式的输入和复制，常用函数的使用。

5．图表的建立、编辑、修改和修饰。

6．数据清单的概念，数据清单的建立，数据清单内容的排序、筛选、分类汇总，数据合并，数据透视表的建立。

7．工作表的页面设置、打印预览和打印，工作表中链接的建立。

8．保护和隐藏工作簿和工作表。

（五）PowerPoint 2016 的功能和使用

1．PowerPoint 2016 的基本功能、运行环境、启动和退出。

2．演示文稿的创建、打开、关闭和保存。

3．演示文稿视图的使用，幻灯片的基本操作（编辑版式、插入、移动、复制和删除）。

4．幻灯片的基本制作方法（文本、图片、艺术字、形状、表格等插入及格式化）。

5. 演示文稿主题选用与幻灯片背景设置。
6. 演示文稿放映设计（动画设计、放映方式设计、切换效果设计）。
7. 演示文稿的打包和打印。

附录二　一级计算机基础及 MS Office 应用考试模拟套题

模拟套题一

模拟套题二

参考文献

[1] 唐永华. 计算机基础[M]. 北京：清华大学出版社，2016.
[2] 甘勇，尚展垒，曲宏山，等. 大学计算机基础[M]. 北京：人民邮电出版社，2015.
[3] 陈友福，孔外平. 计算机应用与数据分析+人工智能[M]. 北京：电子工业出版社，2020.
[4] 钟玉琢. 多媒体技术基础及应用[M]. 北京：北京邮电大学出版社，2013.
[5] 成宝芝，伞兵. 计算机网络技术与实践[M]. 北京：电子工业出版社，2020.
[6] 冯博琴，陈文革. 计算机网络[M]3 版. 北京：高等教育出版社，2016.
[7] 蒋加伏，沈岳. 大学计算机[M]. 北京：北京邮电大学出版社，2013.
[8] 杨新芳，王红纪. 计算机应用基础项目化教程[M]. 北京：北京邮电大学出版社，2017.